百年大计　教育为本

数控设备管理与维护技术基础

主　编　张　恒　冯　磊
副主编　凌红英　徐　杰
参　编　诸晓涛　任俊恩

北京理工大学出版社
BEIJING INSTITUTE OF TECHNOLOGY PRESS

图书在版编目（CIP）数据

数控设备管理与维护技术基础 / 张恒，冯磊主编．—北京：北京理工大学出版社，2020.2

ISBN 978 - 7 - 5682 - 8122 - 5

Ⅰ.①数…　Ⅱ.①张…　②冯…　Ⅲ.①数控机床 - 设备管理 - 教材　②数控机床 - 维护 - 教材　Ⅳ.①TG659

中国版本图书馆 CIP 数据核字（2020）第 021689 号

出版发行 / 北京理工大学出版社有限责任公司
社　　址 / 北京市海淀区中关村南大街 5 号
邮　　编 / 100081
电　　话 / （010）68914775（总编室）
（010）82562903（教材售后服务热线）
（010）68948351（其他图书服务热线）
网　　址 / http：//www. bitpress. com. cn
经　　销 / 全国各地新华书店
印　　刷 / 三河市天利华印刷装订有限公司
开　　本 / 787 毫米 ×1092 毫米　1/16
印　　张 / 13. 75
字　　数 / 318 千字
版　　次 / 2020 年 2 月第 1 版　2020 年 2 月第 1 次印刷
定　　价 / 39. 00 元

责任编辑 / 梁铜华
文案编辑 / 梁铜华
责任校对 / 刘亚男
责任印制 / 李志强

江苏联合职业技术学院院本教材出版说明

江苏联合职业技术学院自成立以来，坚持以服务经济社会发展为宗旨、以促进就业为导向的职业教育办学方针，紧紧围绕江苏经济社会发展对高素质技术技能型人才的迫切需要，充分发挥“小学院、大学校”办学管理体制创新优势，依托学院教学指导委员会和专业协作委员会，积极推进校企合作、产教融合，积极探索五年制高职教育教学规律和高素质技术技能型人才成长规律，培养了一大批能够适应地方经济社会发展需要的高素质技术技能型人才，形成了颇具江苏特色的五年制高职教育人才培养模式，实现了五年制高职教育规模、结构、质量和效益的协调发展，为构建江苏现代职业教育体系、推进职业教育现代化做出了重要贡献。

我国社会的主要矛盾已经转化为人们日益增长的美好生活需要与发展不平衡不充分之间的矛盾，因此我们只有实现更高水平、更高质量、更高效益、更加平衡、更加充分的发展，才能全面实现新时代中国特色社会主义建设的宏伟蓝图。五年制高职教育的发展必须服从服务于国家发展战略，以不断满足人们对美好生活需要为追求目标，全面贯彻党的教育方针，全面深化教育改革，全面实施素质教育，全面落实立德树人根本任务，充分发挥五年制高职贯通培养的学制优势，建立和完善五年制高职教育课程体系，健全德能并修、工学结合的育人机制，着力培养学生的工匠精神、职业道德、职业技能和就业创业能力，创新教育教学方法和人才培养模式，完善人才培养质量监控评价制度，不断提升人才培养质量和水平，努力办好人民满意的五年制高职教育，为决胜全面建成小康社会、实现中华民族伟大复兴的中国梦贡献力量。

教材建设是人才培养工作的重要载体，也是深化教育教学改革、提高教学质量的重要基础。目前，五年制高职教育教材建设规划性不足、系统性不强、特色不明显等问题一直制约着内涵发展、创新发展和特色发展的空间。为切实加强学院教材建设与规范管理，不断提高学院教材建设与使用的专业化、规范化和科学化水平，学院成立了教材建设与管理工作领导小组和教材审定委员会，统筹领导、科学规划学院教材建设与管理工作，制定了《江苏联合职业技术学院教材建设与使用管理办法》和《关于院本教材开发若干问题的意见》，完善了教材建设与管理的规章制度；每年滚动修订《五年制高等职业教育教材征订目录》，统一组织五年制高职教育教材的征订、采购和配送；编制了学院“十三五”院本教材建设规划，组织 18 个专业和公共基础课程协作委员会推进了院本教材开发，建立了一支院本教材开发、编写、审定队伍；创建了江苏五年制高职教育教材研发基地，与江苏凤凰职业教育图书有限公司、苏州大学出版社、北京理工大学出版社、南京大学出版社、上海交通大学出版社等签订了战略合作协议，协同开发独具五年制高职教育特色的院本教材。

今后一个时期，学院将在推动教材建设和规范管理工作的基础上，紧密结合五年制高职教育发展新形势，主动适应江苏地方社会经济发展和五年制高职教育改革创新的需要，以学院18个专业协作委员会和公共基础课程协作委员会为开发团队，以江苏五年制高职教育教材研发基地为开发平台，组织具有先进教学思想和学术造诣较高的骨干教师，依照学院院本教材建设规划，重点编写和出版约600本有特色、能体现五年制高职教育教学改革成果的院本教材，努力形成具有江苏五年制高职教育特色的院本教材体系。同时，加强教材建设质量管理，树立精品意识，制订五年制高职教育教材评价标准，建立教材质量评价指标体系，开展教材评价评估工作，设立教材质量档案，加强教材质量跟踪，确保院本教材的先进性、科学性、人文性、适用性和特色性建设。学院教材审定委员会将组织各专业协作委员会做好对各专业课程（含技能课程、实训课程、专业选修课程等）教材出版前的审定工作。

本套院本教材较好地吸收了江苏五年制高职教育最新理论和实践研究成果，符合五年制高职教育人才培养目标定位要求。教材内容深入浅出，难易适中，突出“五年贯通培养、系统设计”专业实践技能经验的积累，重视启发学生思维和培养学生运用知识的能力。教材条理清楚、层次分明、结构严谨、图表美观、文字规范，是一套专门针对五年制高职教育人才培养的教材。

学院教材建设与管理工作领导小组
学院教材审定委员会
2017年11月

序　　言

2015 年 5 月，国务院印发关于《中国制造 2025》的通知，通知重点强调提高国家制造业创新能力，推进信息化与工业化深度融合，强化工业基础能力，加强质量品牌建设，全面推行绿色制造及大力推动重点领域突破发展等，而高质量的技能型人才是实现这一发展战略的重要途径。

为全面贯彻国家对于高技能人才的培养精神，提升五年制高等职业教育机电类专业教学质量，深化江苏联合职业技术学院机电类专业教学改革成果，并最大限度地共享这一优秀成果，学院机电专业协作委员会特组织优秀教师及相关专家，全面、优质、高效地修订及新开发了本系列规划教材，并配备了数字化教学资源，以适应当前的信息化教学需求。

本系列教材所具特色如下：

● 教材培养目标、内容结构符合教育部及学院专业标准中制定的各课程人才培养目标及相关标准规范。

● 教材力求简洁、实用，编写上兼顾现代职业教育的创新发展及传统理论体系，并使之完美结合。

● 教材内容反映了工业发展的最新成果，所涉及的标准规范均为最新国家标准或行业规范。

● 教材编写形式新颖，教材栏目设计合理，版式美观，图文并茂，体现了职业教育工学结合的教学改革精神。

● 教材配备相关的数字化教学资源，体现了学院信息化教学的最新成果。

本系列教材在组织编写过程中得到了江苏联合职业技术学院各位领导的大力支持与帮助，并在学院机电专业协作委员会全体成员的一直努力下顺利完成了出版任务。由于各参与编写作者及编审委员会专家时间相对仓促，加之行业技术更新较快，教材中难免有不当之处，敬请广大读者予以批评指正，在此一并表示感谢！我们将不断完善与提升本系列教材的整体质量，使其更好地服务于学院机电专业及全国其他高等职业院校相关专业的教育教学，为培养新时期下的高技能人才做出应有的贡献。

江苏联合职业技术学院机电协作委员会

2017 年 12 月

前　言

本书是高等职业院校的一门专业基础课程教材，主要是帮助学生掌握数控设备管理和维护保养的相关知识，培养生产一线数控设备管理和维护保养的初步能力，进一步提升其岗位技能和职业素养，为后续质量管理与控制技术基础、数控设备装调与维修等专业课程的学习打好基础。本书是根据最新修订的《数控设备管理与维护技术基础》课程标准进行编写的。

本书针对常用数控设备管理和维护技术，以加工制造行业中典型数控机床为主要研究对象，采用理实一体、工学结合的课程结构形式，将内容设计为数控设备管理技术基础、数控机床维护保养技术基础、数控车床维护保养技术等5章，每章引入项目实践活动以促进学生对数控设备管理和维护技术相关知识的掌握。本书具有实践性、职业性、开放性强的特点，编写时坚持“做学教一体化”的课程改革理念，努力体现以下编写特色：

1. 图文并茂，项目案例贴近真实岗位需求。

在充分进行市场调研的基础上，本书内容选取了部分典型数控设备进行分析说明，通过翔实的案例、具体的操作步骤向读者深入浅出地介绍了数控设备管理和维护保养的基本方法。

2. 案例丰富，内容设计引入行业标准。

为了体现本书内容的实用性，在编写过程中邀请了行业、企业专家进行了技术指导，科学地引入行业设备管理与维护规范，并对岗位能力、工作过程进行了优化整合，内容设计注重职业技能的培养。

3. 理实结合，内容编排切合能力发展。

本书内容力求理论讲授与实践操作相结合，每章内容根据各自特点、难易程度采用不同的编排形式，以“易学、易懂、易上手”为基本原则，内容编排注重通用性和实用性。

本书由江苏省常熟中等专业学校张恒、泰州机电高等职业技术学校冯磊任主编，无锡机电高等职业技术学校凌红英、江苏省常熟中等专业学校徐杰任副主编，江苏省锡山中等专业学校诸晓涛、江苏省淮安技师学院任俊恩参与编写。具体分工为：第1章由冯磊编写，第2章由张恒、徐杰编写，第3章由诸晓涛编写，第4章由凌红英编写，第五章由任俊恩、张恒编写。张恒、冯磊负责统稿。

全书由无锡机电高等职业技术学校王晓忠审稿，由盐城机电高等职业技术学校张国军终审，他们对书稿提出了许多宝贵的修改意见和建议，在此一并表示衷心的感谢。

本书在编写的过程中参考了大量的文献资料，在此向提供文献资料的作者致以诚挚的谢意，并感谢对本书编写给予支持的行业、企业。由于编写时间及编者水平有限，书中难免有错误和不妥之处，恳请广大读者批评指正。

编　者

目 录

目 录

《《《 目 录

第1章　数控设备管理技术基础

学习目标

◇熟悉常用数控设备的基本管理内容
◇了解数控设备管理的岗位设置及职能
◇了解数控设备管理常用模式及其发展趋势
◇掌握数控设备技术管理和资产管理基本流程
◇掌握数控设备的使用与运行管理制度
◇了解数控设备管理的流程

实践活动

案例 1　数字化工厂信息化管理
案例 2　典型数控设备管理流程

1.1　数控设备管理基础知识

为适应国家 2025 工业战略计划，数控设备在企业已经得到大范围使用。数控设备的有效使用也是企业综合实力的体现，科学规范管理好数控设备，最大限度地利用数控设备，保证数控设备正常运行，合理分配数控设备，对提高企业生产效益是十分有益的。数控设备管理内容涉及面广，是一门十分丰富的综合工程科学。

1.1.1　常见数控设备简介

数控设备就是指应用数控技术的设备。数控技术也叫计算机数控技术（Computer Numerical Control，CNC），是采用计算机实现数字程序控制的技术。这种技术是用计算机按照事先存储的控制程序来执行对设备的运动轨迹和外设的操作时序逻辑的控制功能。由于用计算机替代了原先用硬件逻辑电路组成的自动控制装置，操作指令的存储、处理、运算、逻

辑判断等各种控制机能的实现，均可通过计算机软件来完成。它把处理生成的微观指令传送给伺服驱动装置来驱动电动机或液压执行元件带动设备运行。

数控机床的种类很多，分类方法也很多，主要有以下分法。

一、按加工工艺方法分类

1. 金属切削类数控机床

与传统的车、铣、钻、磨、齿轮加工相对应的数控机床有数控车床、数控铣床、数控钻床、数控磨床、数控齿轮加工机床等。尽管这些数控机床在加工工艺方法上存在很大差别，具体的控制方式也各不相同，但机床的动作和运动都是数字化控制的，具有较高的生产率和自动化程度。

2. 特种加工类数控机床

除了切削加工数控机床以外，数控技术也大量用于数控电火花线切割机床、数控电火花成型机床、数控等离子弧切割机床、数控火焰切割机床以及数控激光加工机床等。

3. 板材加工类数控机床

常见的应用于金属板材加工的数控机床有数控压力机、数控剪板机和数控折弯机等。

近年来，其他机械设备也大量采用了数控技术，如数控多坐标测量机、自动绘图机及工业机器人等。

二、按控制运动轨迹分类

1. 点位控制系统

点位控制系统是指数控系统只控制刀具或机床工作台，从一点准确地移动到另一点，而点与点之间运动的轨迹不需要严格控制的系统。为了减少移动部件的运动与定位时间，一般先以快速移动到终点附近位置，然后以低速准确移动到终点定位位置，以保证良好的定位精度。移动过程中刀具不进行切削。使用这类控制系统的主要有数控坐标镗床、数控钻床、数控冲床等。图 1 - 1 所示是点位控制系统加工示意情况。

2. 点位直线控制系统

点位直线控制系统是指数控系统控制刀具或工作台从一个点准确地移动到下一个点，而且保证在两点之间的运动轨迹是一条直线的控制系统。刀具在移动过程中可以进行切削。应用这类控制系统的有数控车床、数控钻床和数控铣床等。图 1 - 2 所示是点位直线控制系统切削加工示意情况。

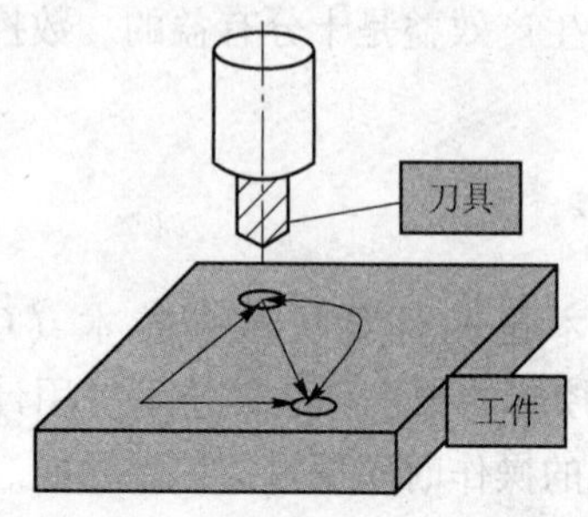

图 1 - 1　点位控制系统加工示意

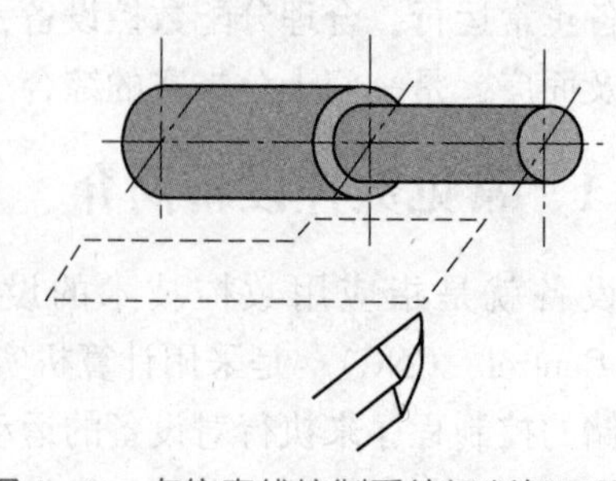

图 1 - 2　点位直线控制系统切削加工示意

3. 轮廓控制系统

轮廓控制系统也称连续切削控制系统，是指数控系统能够对两个或两个以上的坐标轴同时进行严格连续控制的系统。它不仅能控制移动部件从一个点准确地移动到另一个点，而且还能控制整个加工过程每一点的速度与位移量，将零件加工成一定的轮廓形状。应用这类控制系统的有数控铣床、数控车床、数控齿轮加工机床和加工中心等。图 1－3 所示是轮廓控制系统数控加工示意情况。

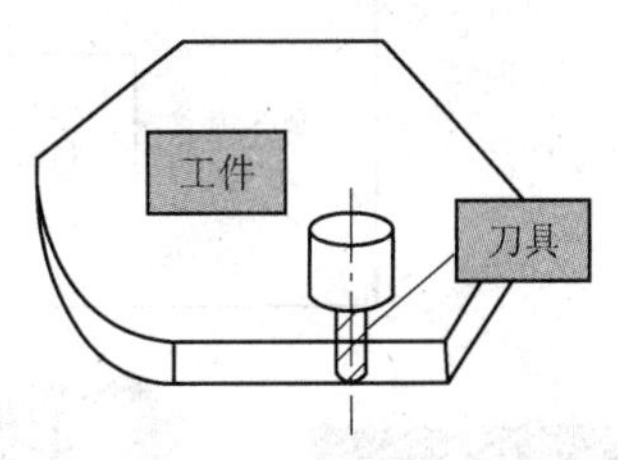

图 1－3　轮廓控制系统数控加工示意

三、按控制坐标联动轴数分类

数控系统控制几个坐标轴按需要的函数关系同时协调运动，称为坐标联动。按照联动轴数可以将其分为以下几种。

1. 两轴联动

数控机床能同时控制两个坐标轴联动，适于数控车床加工回转类零件表面的轮廓曲线或数控铣床铣削平面轮廓。

2. 两轴半联动

在两轴的基础上增加了 Z 轴的移动，当机床坐标系的 X、Y 轴固定时，Z 轴可以做周期性进给。两轴半联动加工可以实现分层加工。

3. 三轴联动

数控机床能同时控制三个坐标轴的联动，用于一般曲面的加工，一般的型腔模具均可以用三轴联动的数控机床加工完成。

4. 多坐标联动

数控机床能同时控制四个以上坐标轴的联动。多坐标数控机床的结构复杂，精度要求高、程序编制复杂，适于加工形状复杂的零件，如叶轮叶片类零件。通常三轴机床可以实现两轴、两轴半、三轴加工；五轴机床也可以只用到三轴联动加工，而其他两轴不联动。

四、按驱动装置的特点分类

由数控装置发出脉冲或电压信号，通过伺服系统控制机床各运动部件运动。数控机床按进给伺服系统控制方式分类有开环控制系统、全闭环控制系统和半闭环控制系统三种形式。

1. 开环控制系统

这种控制系统采用步进电动机，无位置测量元件，输入数据经过数控系统运算，输出指令脉冲控制步进电动机工作，如图 1－4 所示。这种控制方式对执行机构不检测，无反馈控制信号，因此被称为开环控制系统。开环控制系统的设备成本低、调试方便、操作简单，但控制精度低，工作速度受到步进电动机的限制。

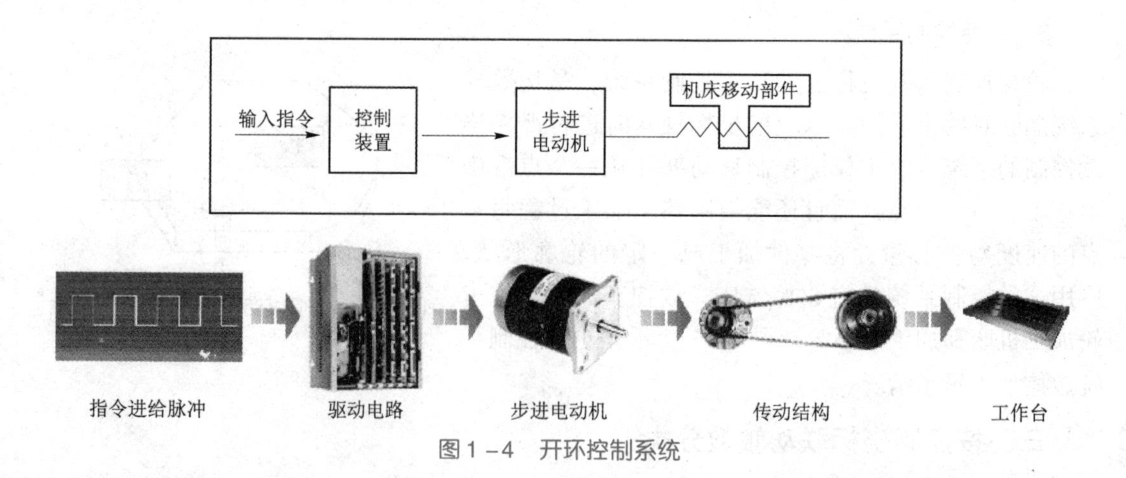

图 1-4　开环控制系统

2. 全闭环控制系统

这种控制系统绝大多数采用伺服电动机，有位置测量元件和位置比较电路。如图 1-5 所示，测量元件被安装在工作台上，测出工作台的实际位移值并反馈给数控装置，位置比较电路将测量元件反馈的工作台实际位移值，并与指令的位移值相比较，用比较的误差值控制伺服电动机工作，直至到达实际位置、误差值消除，因此我们称之为全闭环控制。全闭环控制系统的控制精度高，但要求机床的刚性好，对机床的加工、装配要求高，调试较复杂，而且设备的成本高。

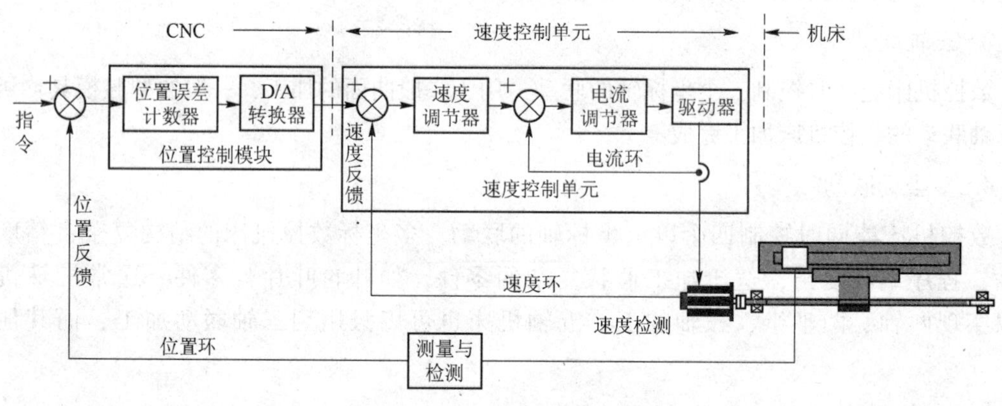

图 1-5　全闭环控制系统

3. 半闭环控制系统

这种控制系统的位置测量元件不是测量工作台的实际位置，而是测量伺服电动机的转角，再经过推算得出工作台位移值，并将其反馈至位置比较电路，使其与指令中的位移值相比较，用比较的误差值控制伺服电动机工作，如图 1-6 所示。这种系统用推算方法间接测量工作台位移，不能补偿数控机床传动链零件的误差，因此被称为半闭环控制系统。半闭环控制系统的控制精度高于开环控制系统，调试比全闭环控制系统容易，设备的成本介于开环与全闭环控制系统之间。

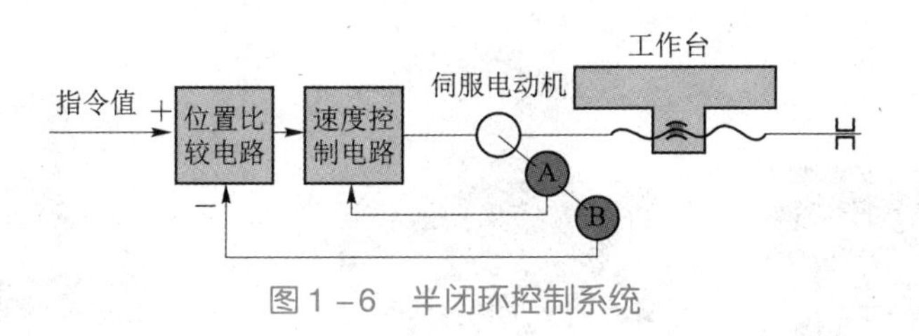

图1－6 半闭环控制系统

五、按性能分类

1. 经济型数控机床

这是数控机床的一种，又称简易数控机床。它的主要特点是价格便宜，功能针对性强。一般情况下，普通机床改装成简易数控机床后可以提高工效1～4倍，同时能降低废品率，提高产品质量，又可减轻工人劳动强度。

2. 中档数控机床

这类数控系统功能较多，以实用为准，除了具有一般数控系统的功能以外，还具有一定的图形显示功能及面向用户的宏程序功能等。采用的微型计算机系统一般为32位微处理器系统，具有RS－232通信接口，机床的进给多用交流或直流伺服驱动，一般系统能实现4轴或4轴以下联动控制，进给分辨率为1 μm，快速进给速度为10～20 m/min，其输入、输出的控制一般可由可编程控制器来完成，从而大大增强了系统的可靠性和控制的灵活性。这类数控机床的品种极多，几乎覆盖了各种机床类别，且其价格适中，目前它的总趋势是简单、实用，不追求过多的功能，从而使机床的价格得到适当降低。

3. 高档数控机床

这类数控系统指加工复杂形状工件的多轴控制数控机床，且其工序集中、自动化程度高、功能强、具有高度柔性。采用的微型计算机系统为64位以上微处理器系统，机床的进给大都采用交流伺服驱动，除了具有一般数控系统的功能以外，应该至少能实现5轴或5轴以上的联动控制，最小进给分辨率为0.1 μm，最大快速移动速度能达到100 m/min或更高，具有三维动画图形功能和友好的图形用户界面，同时还具有丰富的刀具管理功能、宽调速主轴系统、多功能智能化监控系统和面向用户的宏程序功能，还有很强的智能诊断功能和智能工艺数据库，能实现加工条件的自动设定，且能实现计算机的联网和通信。这类系统功能齐全，价格昂贵。常见的数控机床如图1－7所示。

1.1.2 数控设备的管理职能与机构设置

数控设备的管理职能与机构设置是保证数控设备顺利运行的理论支撑和技术保障，是工业水平发展和管理水平不断提高的表现，由最初的定期维修到先进的信息化、网络化预防为主、维修为辅的发展，有益于数控设备管理制度的完善。

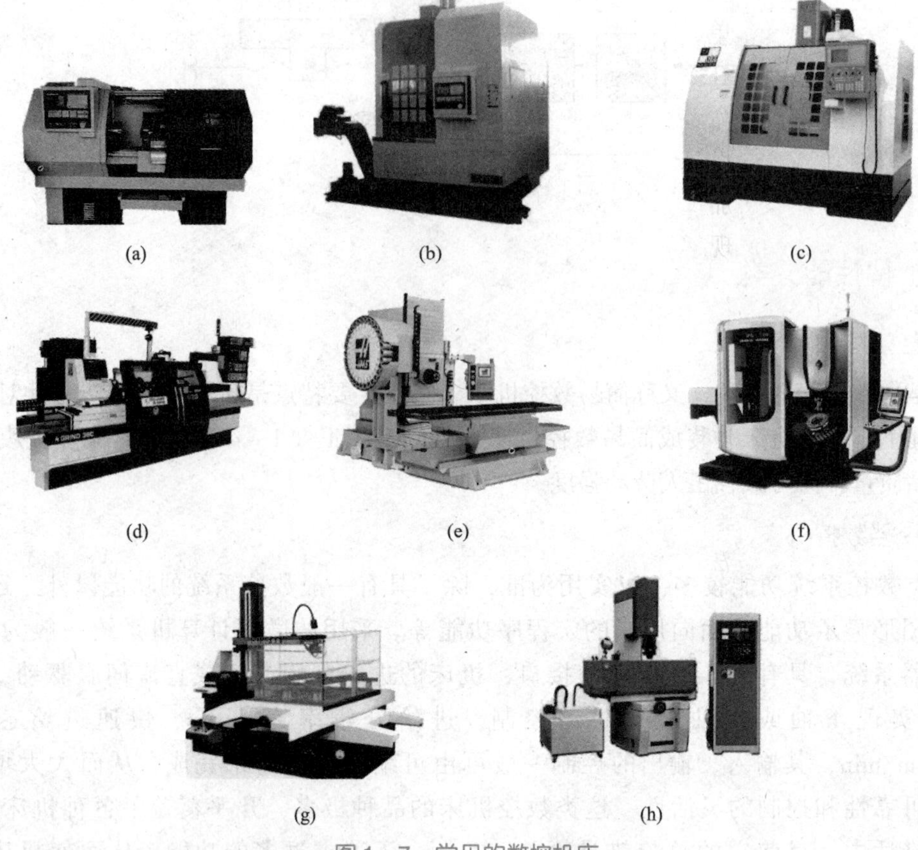

图1-7 常见的数控机床

一、数控设备管理的概念

数控设备管理是对数控设备从选择评价、使用、维护修理、更新改造直至报废处理全过程的管理工作的总称。企业的数控设备在其使用寿命周期内有两种运动的形态：一是物质运动形态，包括数控设备的选购、进厂验收、安装、调试、使用、维修、改造更新等。对设备的物质运动形态的管理称为设备的技术管理。二是价值运动的形态，包括设备的最初投资、维修费用支出、折旧、更新改造资金的支出等。对价值运动形态的管理称为设备的经济管理。工业企业的设备管理，应包括两种形态的全面管理。

二、数控设备管理的形成与发展

数控设备管理是随着工业生产的发展、设备现代化水平的不断提高，以及管理科学和技术的发展逐步发展起来的。设备管理发展的历史主要体现在设备维修方式的演变上，大致可以分为以下三个大的历史时期。

1. 事后维修阶段

事后维修就是企业的机器设备发生了损坏或事故以后才进行的修理。这一阶段又可划分为两个阶段。

（1）兼修阶段：在18世纪末19世纪初，以广泛使用蒸汽机为标志的第一次技术革命

后，由于机器生产的发展，生产中开始大量使用机器设备；但工厂规模小、生产水平低、技术水平落后、机器结构简单，机器操作者可以兼作维修，不需要专门的设备维修人员。

（2）专修阶段：随着工业发展和技术进步，尤其在19世纪后半期，以电力的发明和应用为标志的第二次技术革命以后，由于内燃机、电动机等的广泛使用，生产设备的类型逐渐增多，结构越来越复杂，设备的故障和突发的意外事故不断增加，对生产的影响更为突出。这时设备维修工作显得更加重要，由原来操作工人兼做修理工作已很不适应，于是修理工作便从生产中分离出来，出现了专职机修人员。但这时实行的仍然是事后维修，也就是设备坏了才修，不坏不修。因此，设备管理是从事后维修开始的。但这个时期还没有形成科学的系统的设备管理理论。

2. 预防性维修阶段

预防性维修就是在机械设备发生故障之前，对易损零件或容易发生故障的部位，事先有计划地安排维修或换件，以预防设备事故发生。计划预防修理理论及制度的形成和完善时期，可分为以下3个阶段。

（1）定期计划修理方法形成阶段：在该阶段中，各国都出现了定期计划检查修理的做法和修理的组织机构。

（2）计划预修制度形成阶段：在20世纪前期，由于机器设备发生了变化，单机自动化已用于生产，出现了高效率、复杂的设备，所以先后制定出计划预修制度。

（3）统一计划预防维修制度阶段：随着自动化程度不断提高，人们开始注意到了维修的经济效果，制定了一些规章制度和定额，计划预修制日趋完善。

3. 设备综合管理阶段

设备的综合管理，是对设备实行全面管理的一种重要方式。它是在设备维修的基础上，为了提高设备管理的技术、经济和社会效益，针对使用现代化设备所带来的一系列新问题，继承了设备工程以及设备综合工程学的成果，吸取了现代管理理论（包括系统论、控制论、信息论），尤其是经营理论、决策理论，综合了现代科学技术的新成就（主要是故障物理学、可靠性工程、维修性工程等），而逐步发展起来的一种新型的设备管理体系。

三、我国企业内设备管理的形式

我国企业内设备管理形式主要有：一种是在企业厂长（或经理）的统一领导下，企业设备系统与生产系统并列，分别由两位副企业厂长（或副经理）领导各自系统的工作，有些企业内部成立了几大中心或多个公司，技术装备中心（或设备工程公司）是其中之一，承担对设备的综合管理。在经济体制改革过程中，随着各类承包责任制的推行，技术装备中心（设备工程公司）一般都逐步发展成为相对独立、自主经营、自负盈亏的经济实体。另一种是基层设备管理组织形式，我国大多数企业在推行设备综合管理过程中，继承了我国群众参加管理的优良传统，参照日本TPM（Total Productive Maintenance）的经验，在基层建立了生产操作工人参加的PM（预防维修）小组。

四、数控设备管理的内容

设备管理的内容，主要有设备物质运动形态和设备价值运动形态的管理，企业设备物质

运动形态的管理是指设备的选型、购置、安装、调试、验收、使用、维护、修理、更新、改造，直到报废；对企业的自制设备还包括设备的调研、设计、制造等全过程的管理。不管是自制还是外购设备，企业有责任把设备后半生管理的信息反馈给设计制造部门，同时，制造部门也应及时向使用部门提供各种改进资料，做到对设备实现从无到有到应用于生产的一生的管理；企业设备价值运动形态的管理是指从设备的投资决策、自制费、维护费、修理费、折旧费、占用税、更新改造资金的筹措到支出，实行企业设备的经济管理，使设备整个生命周期的总费用最经济。前者一般叫作设备的技术管理，由设备主管部门承担；后者叫作设备的经济管理，由财务部门承担。将这两种形态的管理结合起来，贯穿设备管理的全过程，即设备综合管理。设备综合管理有以下几方面内容。

1. 设备的合理购置

设备的购置主要依据技术上先进、经济上合理、生产上可行的原则。一般应从下面几个方面进行考虑，合理购置。

（1）设备的效率，如功效、行程、速度等。

（2）精度、性能的保持性，零件的耐用性、安全可靠性。

（3）可维修性。

（4）耐用性。

（5）节能性。

（6）环保性。

（7）成套性。

（8）灵活性。

2. 设备的正确使用与维护

将安装调试好的机器设备投入到生产使用中，机器设备若能被合理使用，那么可大大减少设备的磨损和故障，保持良好的工作性能和应有的精度。严格执行有关规章制度，防止出现设备超负荷现象发生，使企业职工全员参加设备管理工作。

设备在使用过程中，出现有松动、干摩擦、异常响声、疲劳等问题时，应及时检查处理，防止设备过早磨损，确保在使用时设备每台完好，且处在良好的技术状态之中。

3. 设备的检查与修理

设备的检查是对机器设备的运行情况、工作精度、磨损程度进行检查和校验。通过修理和更换磨损、腐蚀的零部件，使设备的效能得到恢复。只有通过检查，才能确定采用什么样的维修方式，并能及时消除隐患。

4. 设备的更新改造

应做到有计划、有重点地对现有设备进行技术改造和更新，包括设备更新规划与方案的编制、筹措更新改造资金、选购和评价新设备、合理处理老设备等。

5. 设备的安全经济运行

要使设备安全经济运行，就必须严格执行运行规程，加强巡回检查，防止并杜绝设备的“空跑”、漏油等问题，做好节能工作。对于压力容器、压力管道与防爆设备，应严格按照

国家颁发的有关规定进行使用，定期检测与维修。对水、气、电、蒸汽的生产与使用，应制定各类消耗定额，严格进行经济核算。

6. 生产组织方面

合理组织生产，按设备的操作规程进行操作，禁止违规操作，以防设备的损坏和安全事故的发生。

五、我国设备管理体制与组织形式

（一）厂（公司）级设备管理领导体制

1. 厂级领导成员组成的管理领导体制

该体制是企业最高层次领导班子之间在设备管理方面的分工协作关系。我国企业内设备管理领导体制大致有以下几种情况：

（1）设备厂长（或副经理）与生产副厂长（或副经理）并列，即在厂长（或经理）的统一领导下，企业设备系统与生产系统并列，分别由两位副厂长（或副经理）领导各自系统的工作。我国冶金系统的不少大型企业采用这种设备管理领导体制。据报道，瑞典的不少企业也采用这类领导体制，即在公司总经理领导下，设立维修经理与生产经理。

（2）生产副厂长（或副经理）领导企业设备系统工作，即由生产副厂长（或副经理）直接领导设备处（科、室）。

（3）总工程师领导企业设备系统工作。

2. 设备综合管理委员会（或综合管理小组）

该委员会是我国不少企业在推行设备综合管理过程中逐步建立的机构。在厂长（建立）直接领导下，由企业各业务系统主要负责人参加。它的主要任务是处理设备工作中重大事项的横向协调，如《设备管理条例》的贯彻执行、重大设备的引进或改造、折旧率的调整和折旧费的使用等。

3. 技术装备中心

有些企业内部成立了几大中心或多个公司，技术装备中心（或设备工程公司）是其中之一，承担对设备的综合管理。在经济体制改革过程中，随着各类承包责任制的推行，技术装备中心（设备工程公司）一般都逐步发展成为相对独立、自主经营、自负盈亏的经济实体。

（二）基层设备管理组织形式

随着企业内部承包制的发展，在企业基层班组中出现了多种设备管理形式，其重要特点是打破了两种传统分工：一是生产操作工人与设备维修工人的分工；二是检修工人内部机械、电气的分工。有些企业成立了包机组，把与设备运行直接有关的工人组成一个整体，成为企业生产设备管理的基层组织和内部相对独立核算的基本单位，并且每个操作工在设备使用过程中同时做好设备的维护和保养工作，减少故障发生率，延长设备使用寿命。

1.2 数控设备的管理模式

数控设备的管理由封闭式管理逐步发展为现代化、信息化、网络化。由定期维修向预知维修转变。管理水平的提高让数控设备的使用率和无故障率显著提升，保证了企业数控设备的连续高效运转，生产效益明显提高，为企业的稳定生产打下了坚实基础。

1.2.1 封闭式管理模式与现代化管理模式

随着工业化、经济全球化、信息化的发展，机械制造、自动控制、可靠性工程及管理科学出现了新的突破，越来越多的设备使用了数控技术，使得数控设备难以集中在一个区域，许多生产车间，都有了数控设备。在这种情况下，封闭式管理模式就难以适用了。如果采用这种模式，那么每个单位均要建立维修机构并配备维修人员，这必然造成人力、物力和财力的极大浪费；现实条件也是不允许的。现代设备的科学管理出现了新的模式，如出现了数控设备使用、管理和维修等相关部门负责的现代化管理模式，它们用计算机网络技术对设备实现了综合管理。

1.2.2 现代化企业设备管理的发展趋势

管理信息化是以发达的信息技术和发达的信息设备为物质基础对管理流程进行重组和再造，使管理技术和信息技术全面融合，实现管理过程自动化、数字化、智能化的全过程。

一、设备管理信息化趋势

现代设备管理的信息化应该是以丰富、发达的全面管理信息为基础，通过先进的计算机、通信设备及网络技术设备，充分利用社会信息服务体系和信息服务业务为设备管理服务。设备管理的信息化是现代社会发展的必然。

设备管理信息化趋势的实质是对设备实施全面的信息管理，主要表现在以下几个方面。

1. 设备投资评价的信息化

企业在投资决策时，一定要进行全面的技术经济评价，设备管理的信息化为设备的投资评价提供了一种高效可靠的途径。通过设备管理信息系统的数据库获得投资多方案决策所需的统计信息及技术经济分析信息，为设备投资提供全面、客观的依据，从而保证设备投资决策的科学化。

2. 设备经济效益和社会效益评价的信息化

由于设备使用效益的评价工作量过于庞大，很多企业都不做这方面的工作。设备信息系统的构建，可以积累设备使用的有关经济效益和社会效益评价的信息，利用计算机能够短时间内对大量信息进行处理，提高设备效益评价的效率，为设备的有效运行提供科学的监控手段。

3. 设备使用的信息化

信息化管理使得设备使用的各种信息记录更加容易和全面，这些使用信息可以通过设备制造商的客户关系管理反馈给设备制造厂家，从而提高机器设备的实用性、经济性和可靠性；同时设备使用者通过对这些信息的分享和交流，有利于强化设备的管理和使用。

二、设备维修社会化、专业化、网络化趋势

设备管理的社会化、专业化、网络化的实质是建立设备维修供应链，改变过去大而全、小而全的生产模式。随着生产规模化、集约化的发展，设备系统越来越复杂，技术含量也越来越高，维修保养需要各类专业技术和建立高效的维修保养体系，以保证设备的有效运行。传统的维修组织方式已经不能满足生产的要求，有必要建立一种社会化、专业化、网络化的维修体制。

设备维修的社会化、专业化、网络化可以提高设备的维修效率、减少设备使用单位备品配件的储存及维修人员，从而提高了设备使用效率，降低了资金占用率。

三、可靠性工程在设备管理中的应用趋势

现代设备的发展方向是：自动化、集成化。由于设备系统越来越复杂，对设备性能的要求也越来越高，因而势必提高对设备可靠性的要求。

可靠性是一门研究技术装备和系统质量指标变化规律的科学，并在研究的基础上制定能以最少的时间和费用保证所需的工作寿命和零故障率的方法。可靠性科学在预测系统的状态和行为的基础上建立选取最佳方案的理论，保证所要求的可靠性水平。

可靠性标志着机器在其整个使用周期内保持所需质量指标的性能。不可靠的设备显然不能有效工作，因为无论是个别零部件的损伤，还是技术性能降到允许水平以下而造成的停机，都会带来巨大的损失，甚至是灾难性后果。

可靠性工程通过研究设备的初始参数在使用过程中的变化，预测设备的行为和工作状态，进而估计设备在使用条件下的可靠性，从而避免设备意外停止作业或造成重大损失和灾难性事故。

四、状态监测和故障诊断技术的应用趋势

设备状态监测技术是指通过将监测设备或生产系统的温度、压力、流量、振动、噪声、润滑油黏度、消耗量等各种参数，与设备生产厂家的数据相对比，分析设备运行的好坏，对机组故障作早期预测、分析诊断与排除，将事故消灭在萌芽状态，降低设备故障停机时间，提高设备运行可靠性，延长机组运行周期。

设备故障诊断技术是一种了解和掌握设备在使用过程中的状态，确定其整体或局部是否正常，早期发现故障及其原因，并能预报故障发展趋势的技术。

随着科学技术与生产的发展，机械设备工作强度不断增大，生产效率、自动化程度越来越高，同时设备更加复杂，各部分的关联愈加密切，往往某处微小故障就会引发连锁反应，导致整个设备乃至与设备有关的环境遭受灾难性的毁坏，不仅会造成巨大的经济损失，而且会危及人身安全，后果极为严重。采用设备状态监测技术和故障诊断技术，就可以事先发现故障，避免发生较大的经济损失和事故。

这一技术的应用深刻地改变了原有的维修体制，节省了大量维修费用。长期以来，我国对机械设备主要采用计划维修，常常不该修的修了，不仅费时花钱，甚至降低了设备的工作性能；该修的又没修，不仅缩短了设备寿命，而且导致了不少事故。采用故障诊断技术后，可以变“事后维修”为“事前维修”，变“计划维修”为“预知维修”。

五、从定期维修向预知维修转变的趋势

设备的预知维修管理是现代设备科学管理发展的方向，可减少设备故障，降低设备维修成本，防止生产设备的意外损坏，通过状态监测技术和故障诊断技术，在设备正常运行的情况下，进行设备整体维修和保养。在工业生产中，通过预知维修，可降低事故率，使设备在最佳状态下正常运转，这是保证生产按预定计划完成的必要条件，也是提高企业经济效益的有效途径。

预知维修的发展是和设备管理的信息化、设备状态监测技术、故障诊断技术的发展密切相关的，预知维修需要的大量信息是由设备管理信息系统提供的，通过对设备的状态监测，得到关于设备或生产系统的温度、压力、流量、振动、噪声、润滑油黏度、消耗量等各种参数，由专家系统对各种参数进行分析，进而实现对设备的预知维修。

以上提到的现代设备管理的几个发展趋势并不是相互孤立的，它们之间相互依存、相互促进：信息化在设备管理中的应用可以促进设备维修的专业化、社会化；预知维修又离不开设备的故障诊断技术和可靠性工程；设备维修的专业化又促进了故障诊断技术、可靠性工程的研究和应用。

设备管理的新趋势是和当前社会生产的技术经济特点相适应的，这些新趋势带来了设备管理水平的提升（表1－1）。

表1－1　设备管理的新趋势带来的设备管理水平的提升

新趋势	带来的新改进
信息化趋势	①设备投资评价的信息化。 ②设备经济效益、社会效益评价的信息化。 ③设备使用的信息化
维修的社会化、专业化、网络化趋势	①保证维修质量、缩短维修时间、提高维修效率、减少停机时间。 ②保证零配件的及时供应、价格合理。 ③节省技术培训费用
可靠性工程的应用	①避免意外停机。 ②保证设备的工作性能
状态监控和故障诊断技术	①保证设备的正常工作状态。 ②保证物尽其用，发挥最大效益。 ③及时对故障进行诊断，提高维修效率
从定期维修向预知维修的转变	①节约维修费用。 ②降低事故率、减少停机时间

1.3　数控设备的技术管理与资产管理

随着我国科学技术的不断发展，数控机床得到了比较广泛的应用，尤其在制造业中，对于数控机床的使用也越来越普遍。但是对于数控设备，其使用和管理的水平却一直比较低。建立完整的技术和资产管理制度是大势所趋，是为了更好地利用数控设备为国家经济建设做贡献。

1.3.1　数控设备的技术管理

技术管理是指企业有关生产技术组织与管理工作的总称，是保证数控设备正常运行的关键因素，技术管理的内容包括以下几个方面。

一、设备前期管理

设备前期管理又称设备规划工程，是指从制定设备规划方案起到设备投产止这一阶段全部活动的管理工作，包括设备的规划决策、外购设备的选型采购和自制设备的设计制造、设备的安装调试和设备使用的初期管理四个环节。其主要研究内容包括：设备规划方案的调研、制定、论证和决策；设备货源调查及市场情报的收集、整理与分析；设备投资计划及费用预算的编制与实施程序的确定；自制设备设计方案的选择和制造；外购设备的选型、订货及合同管理；设备的开箱检查、安装、调试运转、验收与投产使用；设备初期使用的分析、评价和信息反馈等。做好设备前期管理工作，为进行设备投产后的使用、维修、更新改造等管理工作奠定了基础，创造了条件。

二、设备资产管理

设备资产管理是一项重要的基础管理工作，是对设备运行过程中的实物形态和价值形态的某些规律进行分析、控制和实施管理。由于设备资产管理涉及面比较广，应实行“一把手”工程，通过设备管理部门、设备使用部门和财务部门的共同努力、互相配合，做好这一工作。

当前，企业设备资产管理工作的主要内容有以下几方面：

（1）保证设备固定资产的实物形态完整和完好，并能正常维护、正确使用和有效利用。

（2）保证固定资产的价值形态清楚、完整和正确无误，及时做好固定资产清理、核算和评估等工作。

（3）重视提高设备利用率与设备资产经营效益，确保资产的保值增值。

（4）强化设备资产动态管理的理念，使企业设备资产保持高效运行状态。

（5）积极参与设备及设备市场交易，调整企业设备存量资产，促进全社会设备资源的优化配置和有效运行。

（6）完善企业资产产权管理机制。在企业经营活动中，企业不得使资产及其权益遭受损失。当企业资产发生产权变动时，应进行设备的技术鉴定和资产评估。

三、设备状态监测管理

1. 设备状态监测的概念

对运转中的设备整体或其零部件的技术状态进行检查鉴定，以判断其运转是否正常、有无异常与劣化征兆，或对异常情况进行追踪，预测其劣化趋势，确定其劣化及磨损程度等，这种活动就称为状态监测（Condition Monitoring）。状态检测的目的在于掌握设备发生故障之前的异常征兆与劣化信息，以便事前采取针对性措施，控制和防止故障的发生，从而减少故障停机时间与停机损失，降低维修费用和提高设备有效利用率。

对在使用状态下的设备进行不停机或在线监测，能够确切掌握设备的实际特性，有助于判定需要修复或更换的零部件和元器件，充分利用设备和零件的潜力，避免过剩维修，节约维修费用，减少停机损失。在线监测特别是对自动线、程式、流水式生产线或复杂的关键设备来说，意义更为突出。

2. 状态监测与定期检查的区别

设备的定期检查是针对实施预防维修的生产设备在一定时期内所进行的较为全面的一般性检查，间隔时间较长（多在半年以上），检查方法多靠主观感觉与经验，目的在于保持设备的规定性能和正常运转；而状态监测是以关键的设备（如生产联动线，精密、大型、稀有设备，动力设备等）为主要对象，检测范围较定期检查小，要使用专门的检测仪器针对事先确定的监测点进行间断或连续的监测检查，目的在于定量地掌握设备的异常征兆和劣化的动态参数，判断设备的技术状态及损伤部位和原因，以决定相应的维修措施。

设备状态监测是设备诊断技术的具体实施，是一种掌握设备动态特性的检查技术。它包括各种主要的非破坏性检查技术，如振动理论、噪声控制、振动监测、应力监测、腐蚀监测、泄漏监测、温度监测、磨粒测试、光谱分析及其他各种物理监测技术等。

设备状态监测是实施设备状态维修（Condition Based Maintenance）的基础，状态维修根据设备检查与状态监测结果，确定设备的维修方式。所以，实行设备状态监测与状态维修的优点有：

（1）减少因机械故障引起的损伤。

（2）增加设备运转时间。

（3）减少维修时间。

（4）提高生产效率。

（5）提高产品和服务质量。

设备技术状态是否正常、有无异常征兆或故障出现，可根据监测所取得的设备动态参数（温度、振动、应力等）、缺陷状态，与标准状态进行对照加以鉴别，见表1-2。

表1-2 设备状态的一般标准

设备状态	部件			设备性能
	应力	性能	缺陷状态	
正常	在允许值内	满足规定	微小缺陷	满足规定
异常	超过允许值	部分降低	缺陷扩大（如噪声、振动增大）	接近规定，一部分降低
故障	达到破坏值	达不到规定	破损	达不到规定

3. 设备状态监测的分类与工作程序

设备状态监测按其监测的对象和状态量划分，可分为两方面的监测：

（1）机器设备的状态监测：指监测设备的运行状态，如监测设备的振动、温度、油压、油质劣化、泄漏等情况。

（2）生产过程的状态监测：指监测由几个因素构成的生产过程的状态，如监测产品质量、流量、成分、温度或工艺参数量等。

上述两方面的状态监测是相互关联的。例如生产过程发生异常，将会发现设备异常或导致设备发生故障；反之，往往由于设备运行状态发生异常而出现生产过程的异常。

设备状态监测按监测手段划分，可分为以下两种类型的监测。

（1）主观型状态监测：即由设备维修或检测人员凭感觉和技术经验对设备的技术状态进行检查和判断。这是目前在设备状态监测中使用较为普及的一种监测方法。由于这种方法依靠的是人的主观感觉和经验、技能，要准确地做出判断难度较大，因此必须重视对检测维修人员进行技术培训，编制各种检查指导书，绘制不同状态比较图，以提高主观检测的可靠程度。

（2）客观型状态监测：即由设备维修或检测人员利用各种监测器械和仪表，直接对设备的关键部位进行定期、间断或连续监测，以获得设备技术状态（如磨损、温度、振动、噪声、压力等）变化的图像、参数等确切信息。这是一种能精确测定劣化数据和故障信息的方法。

当系统地实施状态监测时，应尽可能采用客观监测法。在一般情况下，使用一些简易方法是可以达到客观监测的效果的。但是，为能在不停机和不拆卸设备的情况下取得精确的检测参数和信息，就需要购买一些专门的检测仪器和装置，其中有些仪器装置的价值比较昂贵。因此，在选择监测方法时，必须从技术与经济两个方面进行综合考虑，既要能不停机地迅速取得正确可靠的信息，又必须经济合理。这就要求将购买仪器装置所需费用同故障停机造成的总损失加以比较，来确定应当选择何种监测方法。一般地说，对以下四种设备应考虑采用客观监测方法：发生故障时对整个系统影响大的设备，特别是自动化流水生产线和联动设备；必须确保安全性能的设备，如动能设备；价格昂贵的精密、大型、重型、稀有设备；故障停机修理费用及停机损失大的设备。

四、设备安全环保管理

设备使用过程中不可避免地会出现以下问题：

（1）废水、废液：如油、污浊物、重金属类废液；此外，还有温度较高的冷却排水等。

（2）噪声：泵、空气压缩机、空冷式热交换器、鼓风机以及其他直接生产设备、运输设备等所发出的噪声。

（3）振动：空气压缩机、鼓风机以及其他直接生产设备等所产生的各种振动。

（4）工业废弃物：比如金属切屑。

这些问题处理不好会影响到企业环境和正常生产，因此在设备管理过程中必须考虑到设备使用的安全环保问题，确定相应处理措施，配备处理设备，同时还要对这些设备维修保养好，将其看作生产系统的一部分，进行管理。

五、设备润滑管理

将具有润滑性能的物质注到相对运动零件的接触表面上，以减少接触表面的摩擦、降低磨损的技术方式称为设备润滑，给机器零件摩擦表面上润滑剂，润滑剂能够牢牢地吸附在摩擦表面上，并形成一种润滑油膜。这种油膜与零件的摩擦表面结合得很紧密，因而两个摩擦表面能够被润滑剂有效地隔开。这样，零件间接触表面的摩擦就变为润滑剂本身的分子间的摩擦，从而起到降低摩擦、磨损的作用。设备润滑是防止和延缓零件磨损和其他形式失败的重要手段之一，润滑管理是设备工程的重要内容之一。加强设备的润滑管理工作，并把它建立在科学管理的基础上，对保证企业的均衡生产、保证设备完好并充分发挥设备效能、减少设备事故和故障、提高企业经济效益和社会效益都有着极其重要的意义。因此，搞好设备的润滑工作是企业设备管理中不可忽视的环节。

润滑的作用一般可归结为：控制摩擦、减少磨损、降温冷却、防止摩擦面锈蚀、冲洗、密封、减振等。润滑的这些作用是互相依存、互相影响的。如果不能有效地减少摩擦和磨损，就会产生大量的摩擦热，迅速破坏摩擦表面和润滑介质本身，这就是摩擦时缺油会出现润滑故障的原因。必须根据摩擦副的工作条件和作用性质，选用适当的润滑材料；根据摩擦副的工作条件和性质，确定正确的润滑方式和润滑方法，设计合理的润滑装置和润滑系统；严格保持润滑剂和润滑部位的清洁；保证供给适量的润滑剂，防止缺油及漏油；适时清洗换油，既能保证润滑，又能节省润滑材料。

为保证上述要求，必须搞好润滑管理。

1. 润滑管理的目的和任务

控制设备摩擦、减少和消除设备磨损的一系列技术方法和组织方法，称为设备润滑管理，其目的是：给设备以正确的润滑，减少和消除对设备的磨损，延长设备的使用寿命；保证设备正常运转，防止发生设备事故和降低设备性能；减少摩擦阻力，降低动能消耗；提高设备的生产效率和产品加工的精度，保证企业获得良好的经济效果；合理润滑，节约用油，避免浪费。

2. 润滑管理的基本任务

建立设备润滑管理制度和工作细则，拟定润滑工作人员的职责；收集润滑技术、管理资料，建立润滑技术档案，编制润滑卡片，指导操作工和专职润滑工搞好润滑工作；核定单台设备润滑材料及其消耗定额，及时编制润滑材料计划；检查润滑材料的采购质量，做好润滑材料进库、保管、发放的工作；编制设备定期换油计划，并做好废油的回收、利用工作；检查设备的润滑情况，及时解决存在的问题，更换缺损的润滑元件、装置、加油工具和用具，改进润滑方法；采取积极措施，防止和治理设备漏油；做好有关人员的技术培训工作，提高润滑技术水平；贯彻润滑的“五定”原则，即定人（定人加油）、定时（定时换油）、定点（定点给油）、定质（定质进油）、定量（定量用油），总结推广和学习应用先进的润滑技术和经验，以实现科学管理。

六、设备维修管理

设备维修管理工作主要有以下内容：

（1）设备维修用技术资料管理。

(2) 编制设备维修用技术文件，主要包括维修技术任务书、修换件明细表、材料明细表、修理工艺规程及维修质量标准等。

(3) 制定磨损零件修、换标准。

(4) 在设备维修中，推广有关新技术、新材料、新工艺，提高维修技术水平。

(5) 设备维修用量、检具的管理等。

七、设备备件管理

1. 备件的技术管理

技术基础资料的收集与技术定额的制订工作包括：备件图纸的收集、测绘、整理、备件图册的编制；各类备件统计卡片和储备定额等基础资料的设计、编制及备件卡的编制工作。

2. 备件的计划管理

备件的计划管理指备件由提出自制计划或外协、外购计划到备件入库这一阶段的工作，可分为年、季、月自制备件计划；外购备件年度及分批计划；铸、锻毛坯件的需要量申请、制造计划；备件零星采购和加工计划；备件的修复计划。

3. 备件的库房管理

备件的库房管理指从备件入库到发出这一阶段的库存控制和管理工作，包括备件入库时的质量检查、清洗、涂油防锈、包装、登记上卡、上架存放；备件收、发及库房的清洁与安全；订货点与库存量的控制；备件的消耗量、资金占用额、资金周转率的统计分析和控制；备件质量信息的收集等。

4. 备件的经济管理

备件的经济核算与统计分析工作，包括备件库存资金的核定、出入库账目的管理、备件成本的审定、备件消耗统计和备件各项经济指标的统计分析等。经济管理应贯穿于备件管理的全过程，同时应根据各项经济指标的统计分析结果来衡量检查备件管理工作的质量和水平，总结经验，改进工作。

备件管理机构的设置和人员配置与企业的规模、性质有关。表1-3中所列为一般机械行业配置情况，可供参考。表中所列人员的配置是企业在自行生产和储备备件情况下的组织机构。在备件逐步走入专业化生产和集中供应的情况下，企业备件管理人员的工作重点应是科学、及时地掌握市场供应信息，减少人员，并降低备件储备数量和库存资金。

表1-3 备件管理机构和人员配置

企业规模	组织机构	人员配置	职责范围
大型企业	在设备管理部门领导下成立备件科（或组）； 备件专门生产车间； 设置备件总库	备件计划员； 备件生产调度员； 备件采购员； 备件质量检验员； 备件库管员； 备件经济核算员	备件技术管理、备件计划管理； 自制备件生产调度； 外购备件采购； 备件质量检验； 备件检验、收发、保管； 备件经济管理

续表

企业规模	组织机构	人员配置	职责范围
中型企业	设备科管理组（或技术组）分管备件技术、管理工作； 设置备件库房； 机修分企业（车间）负责自制备件	备件技术员； 备件计划员（可兼职）； 备件采购员； 备件库管员； 备件经济核算员（可兼职）	同上（允许兼职）
小型企业	设备科（组）管理备件生产与技术工作； 备件库可与材料库合一	备件技术管理员； 备件库管理员（可兼职）	满足维修生产，不断完善备件管理工作

八、设备改造革新管理

1. 设备改造革新的目标

（1）提高加工效率和产品质量：设备经过改造后，要使原设备的技术性能得到改善，提高精度和增加功能，使之达到或局部达到新设备的水平，满足产品生产的要求。

（2）提高设备运行安全性：对影响人身安全的设备，应进行针对性改造，防止人身伤亡事故的发生，确保安全生产。

（3）节约能源：通过设备的技术改造提高能源的利用率，大幅度地节电、节煤、节水，在短期内收回设备改造投入的资金。

（4）保护环境：有些设备对生产环境乃至社会环境造成较大污染，如烟尘污染、噪声污染以及工业水的污染。要积极进行设备改造以消除或减少污染，改善生存环境。

此外，对进口设备的国产化改造和对闲置设备的技术改造，也有利于降低修理费用和提高资产利用率。

2. 设备改造革新的实施

（1）编制和审定设备更新申请单。设备更新申请单由企业主管部门根据各设备使用部门的意见汇总编制，经有关部门审查，在充分进行技术经济分析论证的基础上，确认实施的可能性和资金来源等方面情况后，经上级主管部门和厂长审批后实施。

设备更新申请单的主要内容包括：

①设备更新的理由（附技术经济分析报告）。

②对新设备的技术要求，包括对随机附件的要求。

③现有设备的处理意见。

④订货方面的商务要求及要求使用的时间。

（2）对旧设备组织技术鉴定，确定残值，区别不同情况进行处理。对报废的受压容器及国家规定淘汰的设备，不得转售其他单位。

目前尚无确定残值的较为科学的方法，但它是真实反映设备本身价值的量，确定它很有

意义。因此残值确定的合理与否，直接关系到经济分析的准确与否。

（3）积极筹措设备更新资金。

面对快速发展的产业形势和日趋高效的自动化生产方式，企业的设备管理部门要多渠道筹措资金进行设备更新升级，制订设备更新方案，并有计划推进实施。

九、设备专业管理

设备专业管理是企业内设备管理系统专业人员的管理；是相对于群众管理而言的，群众管理是指企业内与设备有关人员，特别是设备操作、维修工人，参与设备的民主管理活动。专业管理与群众管理相结合可使企业的设备管理工作上下成线、左右成网，使广大干部职工关心和支持设备管理工作，有利于加强设备日常维修工作和提高设备现代化管理水平。

1.3.2　数控设备的资产管理

资产管理是指在社会物质生产活动中，用较少的人力、物力、财力和时间，获得较大成果的管理工作的总称。

资产管理的内容包括：

（1）投资方案技术分析、评估。

（2）设备折旧计算与实施。

（3）设备寿命周期费用、寿命周期效益分析。

（4）备件流动基金管理。

1.3.3　数控设备的使用与运行管理

对于数控机床来说，由于其技术含量高，所以做好对其使用和管理工作对于企业来说具有非常重要的现实意义。

一、数控机床的管理规定

数控机床的管理要规范化、系统化并具有可操作性。数控机床管理工作的任务概括为“三好”，即“管好、用好、修好”。

1. 管好数控机床

企业经营者必须管好本企业所拥有的数控机床，即掌握数控机床的数量、质量及其变动情况，合理配置数控机床。严格执行关于设备的安装、调拨、借用、出租、封存、报废、改装及更新的有关管理制度，保证财产的完整齐全，保持其完好和价值。操作工必须管好自己使用的机床，未经上级批准不准他人使用，杜绝无证操作现象。

2. 用好数控机床

企业管理者应教育本企业员工正确使用和精心维护好数控机床，生产应依据机床的能力合理安排，不得有超性能使用和超负荷使用设备之类的行为。操作工必须严格遵守操作维护规程，不超负荷使用及采取不文明的操作方法，认真进行日常保养和定期维护，使数控机床保持“整齐、清洁、润滑、安全”的标准。

3. 修好数控机床

车间安排生产时应考虑和预留计划维修时间，防止机床“带病”运行。操作工要配合

维修工修好设备，及时排除故障。要贯彻“预防为主，养为基础”的原则，实行计划预防修理制度，广泛采用新技术、新工艺，保证修理质量，缩短停机时间，降低修理费用，提高数控机床的各项技术经济指标。

二、数控机床的使用规定

1. 技术培训

为了正确合理地使用数控机床，操作工在独立使用设备前，必须经过基本知识、技术理论及操作技能的培训，并且在熟练技师指导下，进行上机训练，达到一定的熟练程度；同时，要参加国家职业资格的考核鉴定，经过鉴定合格并取得资格证后，方能独立操作所使用的数控机床。严禁无证上岗操作。技术培训、考核的内容包括数控机床的结构性能、工作原理、传动装置、数控系统技术特性、金属加工技术规范、操作规程、安全操作要领、维护保养事项、安全防护措施、故障处理等。

2. 实行定人定机持证操作

数控机床必须由持职业资格证书的操作工操作，严格实行定人定机和岗位责任制，以确保正确使用数控机床和落实日常维护工作。多人操作的数控机床应实行机长负责制，由机长对使用和维护工作负责。公用数控机床应由企业管理者指定专人负责维护保管。数控机床定人定机名单由使用部门提出，报设备管理部门审批，签发操作证；“精”“大”“稀”等关键设备定人定机名单由设备部门审核并报企业管理者批准后签发。定人定机名单批准后，不得随意变动。对技术熟练、能掌握多种数控机床操作技术的工人，在其考试合格后可签发操作多种数控机床的操作证。

3. 建立使用数控机床的岗位责任制

（1）数控机床操作工必须严格按“数控机床操作维护规程”“四项要求”“五项纪律”的规定正确使用与精心维护设备。

（2）实行日常点检，认真记录。做到班前正确润滑设备；班中注意运转情况；班后清扫擦拭设备，保持清洁，涂油防锈。

（3）在做到“三好”要求的情况下，练好“四会”基本功，搞好日常维护和定期维护工作；配合维修工人检查修理自己操作的设备；保管好设备附件和工具，并参加数控机床修后验收工作。

（4）认真执行交接班制度和填写好交接班及运行记录。

（5）发生设备事故时立即切断电源，保持现场，及时向生产工长和车间机械员（师）报告，听候处理。分析事故时应如实说明经过。对违反操作规程等造成的事故应负直接责任。

4. 建立交接班制度

对连续生产和多班制生产的设备必须实行交接班制度。交班人除完成设备日常维护作业外，必须把设备运行情况和发现的问题，详细记录在“交接班簿”上，并主动向接班人介绍清楚，双方当面检查，在交接班簿上签字。接班人发现异常或情况不明、记录不清时可拒绝接班。如果交接不清，设备在接班后发生问题，就由接班人负责。

企业对在用设备均需设“交接班簿”，不准涂改撕毁。区域维修部（站）和机械员

（师）应及时收集分析，掌握交接班执行情况和数控机床技术状态信息，为数控机床状态管理提供资料。

三、数控机床安全生产规程

1. 操作工使用数控机床的基本功和操作纪律

（1）数控机床操作工“四会”基本功。

①会使用。操作工应先学习数控机床操作规程，熟悉设备结构性能、传动装置，懂得加工工艺和工装工具在数控机床上的正确使用。

②会维护。能正确执行数控机床维护和润滑规定，按时清扫，保持设备清洁完好。

③会检查。了解设备易损零件部位，知道完好检查项目、标准和方法，并能按规定进行日常检查。

④会排除故障。熟悉设备特点，能鉴别设备正常与异常现象，懂得其零部件拆装注意事项，会做一般故障调整或协同维修人员进行排除。

（2）维护使用数控机床的“四项要求”。

①整齐。工具、工件、附件摆放整齐，设备零部件及安全防护装置齐全，线路管道完整。

②清洁。设备内、外清洁，无“黄袍”，各滑动面、丝杠、齿条、齿轮无油污，且无损伤；各部位不漏油、漏水、漏气；将铁屑清扫干净。

③润滑。按时加油、换油，油质符合要求；油枪、油壶、油杯、油嘴齐全，油毡、油线清洁，油窗明亮，油路畅通。

④安全。实行定人定机制度，遵守操作维护规程，合理使用，注意观察运行情况，不出安全事故。

（3）数控机床操作工的“五项纪律”。

①凭操作证使用设备，遵守安全操作维护规程。

②经常保持机床整洁，按规定加油，保证合理润滑。

③遵守交接班制度。

④管好工具、附件，不得遗失。

⑤发现异常，则立即通知有关人员检查处理。

2. 数控机床安全生产规程

（1）数控机床的使用环境要避免光的直接照射和其他热辐射，要避免太潮湿或粉尘过多的场所，特别要避免有腐蚀气体的场所。

（2）为了避免电源不稳定给电子元件造成损坏，数控机床应采取专线供电或增设稳压装置。

（3）数控机床的开机、关机顺序，一定要按照机床说明书的规定操作。

（4）主轴启动开始切削之前一定要关好防护罩门，程序正常运行中严禁开启防护罩门。

（5）机床在正常运行时不允许开电气柜门，禁止按动“急停”“复位”按钮。

（6）机床发生事故后，操作者要注意保留现场，并向维修人员如实说明事故发生前后的情况，以利于分析问题，查找事故原因。

（7）数控机床的使用一定要由专人负责，严禁其他人员随意动用数控设备。

（8）要认真填写数控机床的工作日志，做好交接工作，消除事故隐患。

（9）不得随意更改数控系统内制造厂设定的参数。

1.4 数控设备管理案例

案例1 数字化工厂信息化管理

数字化车间是指以制造资源（Resource）、生产操作（Operation）和产品（Product）为核心，将数字化的产品设计数据，在现有实际制造系统的数字化现实环境中，对生产过程进行计算机仿真优化的虚拟制造方式。数字化车间技术是在高性能计算机及高速网络的支持下，采用计算机仿真与数字化现实技术，以群组协同工作的方式。它概括了对真实制造世界的对象和活动的建模与仿真研究的各个方面。在计算机从产品概念的形成、设计到制造全过程的三维可视及交互的环境里实现产品制造的本质过程（包括产品的设计、性能分析、工艺规划、加工制造、质量检验、生产过程管理与控制），通过计算机数字化模型来模拟和预测产品功能、性能及可加工性等各方面可能存在的问题。在数字化车间的设计和规划阶段各种类型的人员所关心的层次有所不同，所以需要将数字化车间的模拟仿真力度进行层次的划分，使不同人员在不同阶段得到不同的仿真模拟力度。经过分析，把数字化车间软件分为以下四个层次：数字化车间层、数字化生产线层、数字化加工单元层、数字化加工操作层。

（1）数字化车间层：这一层是对车间的设备布局和辅助设备及管网系统进行布局分析，对设备的占地面积和空间进行核准，为车间设计人员提供辅助的分析工具。

（2）数字化生产线层：这一层要关心的是所设计的生产线能否达到设计的物流节拍和生产率、制造的成本是否满足要求，帮助工业工程师分析生产线布局的合理性、物流“瓶颈”和设备的使用效率等问题，同时也可对制造的成本进行分析。

（3）数字化加工单元层：这一层主要提供对设备之间和设备内部的运动干涉问题，并可协助设备工艺规划员生成设备加工指令，再现真实的制造过程。

（4）数字化加工操作层：这一层是对具体的上一步进行详细的分析，对加工的过程进行干涉等的分析，进一步对人机工程进行分析。

这四层的仿真力度逐渐细化，详细到设备的一个具体的动作。可以说通过这四层的仿真模拟，可达到对制造系统的设计规划优化、系统的性能分析和能力平衡以及工艺过程的优化和校验。

1. 数字化车间总体设计

数字化车间系统的最终目标是在一个数字化环境中建立相对于物理系统的数字化车间，该系统能辅助设计人员快速可视化地规划车间布局、生产流程等；得到数字化车间模型后可以进行生产调度仿真、试验各种调度方案、验证布局的优劣，使车间在施工前得到充分的论证。工厂投产后，数字化车间可以和企业的ERP系统、数据库等结合，辅助管理人员管理生产，对技术人员进行指引，帮助销售人员进行演示、促进销售等，如图1－8所示。

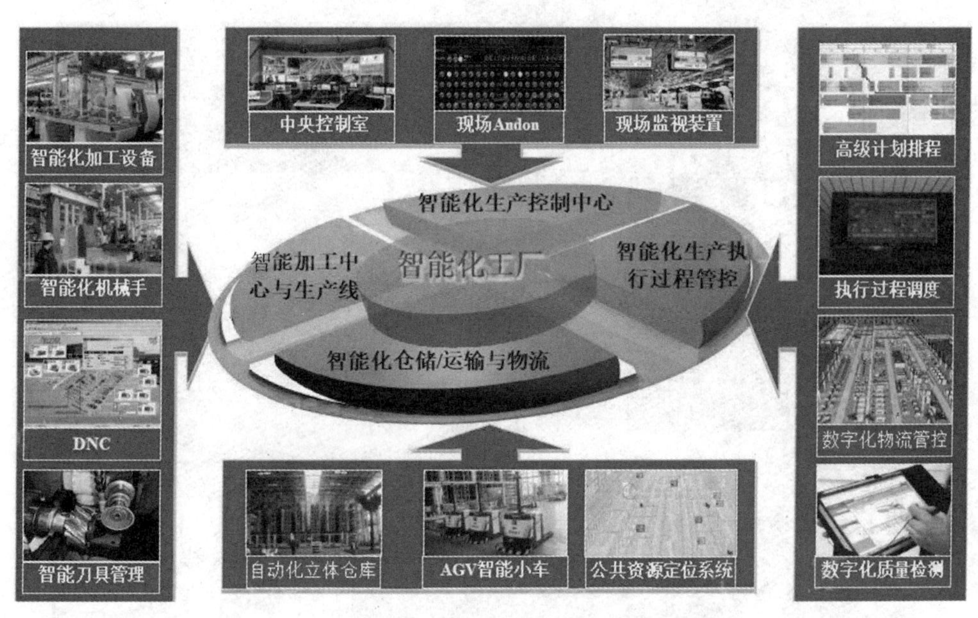

图1－8　数字化车间设计示意

首先设计人员规划车间内各种设备、各种单位的布局。设计人员根据产品、产量等信息，设计生产工艺方案，确定生产节拍。数字化车间系统提供各类设备的模型，设计人员以全3D可视化方式选择设备，进行布局规划。同时，系统提供构造数字化模型的工具，帮助用户导入模型。数字化车间建立后，在其上对生产进行预演仿真，验证布局是否能够提供安全的生产环境、车间内物流是否通畅、生产技术和应急方案是否可行等。根据仿真的结果，通过专家系统和优化方法的辅助，修改设计、优选方案。最后将优选出的方案用于指导工厂的建设施工。在车间正式施工前，在数字化车间系统上预演设备的运入和安装、生产线的组装整合、各种辅助设备或区间的摆设等。这些可以保证工厂施工时能顺利进行，减少或避免施工的失误，加速车间的建设。车间投产后，数字化车间系统、ERP系统和真正的车间3个系统互相连接，辅助车间的管理运营。管理人员根据ERP系统和数据库的信息管理生产、调整生产计划、调度物流设备等；在最后作出这些决策并发给真实车间执行前，管理人员先在数字化车间预演，了解决策可能的执行状况。数字化车间和真实车间可以同步进行，让管理人员以可视化的方式监视生产运作，处理突发事件，或者直接作为监控真实车间的界面，控制设备、下达命令。

2. 数字化车间系统构建策略

数字化车间系统的规划是比较复杂的，不可能一次性完成这样的任务。可以分三个阶段实现该系统，如图1－9所示。

(1) 建立基本布局系统：让设计人员通过可视化的方法对厂房、生产线和各种物流进行规划设计。在此阶段，需要建立其软件的基本框架和各种车间对象的仿真模型。在此要对车间内各种对生产有直接或间接关系的设备物品进行抽象分类，并建立与之对应的对象类

图1－9　数字化车间示意图

(class)。要建立软件的人机界面，使用户能方便地管理这些对象，对车间进行由总体到局部的布局。完成后允许用户设计和布置车间内部的布局，诸如生产线的走向、各个工位的位置、配置何种设备及如何摆放、车间内各种附件位置等。

(2) 加入调度控制和仿真系统：使系统能对布置好的车间进行运行仿真，以检验各种设计布局是否合理。此阶段要设计智能控制对象和统计分析系统。智能控制对象总管车间内各种事务，按照生产计划控制生产设备进行生产，控制生产线上的物流。可以在仿真系统中对各种生产管理调度计划进行试验，以检测避免死锁等问题。当一个具体生产车间的布局已经完成时，可以让数字化车间模拟运作，检验设计的可行性和合理性，统计分析和优化系统记录仿真运行的各种数据，对发现的设计问题进行及时的修正。由于是在计算机中仿真运行，所以除了设计工时外，并不耗费任何成本，可以进行多种设计的试验比较，以找到最优的布局设计和调度规则。

(3) 建立与车间的日常生产全面结合的接口：进行可视化的监控和管理。在此阶段，要设计数字化车间系统与物理系统的互连接口，通过LAN、现场总线等其他技术把数字化车间的指令送到真实的设备上，控制设备进行生产；同时把物理系统的信息也通过接口反馈给数字化车间，让数字化车间同步表现真实车间的生产状态。监控人员可以以数字化车间为接口监控工厂生产，通过可视化方式监控生产过程甚至车间内所有发生的事件；同时把数字化系统作为控制终端，对生产进行计划外的干预，以应对特殊的情况。

数字化工厂实施路径在数字化工厂的建设过程中有了细致周密的数字化规划蓝图，就有了数字化工厂建设的基点和指南针。接下来就应该选择最合适的技术，这里注意不是最先进

的技术，最先进的技术并不一定在企业数字化建设中发挥最大的效用，所以需要根据企业自身功能和用途需求合理决策。在信息化程度还比较低的企业，RFID技术的使用，不见得比条码技术更实用。制造业的数字化工厂建设是一个大的系统工程，并非几天、几个月就能建设好并投入使用的，需要一个较长的实施周期，不能进行跨越式建设。每个阶段都是以前一个阶段为基础而逐步推进的，而且很多问题并不是技术上的问题，而是管理、组织方式、观念的变革。

思考：

（1）数字化车间软件可以分为哪几个层次？

（2）分析数字化车间系统的构建策略。

案例2　典型数控设备管理流程

某企业是我国在20世纪90年代引进的高度自动化的现代化生产企业。该企业从投产起就具有完整的三级计算机管理和控制系统，生产控制和生产管理全部采用计算机。投产后，又建成了办公和数据管理局域网。由于当时引进设备的条件限制，在引进的生产控制系统和后期自己开发的厂内办公和数据管理局域网中都没有包含设备管理的功能。因此，所有的设备运行记录、故障登记、检修计划、备件台账、备件领用等，仍采用传统的手工记录或PC单机处理方式。为此，从2008年年底开始，采用计算机网络技术对设备实现了综合管理。

1. 系统结构和系统框架

到2008年下半年，该企业已建成投运的计算机网络结构如图1－10所示。

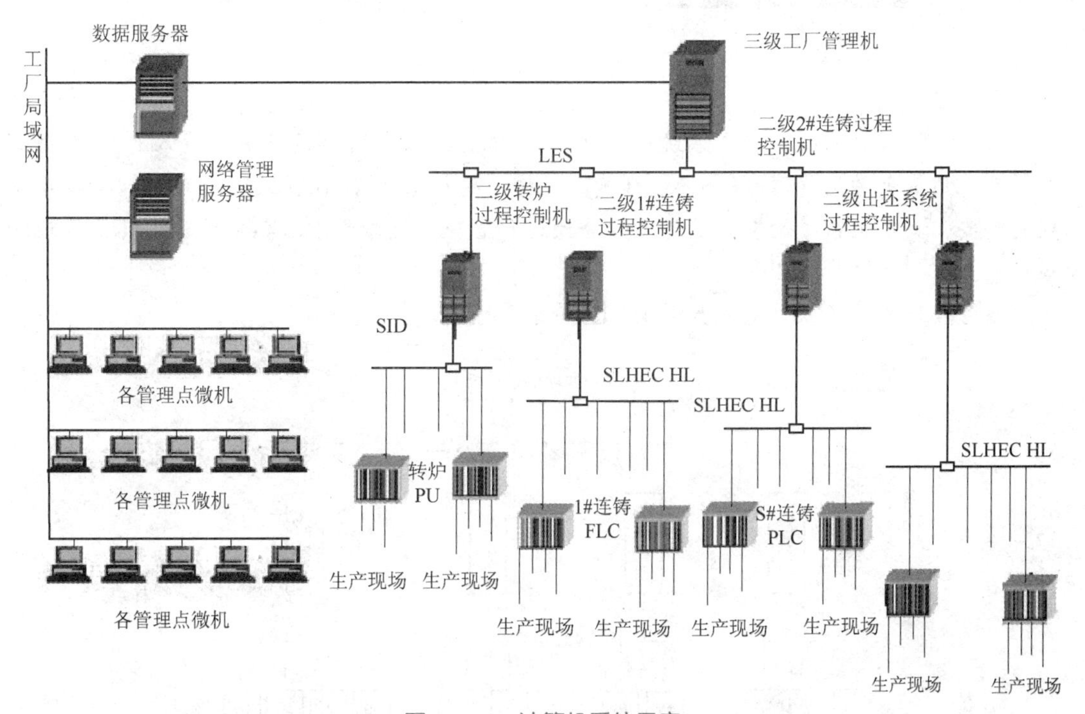

图1－10　计算机系统示意

由图 1－10 可见，厂内建有生产控制网和管理局域网两个网络，这两个计算机网络相对独立，又有一定的数据通信管道。根据设备管理系统主要功能为管理，对控制系统仅限于个别的数据收集的特点，我们在系统规划时决定不牵涉生产控制系统，在管理网络上增加一台独立服务器以完成设备管理的全部功能，同时将管理网络延伸到生产现场各控制室和维修点以收集设备数据。改造后的网络结构如图 1－11 所示。

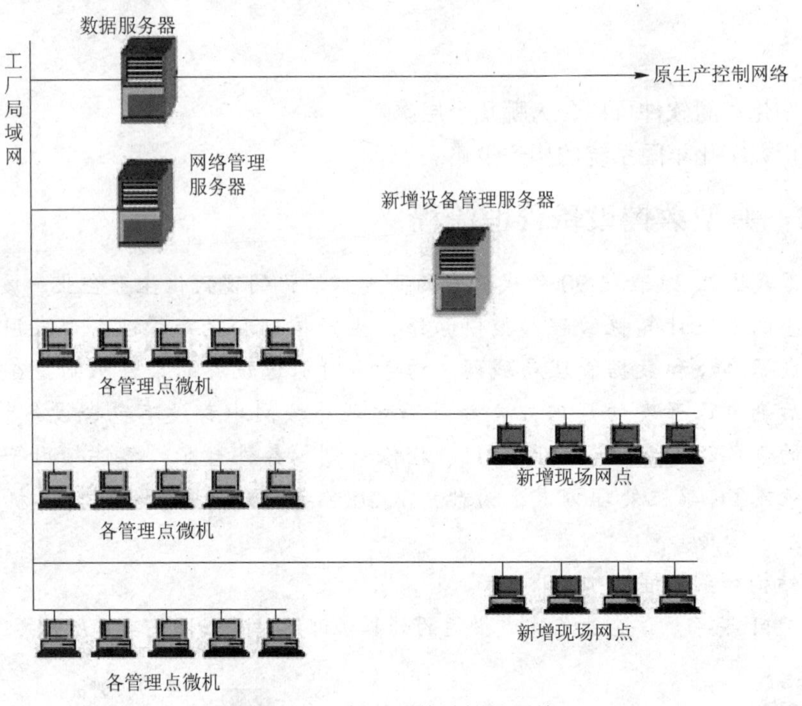

图 1－11　扩展后的计算机系统

在软件系统设计方面，整个系统以 SQL 数据库为核心，所有设备数据存入 SQL 数据库中，界面采用最新的浏览器/服务器（B/S）架构，编程基于 Web 页浏览的 NET。根据系统管理的需要，我们把系统的全部软件设计分为运行管理、检修管理、备件管理、其他管理四大模块。

设备管理信息系统软件结构如图 1－12 所示。

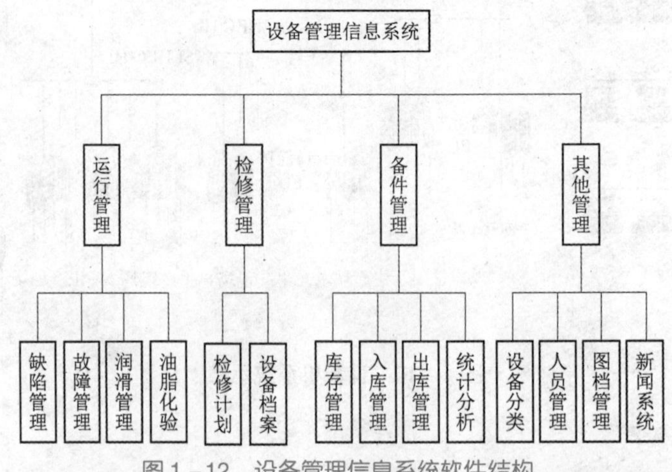

图 1－12　设备管理信息系统软件结构

2. 系统功能及其实现

在局域网上的所有微机终端均可通过 Web 浏览设定网页地址而进入系统。系统的初始画面如图 1－13 所示。

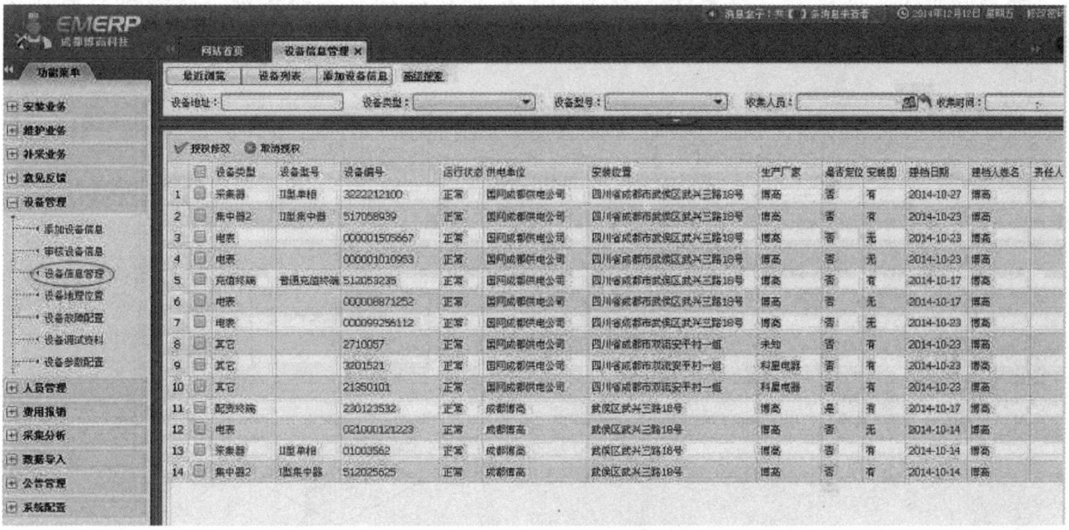

图 1－13　系统的初始画面

系统中的所有数据是完全、充分共享的。进入各专用数据处理功能必须输入其用户名和密码，否则只能浏览基本数据。

（1）运行管理模块：运行管理的目的是保证各级使用、维护和管理设备的人员对设备的运行状态有充分的了解，能够对设备的各种突发事件在最短的时间内做出决策，从而保证在线设备的正常运行。运行管理模块的缺陷管理、故障管理、润滑管理和油脂化验四项的主要功能都是为达到以上目的设置的。

①缺陷管理：缺陷管理是指把设备运行过程中维护人员在点、巡检时发现的设备缺陷进行登记和处理的过程。在设备管理中，缺陷管理强调闭环管理，即对问题从发现到最终解决一直进行跟踪、记录。因此，在设计该功能时，我们在计算机中建立了发现问题、计划处理、处理结果三个档案模块，由维护人员在计算机上登录填写。

②故障管理：故障管理和缺陷管理在本质上是相似的，其区别只是在于缺陷是维护人员在设备还在正常运行时发现的、可能造成故障的设备问题；而故障则是已造成设备不能正常运行的缺陷。

③润滑管理与油脂化验：设备润滑状态的好坏，一方面与是否按制度进行润滑有关，同时也和润滑剂的质量以及油脂使用中的成分变化有关。因此，要管理好设备运行，必须及时掌握设备的润滑状态。我们在系统中设计了润滑管理和油脂化验两个输入画面，以便专业人员随时掌握设备的润滑和油脂情况。

（2）检修管理模块：设备检修管理的主要功能是根据设备的运行状态，制订出设备检修计划，并在生产允许的情况下实施。对已造成设备不能运行的故障检修，虽然在处理故障时一般已进行了检修，但由于当时生产的紧迫性，大部分故障仍需要在生产允许时实施彻底检修。

首先是由管理人员在计算机上确定定检计划时间，形成一个空白的定检计划表，然后各车间工程师根据自己掌握的情况按生产线—设备—单体设备提交各单体设备的检修计划，提交后的检修计划由计算机自动汇入定检计划表，管理人员对计划表进行删选、平衡、审核后批准，车间按计算机上已批准的定检计划进行准备和执行。该模块的处理流程如图 1－14 所示。

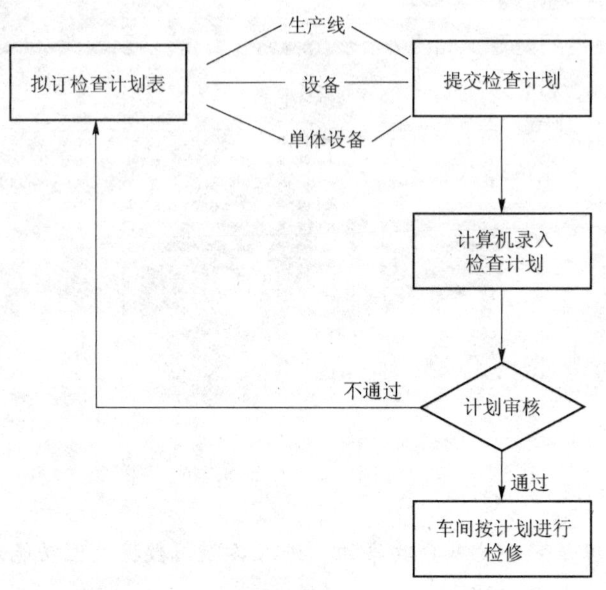

图 1－14　检修管理模块程序处理流程

（3）备件管理模块：设计备件管理模块时，我们保留了备件管理的正常流程，把原来的手记账本转换成计算机的数据库账本，增加了库存备件的查询功能和备件的分类汇总和统计功能。这样，所有备件领用人员在申请前就可知道库中是否有自己需要的备件，而且既可降低备件库存，也可减少仓库保管员和备件计划员的工作量。备件管理模块的工作流程如图 1－15 所示。

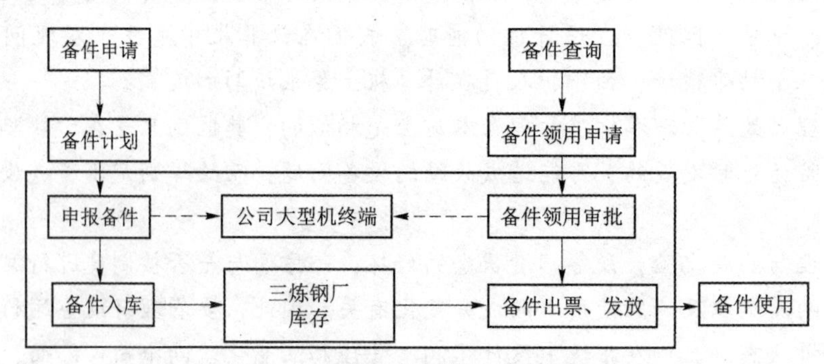

图 1－15　备件管理模块工作流程

模块不但可以对库存进行统计，还能对备件的领用消耗进行一定的分析，便于设备管理人员对资金流向等进行掌握。图 1－16 显示了某汽车企业的备件管理软件。

（4）其他管理模块：由于系统是基于 Web 浏览的，因此任何在厂局域网上的 PC 机均可使用 Internet 浏览器登录和访问本系统。为保证系统的安全和数据的准确性，人员管理模

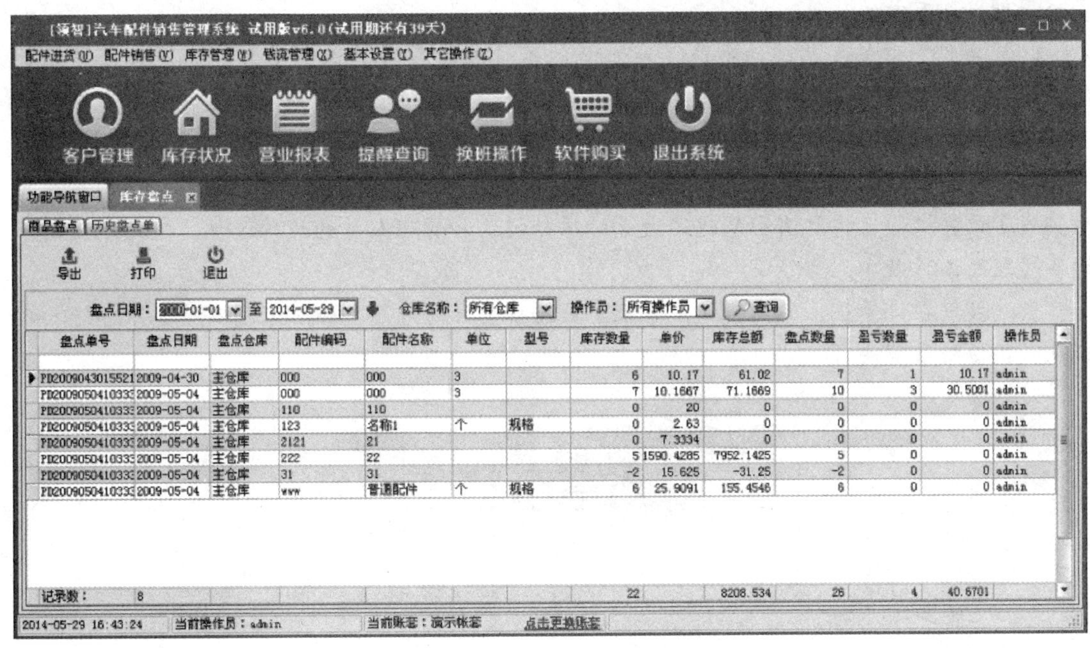

图1－16　备件管理软件

块详细地设置了各类不同的权限。系统运行时将跟踪记录用户的存在情况，以便在需要时进行数据追溯。

图档管理是为了设备资料的查询方便而设计的，它可以方便地链接到厂档案室的档案管理计算机系统，不需要到档案室就可以利用本系统方便地查找各类图档资料。

新闻系统是一个网站系统，主要用于进行设备系统内的通知、纪要、工作通报的发布，部分替代办公自动化系统的功能，方便管理人员的工作。

3. 系统分析

该计算机设备管理系统从2002年下半年开始酝酿，2003年开始实施，2003年下半年各项功能陆续投入运行。到目前为止，系统运行良好，数据准确，受到了广大设备、生产人员的欢迎和好评。本系统具有以下几方面的特点：

（1）数据正确可靠：由于在计算机中进行记录时每人有自己的权限和工作范围，无法进行替代，出现问题时便于追踪和分清责任，保证了原始记录的及时和完整。系统投入运行后，即使取消原来各岗位上的各种设备记录（如点、巡检记录，设备故障记录，设备运行报表等），数据也更加完整可靠。

（2）查询快速方便：系统投入运行后，各类设备问题和故障的查询不但变得极其简单和方便，而且由于能按生产线、单体设备系统进行汇总查询，便于设备管理人员对问题进行分析、预防。

（3）备件领用效率大大提高：备件管理系统投运后，取消了原来的各种备件申请单、批准单、领用单以及各级部门的签字、审核等，全部由计算机系统的电子化和各级人员的权限签名替代，既节约了纸张，又提高了工作效率，加快了备件的领用速度，提高了全厂的生产率；而备件库存的网上查询，既可使设备维护人员及时了解自己工作范围内的备件库存情况，彻底避免原来经常出现的到库后找不到所需备件而影响工作的情况，也可使库存和流动

资金周期得到有效的改善。

（4）备件系统的汇总统计功能，不但降低了月底盘存时的工作量，提高了数据的正确性，而且能随时进行各类统计使仓库人员对自己保管的备件资金情况做到随时心中有数，从而提高了资金的使用效率。

综上所述，该系统根据计算机 Web 页浏览的技术优势，使企业日常设备管理的各方面均实现了计算机管理，取消和替代了大量的原始记录和管理人员的琐碎工作，极大地提高了设备管理的工作效率。

虽然数据在计算机上的高度集中带来了数据安全性的问题，但可采用双服务器备份和人工及时备份给予解决。

本章小结

本章对数控设备管理基础知识、数控设备管理模式进行了介绍，并以数字化工厂等现代企业典型管理作为研究对象，深入介绍了现代企业的设备管理办法。

练习

1. 进行数控设备管理模式设计过程中应注意什么？
2. 分析比较封闭式管理模式和现代联网集成管理的优缺点。
3. 企业数控设备的管理与维护对企业经济效益有何影响？
4. 我国企业内设备管理形式主要有哪些？
5. 数控设备的技术管理内容包括哪些？
6. 润滑管理的目标和任务是什么？
7. 设备维修管理工作有哪些主要内容？
8. 设备改造革新的目标有哪些？
9. 数控机床的管理规定内容是什么？
10. 数控设备的预防性维护内容有哪些？

第 2 章　数控机床维护保养技术基础

学习目标

◇掌握数控机床的日常操作与维护规程
◇了解数控机床运行的注意事项
◇掌握数控系统的组成及工作原理
◇掌握数控系统的维护保养基础知识
◇掌握常用低压电器的画法与用途
◇读懂数控机床典型电路原理图
◇掌握数控车床气压、液压系统的日常维护知识，会处理一般故障

实践活动

项目 1　数控系统的日常维护
项目 2　主轴正反转电气控制线路常见故障处理
项目 3　数控机床液压控制系统日常维护技术训练

2.1　数控机床机械部件维护保养

科学技术的发展对机械产品提出了高精度、高复杂性的要求，而且产品的更新换代速度也在加快，这对机床设备不仅提出了精度和效率的要求，而且也对其提出了通用性和灵活性的要求。

数控技术是用数字信息对机械运动和工作过程进行控制的技术，数控设备是以数控技术为代表的新技术对传统制造产业和新兴机械加工制造业的渗透形成的机电一体化产品，其技术范围覆盖制造业很多领域，是现代制造业的关键设备，是企业提高效率和竞争力的关键设备。数控机床就是针对这种要求而产生的一种新型自动化机床。数控机床集微电子技术、计算机技术、自动控制技术及伺服驱动技术、精密机械技术于一体，是高度机电一体化的典型

产品。它本身又是机电一体化的重要组成部分，是现代机床技术水平的重要标志。数控机床体现了当前世界机床技术进步的主流，是衡量机械制造工艺水平的重要指标，在柔性生产和计算机集成制造等先进制造技术中起着重要的作用。由于数控机床是一种价格昂贵的精密设备，因此，其维护更是不容忽视。

数控机床维修的主要工作包括数控系统或者数控机床的机械部分和其他部分在发生故障时，依靠维修人员排除故障和及时修复，使数控机床能够尽早地投入使用；还包括数控机床的日常维护和正确使用等工作。

2.1.1 数控机床的日常操作与维护规程

一、数控机床操作维护规程

坚持做好对机床的日常维护保养工作，可以延长元器件的使用寿命，延长机械部件的磨损周期，防止意外恶性事故的发生，争取机床长时间稳定工作；充分发挥数控机床的加工优势，达到数控机床的技术性能，确保数控机床能够正常工作。因此，这无论是对数控机床的操作者，还是对数控机床的维修人员来说，数控机床的维护与保养都显得非常重要，我们必须高度重视。

1. 数控机床操作维护规程的制定原则

（1）一般应按数控机床操作顺序及班前、中、后的注意事项分列，力求内容精练、简明、适用。

（2）按照数控机床类别将结构特点、加工范围、操作注意事项、维护要求等分别列出，便于操作工掌握要点，贯彻执行。

（3）各类数控机床具有共性的内容，可编制统一标准通用规程。

（4）对于重点设备、高精度、大重型及稀有关键数控机床，必须单独编制操作维护规程，并将醒目的标志牌张贴在机床附近，要求操作工特别注意，严格遵守。

2. 操作维护规程的基本内容

数控机床日常维护保养

（1）班前清理工作场地，按日常检查卡规定项目检查各操作手柄、控制装置是否处于停机位置，安全防护装置是否完整牢靠，查看电源是否正常，并做好点检记录。

（2）查看润滑、液压装置的油质、油量，按润滑图表规定加油，保持油液清洁、油路畅通、润滑良好。

（3）确认各部件正常无误后，方可空车启动设备。先空车低速运转 3 ~ 5 min，待查明各部件运转正常、润滑良好后，方可进行工作。不得超负荷、违规使用。

（4）工件必须装卡牢固，禁止在机床上敲击、夹紧工件。

（5）合理调整行程撞块，要求定位正确紧固。

（6）必须切实将操纵变速装置转换到固定位置，使其啮合正常；停机变速时不得用反车的制动变速。

（7）数控机床运转中要经常注意各部件情况，如有异常，应立即停机处理。

（8）测量工件、更换工装、拆卸工件都必须在停机的情况下进行。离开机床时必须切

断电源。

(9) 要注意保护数控机床的基准面、导轨、滑动面，使其保持清洁，防止损伤。

(10) 经常保持润滑及液压系统清洁。盖好箱盖，不允许有水、尘、铁屑等污物进入油箱及电器装置。

(11) 工作完毕、下班前应清扫机床设备，使其保持清洁；将操作手柄、按钮等置于非工作位置，切断电源，办好交接班手续。

二、数控机床的日常维护

数控机床定期维护的主要内容有如下几方面。

1. 日常维护

班前要对设备进行点检，查看有无异状。检查油箱及润滑装置的油质、油量是否符合润滑图表规定，安全装置及电源等是否处于良好状态。确认无误后，先空车运转，待润滑启动及各部件正常后方可工作。下班前用约 15 min 清扫、擦拭设备，切断电源，在设备滑动导轨部位涂油，清理工作场地，保持设备整洁。

2. 每周维护

在每周末和节假日前，用 1 ~2 h 较彻底地清洗设备，清除油污，达到维护的"四项要求"，并由机械员（师）组织维修组检查、评分考核，公布评分结果。

数控机床定期维护是在维修工辅导配合下，由操作工进行的定期维修作业，按设备管理部门的计划执行。设备定期维护后要由机械员（师）组织维修组逐台验收，设备管理部门抽查，将抽查结果作为对车间执行计划的考核。

3. 每月维护

(1) 真空清扫控制柜内部。

(2) 检查、清洗或更换通风系统的空气滤清器。

(3) 检查全部按钮和指示灯是否正常。

(4) 检查全部电磁铁和限位开关是否正常。

(5) 检查并紧固全部电缆接头，并查看有无腐蚀、破损。

(6) 全面查看安全防护设施是否完整牢固。

4. 每两个月维护

(1) 检查并紧固液压管路接头。

(2) 查看电源电压是否正常，有无缺相和接地不良。

(3) 检查全部电动机，并按要求更换电刷。

(4) 液压马达有否渗漏并按要求更换油封。

(5) 开动液压系统，打开放气阀，排出油缸和管路中的空气。

(6) 检查联轴节、带轮和带是否有松动和磨损。

(7) 清洗或更换滑块和导轨的防护毡垫。

5. 每季维护

(1) 清洗冷却液箱，更换冷却液。

（2）清洗或更换液压系统的滤油器及伺服控制系统的滤油器。

（3）清洗主轴齿轮箱，重新注入新润滑油。

（4）检查联锁装置、定时器和开关是否正常运行。

（5）检查继电器接触压力是否合适，并根据需要清洗和调整触点。

（6）检查齿轮箱和传动部件的工作间隙是否合适。

6. 每半年维护

（1）抽取液压油化验，根据化验结果，对液压油箱进行清洗换油，疏通油路，清洗或更换滤油器。

（2）检查机床工作台水平，全部锁紧螺钉及调整垫铁是否锁紧，并按要求调整水平。

（3）检查镶条、滑块的调整机构，调整间隙。

（4）检查并调整全部传动丝杠负荷，清洗滚动丝杠并涂新油。

（5）拆卸、清扫电动机，加注润滑油脂，检查电动机轴承，酌情予以更换。

（6）检查、清洗并重新装好机械式联轴器。

（7）检查、清洗和调整平衡系统，视情况更换钢缆或链条。

（8）清扫电气柜、数控柜及电路板，更换维持 RAM 内容的失效电池。

要经常维护机床各导轨及滑动面的清洁，防止拉伤和研伤，经常检查换刀机械手及刀库的运行情况、定位情况，保持机床精度。

2.1.2 数控机床运行的注意事项

为了充分发挥数控机床的加工优势，达到数控机床的技术性能，确保数控机床能够正常工作，使用数控机床时，应仔细阅读机床使用说明书以及其他有关资料，以便正确操作使用机床，并注意以下几点。

一、数控机床使用前的注意事项

使用机床前，按照数控机床对安装使用环境的技术要求，将机床放置于相对无尘、温度恒定、湿度恒定的场所。此外，将机床安装完成后，在对其进行正常使用的情况下，也要注意如下内容：

（1）机床操作、维修人员必须是掌握相应机床专业知识的专业人员或经过技术培训的人员，且必须按安全操作规程及规定操作机床。

（2）非专业人员不得打开电柜门；打开电柜门前必须确认已经关掉了机床总电源开关。只有专业维修人员才被允许打开电柜门，进行通电检修。

（3）除一些供用户使用并可以改动的参数外，对其他系统参数、主轴参数、伺服参数等，用户不能私自修改，否则将给操作者带来设备、工件、人身等伤害；修改参数后，在进行第一次加工时，在不装刀具和工件的情况下以机床锁住、单程序段等方式进行试运行，确认机床正常后再使用机床。

（4）机床的 PLC 程序是机床制造商按机床需要设计的，不需要修改。不正确地修改机床参数和操作机床可能造成机床的损坏，甚至伤害操作者。

（5）建议机床连续运行最多 24 h。连续运行时间太长，会影响电气系统和部分机械器

件的寿命，从而会影响机床的精度。

（6）对机床的全部连接器、接头等，不允许带电拔、插操作，否则将引起严重后果。

（7）数控设备的使用环境。为提高数控设备的使用寿命，一般要求避免阳光的直接照射和其他热辐射，避免太潮湿、粉尘过多或有腐蚀气体的场所。精密数控设备要远离振动大的设备，如冲床、锻压设备等。

（8）良好的电源保证。为了避免电源波动幅度大（大于±10%）和可能的瞬间干扰信号等影响，数控设备一般采用专线供电（如从低压配电室分一路单独供数控机床使用）或增设稳压装置等。

（9）制定有效操作规程，要求员工在操作过程中严格遵守。制定和遵守操作规程是保证数控机床安全运行的重要措施之一。实践证明，遵守操作规程可以大大减少设备故障。

（10）数控设备不宜长期封存。购买数控机床以后要充分利用，尤其是投入使用的第一年要使其容易出故障的薄弱环节尽早暴露，以便在保修期内将之排除。加工中，尽量减少数控机床主轴的启停，以降低对离合器、齿轮等器件的磨损。没有加工任务时，数控机床也要定期通电，最好是每周通电1~2次，每次空运行1 h左右，以利用机床本身的发热量来降低机内的湿度，使电子元件不致受潮，同时也能及时发现有无电池电量不足报警，以防止系统设定参数丢失。

二、数控机床使用中的注意事项

在使用数控机床的过程中，应严格地将其控制在使用参数范围内，否则可能会对机床造成损坏，比如：在加工中心、数控铣床的工作台上放置的工件及其夹具辅具等不得超过工作台的最大承重，否则会对运动导轨造成损伤；切削力尽量不要过载，否则会造成传动机构的损坏、失效，更严重的会由于电流过大而烧掉主轴电动机或进给轴电动机等。同时，还要尽量避免机床的固有频率，以防产生谐振，影响加工精度，甚至引起切削刀具、机床部件的损坏。在使用机床的过程中，要充分调动各种感官，进行听、摸、看、闻等，以及时发现问题、解决问题。

（1）通电前。要检查数控机床的外观、电气管线及其一些外部的辅助设备是否有异常情况。特别是外部辅助设备：带有液压系统泵站的，要观察液压油的量是否充足；带有气压系统的，要进行定期的空气压缩机、储气压力容器的排水，防止积存过多的水分，在气流的带动下进入机床内部，引起零部件的锈蚀，甚至损坏。

（2）通电时。按照正常的通电顺序：机床总电源—数控系统电源—伺服系统电源—松开急停按钮，减少对数控系统电器元件的冲击，延长使用寿命。

（3）通电后。润滑是任何运动部件保持正常运动轨迹、减小运动摩擦、提高使用寿命不可或缺的重要条件。这就要求我们必须注意检查润滑装置中的润滑油量是否充足，不足时要及时补充，而且要定期检查过滤网是否堵塞，检查油路是否通畅，各出油点是否有正常的润滑油流出。一旦发现这类问题，必须及时处理。机床导轨、丝杠等移动部件，如果在没有润滑油的状态下进行工作，一方面会增加摩擦阻力，增加机床的功率消耗，浪费电力能源；另一方面会加速移动部件的磨损，影响机床的精度，影响工件加工的质量。

（4）听声响。机床在运转时，都会有一定的声音，但是我们也要注意是否有异常的声

响，如气管爆裂漏气的声音、润滑系统“嗒嗒嗒”突然变化了的声音、刀具切削的“吱吱吱”等。出现这类异常声音，一定要及时停车，防止事态扩大。

（5）摸机床的温度。机床在运行时，有一定的温度升高是正常的，因为运转过程当中存在摩擦的作用，从而产生热量。一般情况下，当机床运转达到一定时间时，就会达到热的平衡，也就是温度基本保持恒定，大体在 50 ~ 60 ℃。如果将手放上去，不能停留，则说明这时温度偏高，应检查润滑是否充分。

（6）看机床的工作条件差的部位。由于数控机床在加工的过程中，大部分时间需要喷淋冷却液来冲洗、冷却工件和刀具，这样碎铁屑、切削液就使得部分部位工作条件很差，尤其是数控机床上刀架前后移动的行程开关，极有可能被冲进去碎铁屑，从而使其触头的伸缩不够灵活，因此我们要手勤，及时地对其进行清理工作。另外，在部分切削加工时，还可能会产生带状铁屑，它们容易缠绕在刀具、工件上，影响冷却的效果及产生挤压，对刀具造成破坏，因此也需要得到及时的清理。

三、数控机床使用后的注意事项

（1）正确地关机。要按照正确的关机顺序关机：急停按钮→伺服系统电源→数控系统电源→机床总电源。

（2）及时清扫卫生，进行日常保养。使用完机床后，要及时地进行卫生清扫，然后在机床的运动导轨面及部分零件表面涂抹机油，进行防锈保养。

2.2 数控系统维护保养

数控系统是数字控制系统的简称，英文名称为 Numerical Control System，早期是与计算机并行发展演化的，用于控制自动化加工设备。由电子管和继电器等硬件构成、具有计算能力的专用控制器称为硬件数控（Hard NC）。20 世纪 70 年代以后，分离的硬件电子元件逐步由集成度更高的计算机处理器代替，我们称其为计算机数控系统。计算机数控（Computerized Numerical Control，CNC）系统是用计算机控制加工功能，实现数值控制的系统。CNC 系统根据计算机存储器中存储的控制程序，执行部分或全部数值控制功能。它配有接口电路和伺服驱动装置，用于控制自动化加工设备。CNC 系统是数控机床的核心部件，对机床的运行起着至关重要的作用，因此 CNC 系统的维护保养显得尤为重要。

2.2.1 CNC 系统的组成及功能

一、CNC 系统的组成

数字控制机床是采用数字控制技术对机床的加工过程进行自动控制的一类机床，它是数控技术的典型应用。

数控系统是实现数字控制的装置，CNC 系统是以计算机为核心的数控系统。CNC 系统的组成如图 2 - 1 所示。

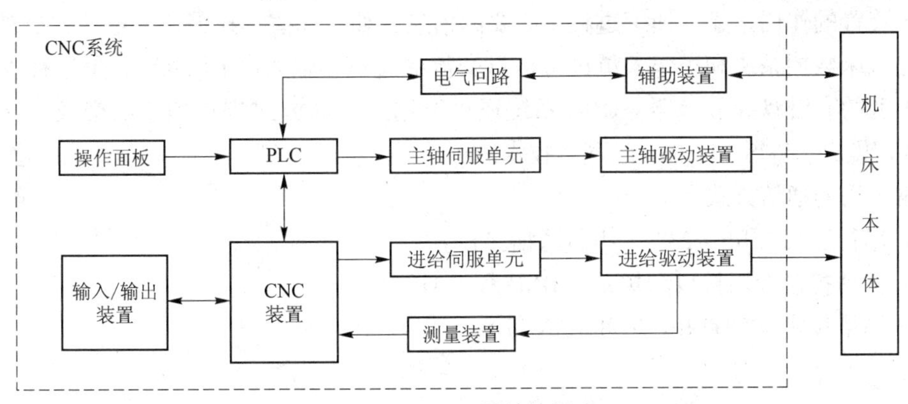

图2-1　CNC系统的组成

1. 操作面板

操作面板是操作人员与机床数控系统进行信息交流的工具，它由按钮、状态灯、按键阵列（功能与计算机键盘类似）和显示器组成。CNC 系统一般采用集成式操作面板，分为显示区、NC 键盘区和机床控制面板区三大区域，如图2-2所示。

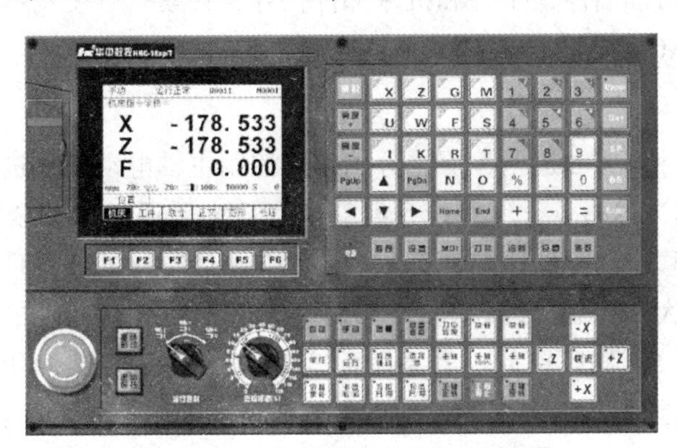

图2-2　华中数控系统操作面板

显示器一般位于操作面板的左上部，用于菜单、系统状态、故障报警的显示和加工轨迹的图形仿真。较简单的显示器只有若干个数码管，显示信息也很有限，较高级的系统一般配有 CRT 显示器或点阵式液晶显示器，显示的信息较丰富。低档的显示器或液晶显示器只能显示字符，高档的显示器能显示图形。

NC 键盘包括标准化的字母数字式 MDI 键盘和 F1 ~ F6 功能键，用于零件程序的编制、参数输入、手动数据输入和系统管理操作等。

机床控制面板（MCP）用于直接控制机床的动作或加工过程。一般主要包括：①急停方式；②手动按键；③速率修调（进给修调、快进修调、主轴修调）；④回参考点；⑤手动进给；⑥增量进给；⑦手摇进给；⑧自动运行；⑨单段运行；⑩超程解除；⑪机床动作手动控制，如：冷却启停、刀具松紧、主轴制动、主轴定向、主轴正反转、主轴停止等。

2. 输入/输出装置

输入装置的作用是将程序载体上的数控代码变成相应的数字信号，传送并存入数控装置

内。输出装置的作用是显示加工过程中必要的信息，如坐标值、报警信号等。数控机床加工的过程是机床数控系统和操作人员进行信息交流的过程，输入/输出装置就是这种人机交互设备，典型的有键盘和显示器。CNC 系统还可以用通信的方式进行信息的交换，这是实现 CAD/CAM 集成、FMS 和 CIMS 的基本技术。

通常采用的通信方式有：

（1）串行通信（RS－232 等串行通信接口）。

（2）自动控制专用接口和规范（DNC 和 MAP 等）。

（3）网络技术（INTERNET 和 LAN 等）。

3. CNC 装置

CNC 装置是 CNC 系统的核心，它包括微处理器 CPU、存储器、局部总线、外围逻辑电路及与 CNC 系统其他组成部分联系的接口及相应控制软件。CNC 装置根据输入的加工程序进行运动轨迹处理和机床输入/输出处理，然后输出控制命令到相应的执行部件，如伺服单元、驱动装置和 PLC 等使其进行规定的、有序的动作。CNC 装置输出的信号有各坐标轴的进给速度、进给方向和位移指令，还有主轴的变速、换向和启停信号，选择和交换刀具的指令，控制冷却液、润滑油启停，工件和机床部件松开、夹紧，分度工作台转位辅助指令信号等。这个过程是由 CNC 装置内的硬件和软件协调完成的。

4. 伺服单元

伺服单元分为主轴伺服和进给伺服，分别用来控制主轴电动机和进给电动机。伺服单元接收来自 CNC 装置的进给指令，这些指令经变换和放大后通过驱动装置转变成执行部件进给的速度、方向、位移。因此伺服单元是数控装置与机床本体的联系环节，它把来自数控装置的微弱指令信号放大成控制驱动装置的大功率信号。根据接收指令的不同，伺服单元有脉冲单元和模拟单元之分。伺服单元就其系统而言又有开环系统、半闭环系统和闭环系统之分，其工作原理亦有差别，典型伺服单元如图 2－3 所示。

图2－3　伺服单元

5. 驱动装置

驱动装置将伺服单元的输出变为机械运动，它与伺服单元一起是数控装置和机床传动部件间的联系环节，它们当中有的带动工作台，有的带动刀具，通过几个轴的综合联动，使刀具相对于工件产生各种复杂的机械运动，加工出形状、尺寸与精度符合要求的零件。与伺服

单元相对应，驱动装置有步进电动机、直流伺服电动机和交流伺服电动机等。

伺服单元和进给驱动装置合称为进给伺服驱动系统，它是数控机床的重要组成部分，包含机械、电子、电动机等各种部件，涉及强电与弱电的控制。数控机床的运动速度、跟踪及定位精度，加工表面质量，生产率及工作可靠性，往往主要取决于伺服系统的动态和静态性能。

6. 可编程逻辑控制器（PLC）

可编程逻辑控制器（PLC）是一种专为工业环境下应用而设计的数字运算操作的电子系统。它采用可编程序的存储器，用来在其内部存储执行逻辑运算、顺序控制、定时、计数和算术运算等操作的指令，并通过数字式、模拟式的输入和输出，控制各种类型的机械设备和生产过程。当 PLC 用于控制机床顺序动作时（以 FANUC 系统为例），称为 PMC（Programmable Machine Controller）模块，它在 CNC 装置中接收来自操作面板，机床上的各行程开关，传感器、按钮、强电柜里的继电器以及主轴控制、刀库控制的有关信号，经处理后输出去控制相应器件的运行。

CNC 装置和 PLC 协调配合共同完成数控机床的控制，其中 CNC 装置主要执行与数字运算和管理等有关的功能，如零件程序的编辑、插补运算、译码、位置伺服控制等。PLC 主要完成与逻辑运算有关的一些动作，没有轨迹上的具体要求，它接收 CNC 装置的控制代码 M（辅助功能）、S（主轴转速）、T（选刀、换刀）等顺序动作信息，对其进行译码，并转换成对应的控制信号，控制辅助装置完成机床相应的开关动作，如工件的装夹，刀具的更换，冷却液的开、关等一些辅助动作；它还接收机床操作面板的指令，一方面直接控制机床的动作，另一方面将一部分指令送往 CNC 装置，用来控制加工过程。

二、CNC 系统的功能

CNC 系统的功能大多由软件实现，且软硬件采用模块化的结构，使系统功能的修改、扩充变得较为灵活。CNC 系统的基本配置部分是通用的，不同的数控机床仅配置相应的特定的功能模块，以实现特定的控制功能。

1. 数控功能丰富

（1）插补功能：二次曲线、样条、空间曲面插补。

（2）补偿功能：运动精度补偿、随机误差补偿、非线性误差补偿等。

（3）人机对话功能：加工的动、静态跟踪显示，高级人机对话窗口。

（4）编程功能：G 代码、蓝图编程、部分自动编程功能。

2. 可靠性高

CNC 系统采用了集成度高的电子元件、芯片，采用超大规模集成电路（VLSI）本身就是可靠性的保证。许多功能由软件实现，使硬件的数量减少。丰富的故障诊断及保护功能（大多由软件实现）可使系统故障发生的频率和发生故障后的修复时间降低。

3. 使用维护方便

（1）操作使用方便：用户只需根据菜单的提示，便可进行正确操作。

（2）编程方便：具有多种编程、程序自动校验和模拟仿真功能。

(3) 维护维修方便：部分日常维护工作可自动进行（润滑、关键部件的定期检查等）；通过数控机床的自诊断功能，可迅速实现故障准确定位。

4. 易于实现机电一体化

CNC 系统控制柜的体积小（由于采用计算机，硬件数量减少；由于电子元件的集成度越来越高，硬件的体积不断减小），使其与机床在物理上结合在一起成为可能，减少占地面积，方便操作。

5. CNC 系统功能的分类

从外部特征来看，CNC 系统是由硬件（通用硬件和专用硬件）和软件（专用）两大部分组成的。CNC 系统的功能包括基本功能和选配功能。

CNC 系统的基本功能是 CNC 系统基本配置的功能，即必备的功能，包括插补和固定循环功能、控制功能、准备功能、进给功能、刀具管理功能、主轴功能、辅助功能等。

CNC 系统的选配功能是用户可以根据实际要求选择的功能，包括补偿功能、人机对话编程功能、自诊断功能和通信功能。

(1) 插补和固定循环功能：所谓插补功能是 CNC 系统实现零件轮廓（平面或空间）加工轨迹运算的功能。一般 CNC 系统仅具有直线和圆弧插补功能，而现在较为高档的 CNC 系统还备有抛物线、椭圆、极坐标、正弦线、螺旋线以及样条曲线插补等功能。在数控加工过程中，有些加工工序如钻孔、攻丝、镗孔、深孔钻削和切螺纹等所需完成的动作循环十分典型，而且多次重复进行，CNC 系统事先将这些典型的固定循环用 C 代码进行定义，在加工时可直接使用这类 C 代码完成这些典型的动作循环，从而大大简化了编程工作。

(2) 控制功能：CNC 系统能控制和联动控制进给的轴数。CNC 系统控制的进给轴有移动轴和回转轴、基本轴和附加轴，如数控车床至少需要两轴联动，在具有多刀架的车床上则需要两轴以上的控制轴。数控镗铣床、加工中心等需要有 3 根或 3 根以上的控制轴。联动控制轴数越多，CNC 系统就越复杂，编程也就越困难。

(3) 准备功能：即 G 功能，指令机床动作方式的功能。

(4) 进给功能：CNC 系统进给速度的控制功能主要有以下三种。第一，进给速度，即控制刀具相对工件的运动速度，单位为 mm/min；第二，同步进给速度，即实现切削速度和进给速度的同步，单位为 mm/r，用于加工螺纹；第三，进给倍率（进给修调率），即人工实时修调进给速度，通过面板的倍率波段开关在 0 ~ 200% 对预先设定的进给速度实现实时修调。

(5) 刀具管理功能：实现对刀具几何尺寸和寿命的管理功能。

(6) 主轴功能：主轴功能主要有以下几种。第一，切削速度（主轴转速），即刀具切削点切削速度的控制功能，单位为 m/min（r/min）；第二，恒线速度控制，即刀具切削点的切削速度为恒速控制的功能，如端面车削的恒速控制；第三，主轴定向控制，即主轴周向定位控制于特定位置的功能；第四，C 轴控制，即主轴周向任意位置控制的功能；第五，切削倍率（主轴修调率），即人工实时修调切削速度，通过面板的倍率波段开关在 0 ~ 200% 对预先设定的主轴速度实现实时修调。

(7) 辅助功能：即 M 功能，用于指令机床辅助操作功能。

（8）补偿功能：第一，刀具半径和长度补偿功能，即按根据零件轮廓编制的程序去控制刀具中心的轨迹，以及在刀具磨损或更换时（刀具半径和长度变化），对刀具半径或长度做相应的补偿。该功能由G指令实现。第二，传动链误差，包括螺距误差补偿和反向间隙误差补偿功能，即事先测量出螺距误差和反向间隙，并按要求输入CNC装置相应的储存单元内，在坐标轴运行时，对螺距误差进行补偿；在坐标轴反向时，对反向间隙进行补偿。第三，智能补偿功能，即对诸如机床几何误差造成的综合加工误差、热变形引起的误差、静态弹性变形误差以及由刀具磨损所带来的加工误差等，都可采用现代先进的人工智能、专家系统等技术建立模型，利用模型实施在线智能补偿，这是数控技术正在研究开发的技术。

（9）人机对话编程功能：在CNC系统中配有单色或彩色CRT，通过软件可实现字符和图形的显示，以方便用户的操作和使用。在CNC系统中这类功能有：菜单结构的操作界面；零件加工程序的编辑环境；系统和机床参数、状态、故障信息的显示、查询或修改画面等。

（10）自诊断功能：一般的CNC系统或多或少都具有自诊断功能，尤其是现代的CNC系统。这些自诊断功能主要是用软件来实现的。具有此功能的CNC系统可以在故障出现后迅速查明故障的类型及部位，便于及时排除故障，减少故障停机时间。

通常不同的CNC系统所设置的诊断程序不同，它们可以被包含在系统程序之中，在系统运行过程中进行检查，也可以作为服务性程序，在系统运行前或故障停机后进行诊断，查找故障的部位；有的CNC系统可以进行远程通信诊断。

（11）通信功能：即CNC系统与外界进行信息和数据交换的功能。通常CNC系统都具有RS-232C接口，可与上级计算机进行通信，传送零件加工程序；有的还备有DNC接口，以此实现直接数控；更高档的系统还可与MAP（制造自动化协议）相连，以适应FMS、CIMS、IMS等大制造系统集成的要求。

6. CNC系统的特点

CNC系统对零件程序的处理过程如图2-4所示。通过对图2-4的分析可知，CNC系统主要有如下特点。

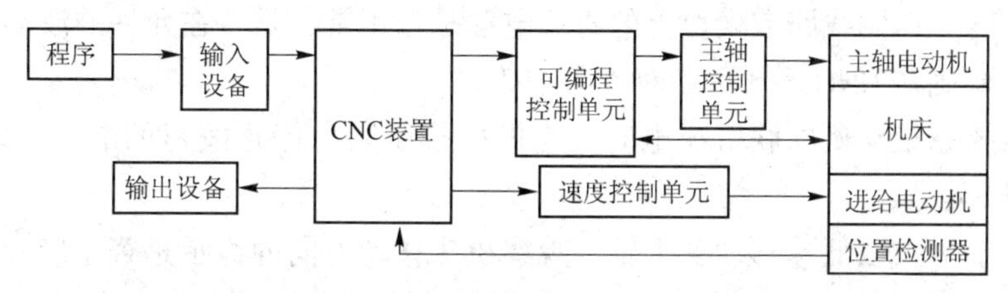

图2-4　CNC系统对零件程序的处理过程

（1）用存储的软件实现控制。CNC系统是用存储的软件进行操作以代替普通NC的硬件控制。目前，CNC系统都把系统软件存储在半导体只读存储器（ROM），或可擦除的只读存储器（EPROM）中，现在有把硬盘作为存储器的趋势。

（2）有存储零件程序和修改零件程序的能力。一般CNC系统的存储器总划出一部分可读可写存储器用以存储零件程序，有的CNC系统甚至有专门的区域用来存储用户的子程序。CNC系统有编辑功能，用户可以利用显示装置和软件编辑功能来修改零件程序。

（3）有故障诊断的功能。CNC系统有诊断程序，CNC系统出现故障时，能显示出故障

信息，使操作和维修人员能了解故障的部件，减少维修停机时间。

(4) 可用软件取代机床的继电器控制。利用 PLC 代替继电器电路，以机床的各种开关控制作为软件控制，由 CNC 系统的计算机来处理，使机床的全部动作都由软件加以控制和监视。

(5) 可实现调节控制。CNC 系统把计算机引入机床位置控制回路中，利用计算机的数据处理能力，可实现各种控制策略。

(6) 有保护零件的能力。保护零件必须考虑三个方面：必须保证零件程序数据的正确性；必须监视零件程序在机床上的执行情况，以保证机床服从命令；在检测到错误时，必须在零件变成废品之前采取措施。

2.2.2 CNC 系统维护保养基础知识

CNC 系统是数控机床的核心部件，我们要正确操作和使用 CNC 系统，掌握正确的维护保养方法，制定合理的规章制度。

一、正确操作和使用 CNC 系统的步骤

1. CNC 系统通电前的检查

(1) 检查 CNC 系统内的各个印刷线路板是否紧固、各个插头有无松动。

(2) 认真检查 CNC 系统与外界之间的全部连接电缆是否按随机提供的连接手册的规定正确而可靠地连接。

(3) 检查交流输入电源的连接是否符合 CNC 系统规定的要求。

(4) 检查 CNC 系统内的各种硬件设定是否符合 CNC 系统的要求。

只有经过上述检查，CNC 系统才能投入通电运行。

2. 数控系统通电后的检查

(1) 首先要检查数控系统中各个风扇是否正常运转。

(2) 检查各个印刷线路或模块上的直流电源是否正常、是否在允许的波动范围之内。

(3) 进一步确认 CNC 系统的各种参数正确。

(4) 当数控系统与机床联机通电时，应做好按压紧急停止按钮的准备，以备出现紧急情况时随时切断电源。

(5) 用手动方式以低速移动各个轴，观察机床移动方向的显示是否正确。

(6) 进行几次返回机床参考点的动作，检查数控机床是否有返回参考点功能，以及每次返回参考点的位置是否完全一致。

(7) CNC 系统的功能测试。

二、CNC 系统的维护

1. 严格遵守操作规程和日常维护制度

数控设备操作人员要严格遵守操作规程和日常维护制度。操作人员的技术业务素质的优劣是影响故障发生频率的重要因素。当机床发生故障时，操作者要注意保护现场，并向维修人员如实说明出现故障前后的情况，以利于其分析、诊断故障的原因，及时排除故障。

2. 防止灰尘污物进入数控内部

在机加工车间的空气中一般都会有油雾、灰尘甚至金属粉末，它们一旦落在 CNC 系统内的电路板或电子器件上，就容易引起元器件间绝缘电阻下降，甚至导致元器件及电路板损坏。有的用户在夏天为了使 CNC 系统能超负荷长期工作，采取打开数控柜的门来散热，这是一种极不可取的方法，其最终将导致 CNC 系统的加速损坏，所以应该尽量减少打开数控柜和强电柜门的次数。

3. 防止系统过热

应该检查数控柜上的各个冷却风扇工作是否正常。每半年或每季度检查一次风道过滤器是否有堵塞现象。若过滤网上灰尘积聚过多，不及时清理，则会引起数控柜内温度过高。

4. 数控系统输入/输出装置的定期维护

20 世纪 80 年代以前生产的数控机床，大多带有光电式纸带阅读机。读带部分被污染，将导致读入信息出错。为此，必须按规定对光电阅读机进行维护。

5. 直流电动机电刷的定期检查和更换

直流电动机电刷的过度磨损会影响电动机的性能，甚至造成电动机损坏。为此，应对电动机电刷进行定期检查和更换。数控车床、数控铣床、加工中心等，应每年检查一次。

6. 定期检查和更换存储用电池

一般数控系统内对 CMOS RAM 存储器件设有可充电电池维护电路，以保证系统不通电期间能保存其存储器的内容。在一般情况下，即使尚未失效，也应每年更换一次，以确保系统正常工作。电池的更换应在 CNC 系统供电状态下进行，以防更换时 RAM 内信息丢失。

7. 经常监视 CNC 系统用的电网电压

CNC 系统对工作电网电压有严格的要求。一般 CNC 系统允许电网电压在额定值的 90% ~110%，否则会造成 CNC 系统不能正常工作，甚至会引起 CNC 系统内部电子元件的损坏。为此要经常检测电网电压，并将其控制在额定值的 -10% ~10%。

8. 备用电路板的维护

备用的印制电路板长期不用时，应定期将其装到 CNC 系统中通电运行一段时间，以防损坏。

2.3　数控机床电气维护保养

2.3.1　低压电器

低压电器是指用在交流 50 Hz、额定电压 1 200 V 以下及直流额定电压 1 500 V 以下的电路中，能根据外界的信号和要求，手动或自动地接通、断开电路，以实现对电路或电气设备的切换、控制、保护、检测和调节的电器。低压电器作为基本控制电器，广泛应用于输、配

电系统和自动控制系统，在工农业生产、交通运输和国防工业中起着极其重要的作用。目前，低压电器正朝着小型化、模块化、组合化和高性能化发展。

一、低压电器的分类

1. 按用途分类

（1）低压配电电器：包括刀开关、转换开关、熔断器和自动开关。

作用：主要对系统进行控制与保护，使短路电流造成的系统热效应不会损坏电器。

（2）低压控制电器：包括接触器、控制继电器等。

作用：主要用于电气设备控制系统。

2. 按动作方式分类

（1）自动切换电器：它依靠电器本身参数变化或外来信号（如电流、电压、温度、压力、速度、热量等）自动完成接通、分断或使电动机启动、反向及停止等动作，如接触器、继电器等。

（2）手控电器：它依靠外力（人力）直接操作来进行切换等动作，如按钮、刀开关等。

二、常用低压电器

1. 断路器

低压断路器是将控制和保护功能合为一体的电器，主要用于过载保护、短路保护、欠压保护。断路器外形、图形符号和文字符号如图 2－5 所示。

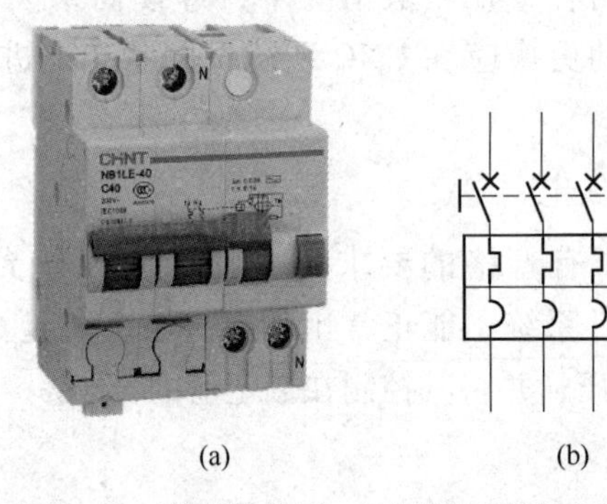

常用低压电器

图 2－5　断路器外形、图形符号和文字符号

（a）外形；（b）图形符号和文字符号

2. 熔断器

熔断器是一种结构简单、使用方便、价格低廉而有效的保护性电器，主要用作短路保护。当电路发生严重过载或短路时，熔断器的熔体熔断，从而切断电路，达到保护的目的。熔断器外形、图形符号和文字符号如图 2－6 所示。

3. 按钮

按钮是一种结构简单、应用广泛的主令电器，在低压控制电路中用于手动发出控制信号。按钮常被制作成复合式结构，即具有常开和常闭触点。按下时常闭触点先断开，然后常开触点闭合。去掉外力后，在复位弹簧的作用下，常开触点复位。按钮外形、图形符号和文字符号如图 2－7 所示。

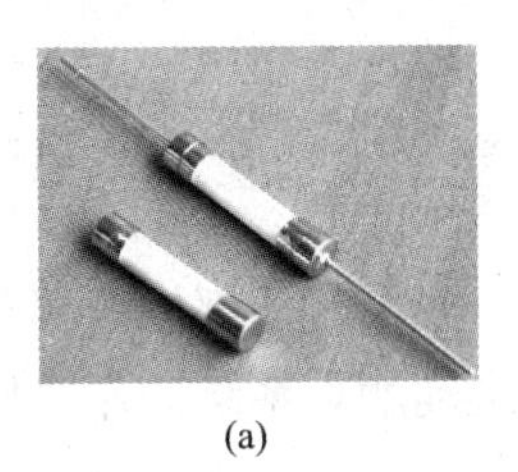

(a)

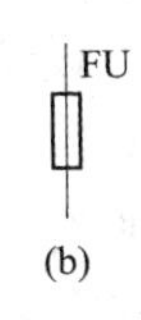

(b)

图2-6　熔断器外形、图形符号和文字符号

（a）外形；（b）图形符号和文字符号

(a)

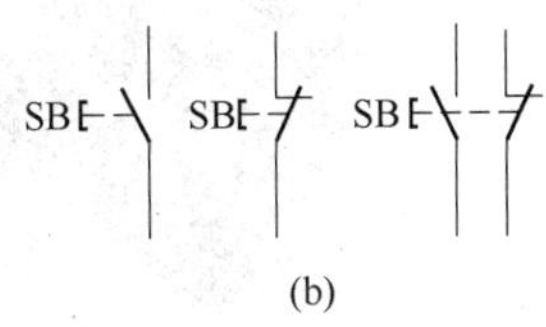

(b)

图2-7　按钮外形、图形符号和文字符号

（a）外形；（b）图形符号和文字符号

4. 继电器

继电器用来接通和断开控制电路。中间继电器就是一个继电器，它的结构和交流接触器一样，都是由固定铁芯、动铁芯、弹簧、动触点、静触点、线圈、接线端子和外壳组成。中间继电器的原理与交流接触器的基本相同，即它们都是线圈通电，动铁芯在电磁力作用下动作吸合，带动动触点动作，使常闭触点分开，常开触点闭合；线圈断电，动铁芯在弹簧的作用下带动动触点复位。常用继电器外形、图形符号和文字符号如图2-8所示。

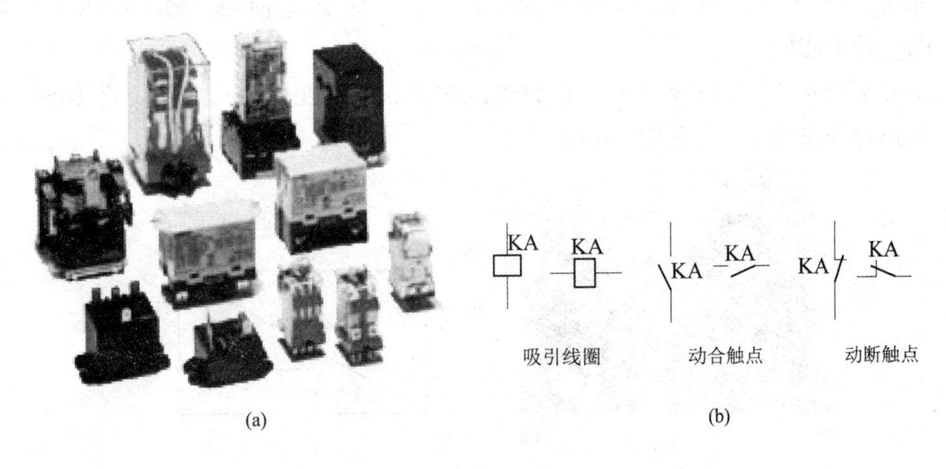

图2-8　常用继电器外形、图形符号和文字符号

（a）外形；（b）图形符号和文字符号

5. 接触器

接触器用来接通和断开负载，与热继电器组合，保护运行中的电气设备；与继电器控制回路组合，远控或联锁相关电气设备。

接触器由电磁机构、触点系统、灭弧装置及其他部件四部分组成。其工作原理是线圈通电后，铁芯产生电磁力将衔铁吸合。衔铁带动触点系统动作，使常闭触点断开、常开触点闭合。当线圈断电时，电磁力消失，衔铁在弹簧的作用下释放，触点系统随之复位。常用接触器外形、图形符号和文字符号如图 2 - 9 所示。

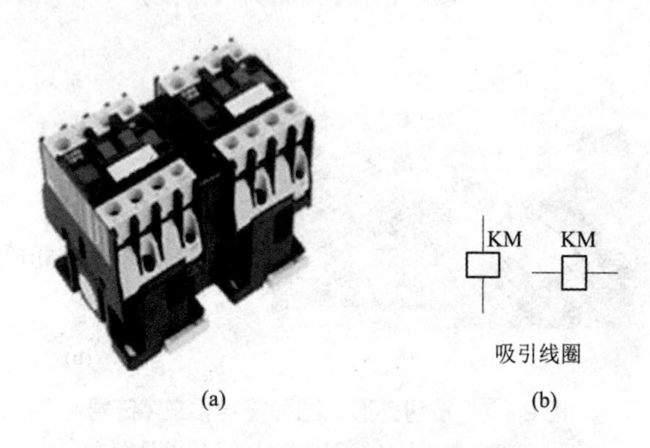

图 2 - 9　常用接触器外形、图形符号和文字符号

（a）外形；（b）图形符号和文字符号

6. 直流稳压电源

直流稳压电源的功能是将非稳定的交流电源变成稳定的直流电源。在数控机床电气控制中，直流稳压电源给放大器、控制单元、直流继电器、信号灯等提供直流电源。

直流稳压电源选用原则：

（1）系统的输入、输出要尽可能采用不同的电源，即每台机床至少有两个开关电源，一个供系统、I/O 单元、面板、光栅接口及 PLC 输入 X 地址使用，另一个供 PLC 输出 Y（DOCOM）地址使用。

（2）不要简单地增加电源容量，严禁电源被并联使用在数控机床中。直接稳压电源的外形、图形符号和文字符号如图 2 - 10 所示。

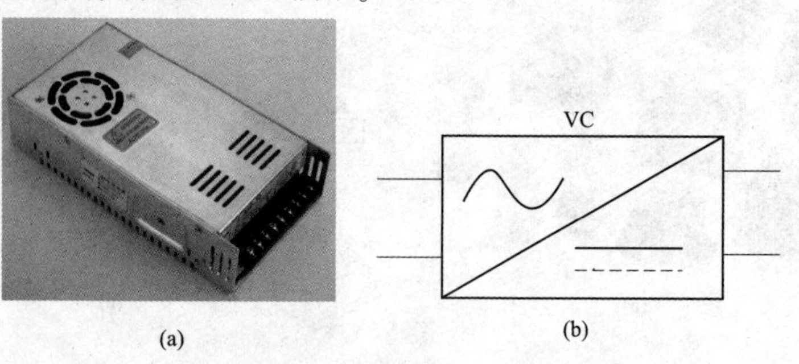

图 2 - 10　直流稳压电源的外形、图形符号和文字符号

（a）外形；（b）图形符号和文字符号

7. 变压器

在数控机床上常用两种变压器：机床控制变压器和三相伺服变压器。机床控制变压器适用于交流 50 ~ 60 Hz、输入电压不超过 660 V 的电路，作为各类机床、机械设备等一般电器的控制电源，以及步进电动机驱动器、局部照明及指示灯的电源。三相伺服变压器主要用于数控机床中交流伺服电动机电压与中国电网电压的匹配。常用变压器的外形、图形符号和文字符号如图 2 – 11 所示。

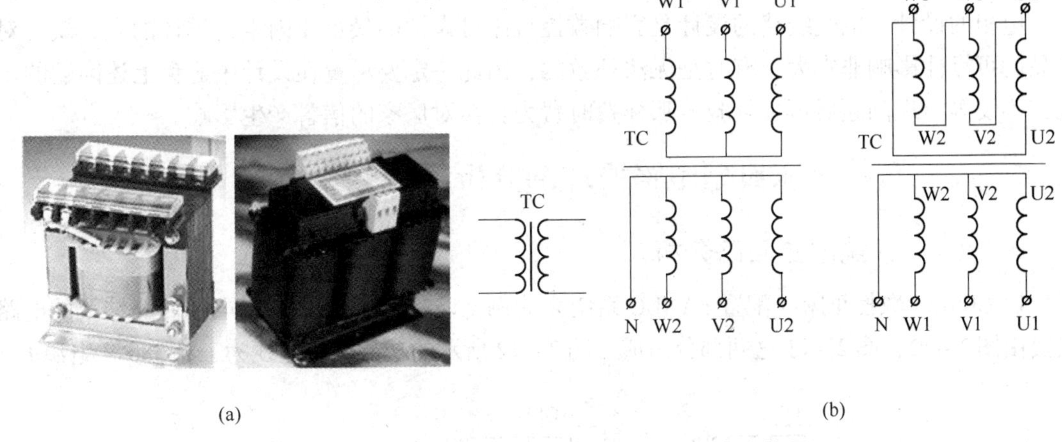

图 2 – 11　常用变压器的外形、图形符号和文字符号

（a）外形；（b）图形符号和文字符号

8. 热继电器

热继电器是由流入热元件的电流产生热量，使有不同膨胀系数的双金属片发生形变，当形变达到一定距离时，就推动连杆动作，使控制电路断开，从而使接触器失电、主电路断开，实现电动机的过载保护。热继电器作为电动机的过载保护元件，以其体积小、结构简单、成本低等优点在生产中得到了广泛应用。

三、元器件的分布与设计参考

一般依据以下原则对元器件进行布局：

（1）将通过强电流和弱电流的元器件尽量分开。

（2）尽量将同一类元器件紧靠安装，如将断路器和断路器安装在一起，将继电器和继电器安装在一起，将接线端子尽量布置在一排。

（3）查看元器件的规格说明书，检查是否有对空间和环境的特殊要求。

（4）布局元器件时，必须考虑到布线简洁、方便、节约成本且维修方便的特点。

（5）电气设备应有足够的电气间隙以保证设备安全可靠地工作。

（6）电气元器件及其组装板的安装结构应尽量考虑方便正面拆装。如有可能，元器件的安装紧固件应能在正面紧固及松脱。

（7）各电气元器件应能单独拆装更换，而不影响其他元器件及导线的固定。

（8）应将发热元器件安装在散热良好的地方，两个发热元器件之间的连线应采用耐热导线或裸铜线套瓷管。

（9）一般应将电阻器等电热元器件安装在箱子的上方，安装方向及位置应利于散热并

尽量减少对其他元器件的热影响。

（10）应将系统或不同工作电压电路的熔断器分开布置。

（11）熔断器、使用中易于损坏的元器件、偶尔需要调整及复位的零件，应不经拆卸其他部件便可以接近，以便于更换及调整。

元器件排版应考虑到元器件的布置对线路走向和合理性的影响。如大截面导线转弯半径，强、弱电元器件之间的放置距离，发热元器件的方向布置等，这些都是排版时必须综合考虑的问题。

电柜的设计、电气线路的设计是影响数控机床可靠性的最重要因素，设计的先天缺陷对产品的可靠性影响非常大，有时是无法补救的，因此一定要尽量在设计中避免上述问题的出现，不要等出现问题后再去补救，那样费时费力且会对厂家的信誉产生影响。

2.3.2 数控机床典型电路原理图分析

一、CNC 系统电源回路分析

以 CK6136 数控车床（配置 FANUC 系统）为例，该车床的 CNC 系统电源回路涉及的电路主要由图 2－12、图 2－13 这两部分组成。图 2－12 所示的功能是将进线为三相 380 V 电源 L1、

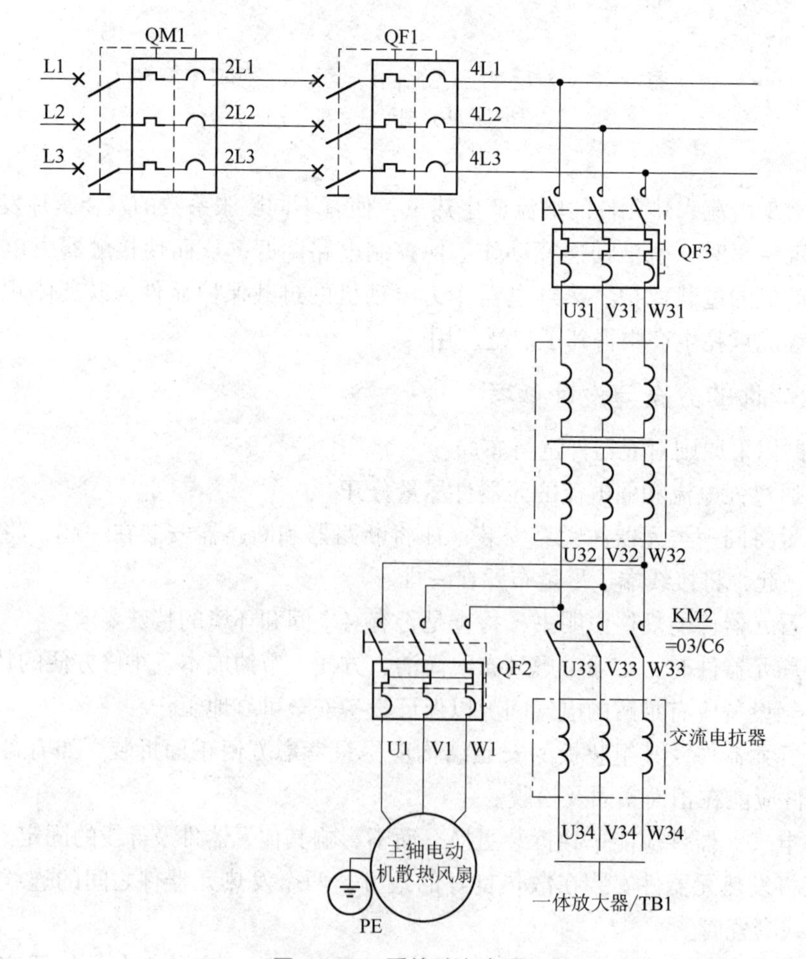

图 2－12　系统动力电源

L2、L3 通过电源总开关 QM1、断路器 QF1 送入伺服回路断路器 QF3，然后送入三相变压器 380 V初级端，三相变压器次级端输出 200 V 三相电，一路经过电磁接触器 KM2、交流电抗器后送入一体放大器动力输入端 TB1，另一路经过断路器 QF2 送入主轴电动机散热风扇。图 2－13 中，从断路器 QF1 引出的 3L1、3L2、3L3 通过断路器 QF6 送入控制变压器的初级，控制变压器分两路电压输出，其中 AC110V 输出端提供给电磁接触器控制回路；AC220V 输出端一路提供给一体放大器散热风扇，另一路送入断路器 QF7 后送入 24 V 开关电源（直流稳压电源）。开关电源输出的 DC24V 电源分成 4 路电源：一路通过继电器 KA10 常开触点送入 CNC 控制器 CP1 接口作为 NC 电源；一路送入一体放大器 CXA2C 接口作为一体放大器的控制电源；一路送入输入输出单元 CP1 接口作为 I/O 单元控制电源；最后一路送入系统启动/分线盘作为控制电源。

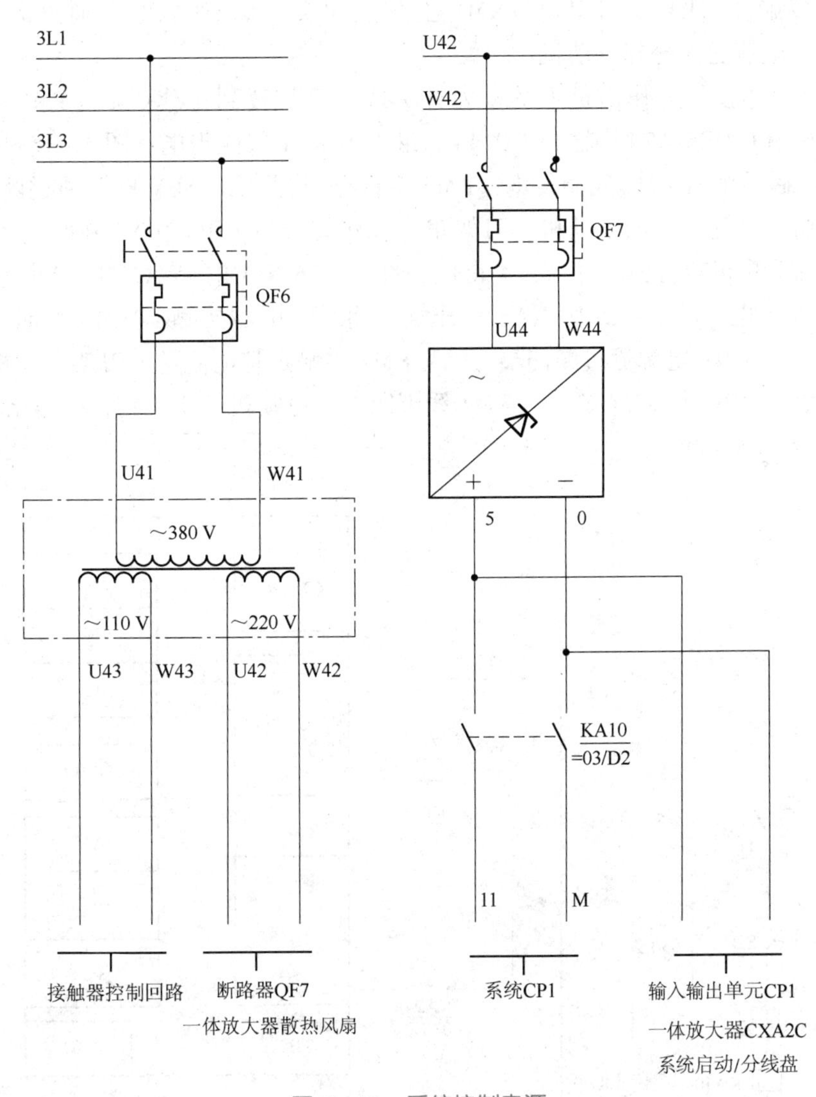

图 2－13　系统控制电源

启动回路：在图 2－14 中，当启动按钮 SB1 被按下时，DC24V 经过停止按钮 SB2 后使继电器 KA10 线圈得电；在图 2－13 中的 KA10 常开触点闭合，DC24V 送入 CNC 控制器，

CNC控制器得电，系统启动。同时，图2－14中的KA10常开触点闭合，形成自锁，使启动回路保持得电。

急停回路：在SB0正常闭合情况下，KA9线圈得电，图2－14中KA9常开触点闭合、伺服自检通过，MCC控制回路中CX3内部触点闭合，MCC回路导通电磁接触器KM2线圈得电；图2－12中KM2主触点闭合，AC220V动力电送入一体放大器TB1接口，放大器得电。

二、数控机床典型控制电路分析

冷却电路：当按下操作面板上的冷却开关或者系统读到M08后，PMC中Y3.7得电，图2－16中CB105 B23脚输出DC24V，继电器KA8线圈得电，图2－15中KA8常开触点闭合，电磁接触器KM1线圈得电，KM1主触点闭合，AC380V电源通过断路器QF4、KM1主触点将电流送入冷却电动机。

刀架电路：当按下操作面板上的换刀开关或者系统读到T代码后，PMC中Y3.0得电，图2－16中CB105 A20脚输出DC24V，继电器KA1线圈得电；图2－15中KA1常开触点闭合，电磁接触器KM3线圈得电，KM3主触点闭合，AC380V电源通过断路器QF5、KM3主触点将电流送入刀架电动机，刀架正转，转到位后PMC中Y3.0断电，KM3线圈断电，电动机停止正转，PMC中Y3.4得电，图2－16中CB105 A22脚输出DC24V，继电器KA5线圈得电，图2－15中KA5常开触点闭合，电磁接触器KM4线圈得电，KM4主触点闭合，AC380V电源通过断路器QF5、KM4主触点将电流送入刀架电动机，刀架反转锁紧，锁紧后PMC中Y3.4断电，KM4线圈断电，电动机停止反转，换刀结束。

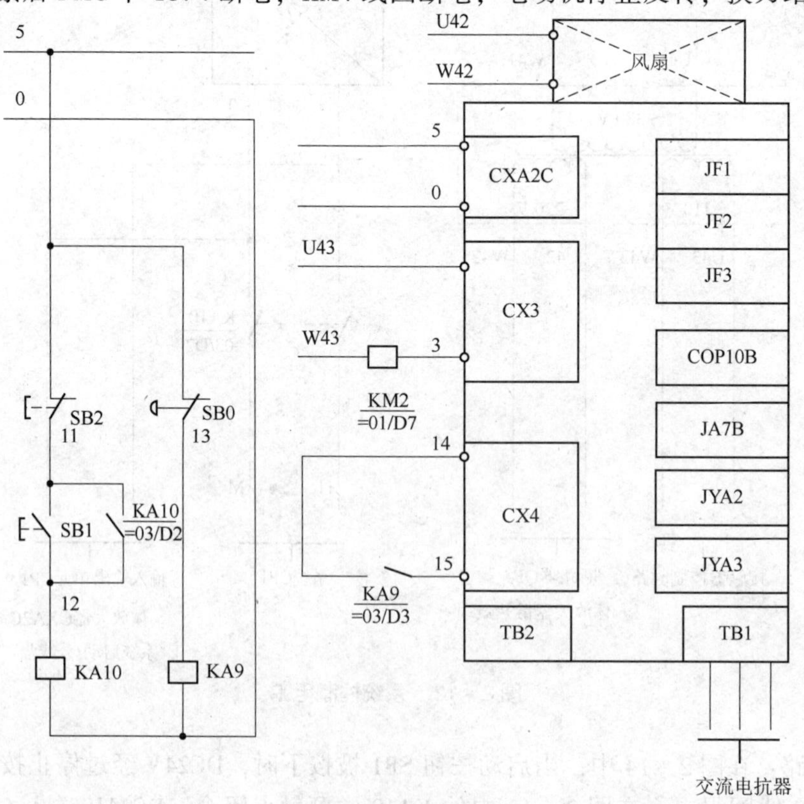

图2－14 启动回路

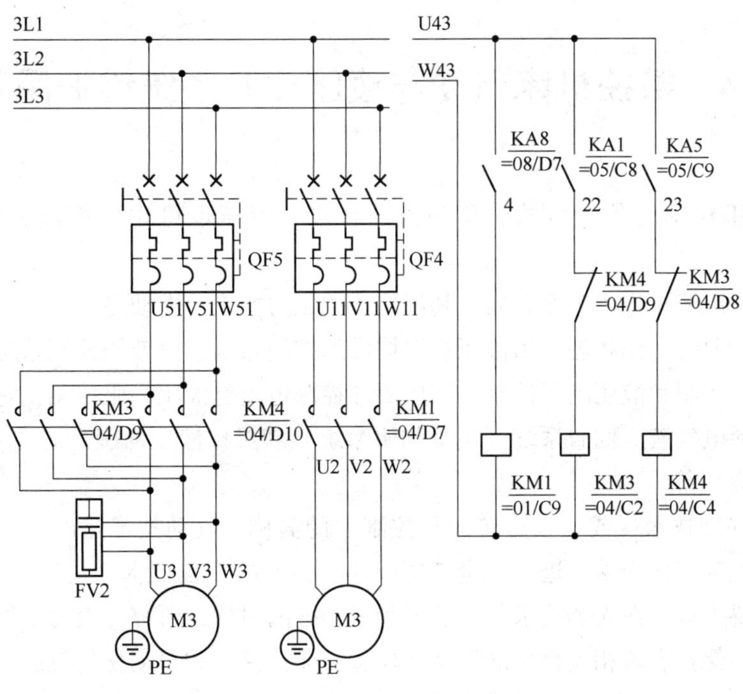

图2－15　冷却、刀架电路

限位电路：当工作台碰到SQ5、SQ6、SQ7、SQ8中任意一个限位开关时，系统将出现硬超程报警，工作台反向移动到安全区域后，按下系统MDI键盘区“RESET”键，报警消除。

回零减速电路：在回零方式下，工作台碰到回零减速开关SQ9或者SQ10时，工作台按照系统参数1425设定速度回到原点。

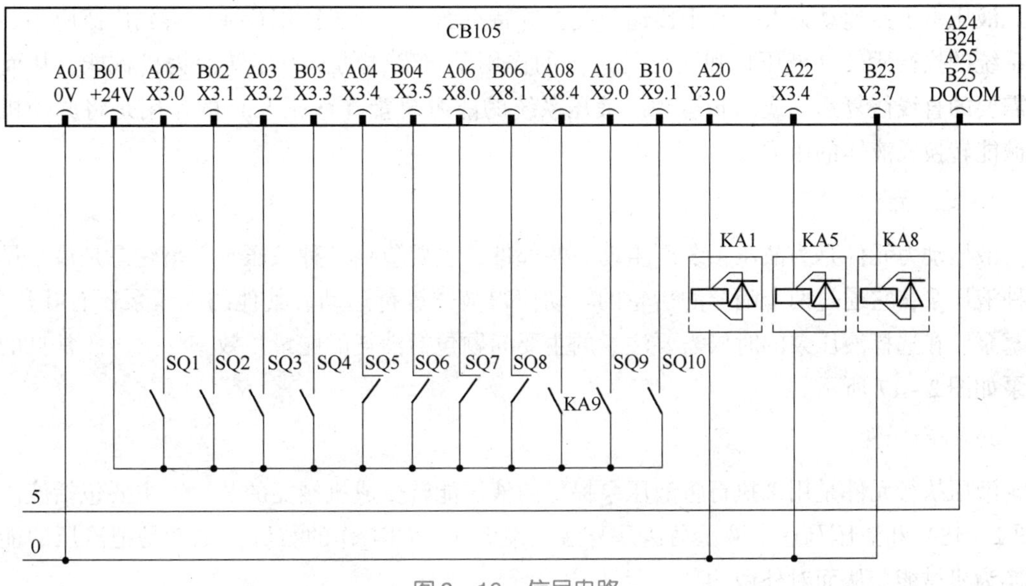

图2－16　信号电路

2.4 数控机床气动与液压控制系统维护保养

液压可以用作动力传动方式，称为液压传动；液压也可用作控制方式，称为液压控制。

液压传动是以液体作为工作介质，利用液体的压力能来传递动力。液压控制是运用液体动力改变操纵对象的工作状态。用液压技术构成的控制系统称为液压控制系统。液压控制通常包括液压开环控制和液压闭环控制。液压闭环控制也就是液压伺服控制，它构成液压伺服系统，通常包括电气液压伺服系统（电液伺服系统）和机械液压伺服系统（机液伺服系统，或机液伺服机构）等。

气动是“气动技术”或“气压传动与控制”的简称。气动技术是以空气压缩机为动力源，以压缩空气为工作介质，进行能量传递或信号传递的工程技术，是实现各种生产控制、自动控制的重要手段。在人类追求与自然界和平共处的时代，研究并大力发展气压传动，对全球环境与资源保护有着相当特殊的意义。随着工业机械化和自动化的发展，气动技术越来越广泛地应用于各个领域。特别是成本低廉、结构简单的气动自动装置已得到广泛的普及与应用，在工业企业自动化中具有非常重要的地位。

2.4.1 数控机床液压控制系统及其日常维护

一、基本组成元件

一个完整的液压系统所需要的元件主要有动力元件、执行元件、控制元件、辅助元件等。液压由于传递动力大、易于传递及配置等特点而在工业、民用行业中得到广泛应用。液压系统的执行元件（液压缸和液压马达）的作用是将液体的压力能转换为机械能，从而获得需要的直线往复运动或回转运动。液压系统的能源装置（液压泵）的作用是将原动机的机械能转换成液体的压力能。

1. 动力元件

液压动力元件是为液压系统产生动力的部件，主要包括各种液压泵。齿轮泵是最常见的一种液压泵，它通过两个啮合的齿轮的转动使得液体进行运动。其他的液压泵还有叶片泵、柱塞泵，在选择液压泵的时候需要注意的主要问题包括消耗的能量、效率、噪声。常见的液压泵如图 2－17 所示。

2. 执行元件

液压执行元件是用来执行将液压泵提供的液压能转变成机械能的装置，主要包括液压缸（图 2－18）和液压马达。液压马达是与液压泵做相反的工作的装置，也就是把液压的能量转换为机械能，从而对外做功。

图2-17　液压泵

图2-18　液压缸

3. 控制元件

液压控制元件用来控制液体流动的方向、压力的高低以及对流量的大小进行预期的控制，以满足特定的工作要求。正是液压控制元件的灵活性，使得液压控制系统能够完成不同的活动。液压控制元件按照用途可以分成压力控制阀、流量控制阀、方向控制阀，按照操作方式可以分成人力操纵阀、机械操纵阀、电动操纵阀等。常用的控制元件如图 2-19 和图 2-20 所示。

图2-19　压力控制阀

图2-20　流量控制阀

4. 辅助元件

除了上述的元件以外，液压控制系统还需要液压辅助元件。液压辅助元件包括管路和管接头、油箱、过滤器、蓄能器和密封装置。通过这些辅助元件，我们就能够建设出一个液压回路。所谓液压回路就是由各种液压元件构成的相应的控制回路。

二、基本回路

液压系统在不同的使用场合，有着不同的组成形式。但不论实际的液压系统多么复杂，它总不外乎由一些基本回路所组成。基本回路按其在液压系统中的功能可分为压力控制回路、速度控制回路、方向控制回路和多执行元件动作控制回路等。

1. 压力控制回路

压力控制回路的功能是利用压力控制元件来控制整个液压系统或局部油路的工作压力，以满足执行元件对力或力矩的要求，或者达到合理的利用功率、保证系统安全等目的。

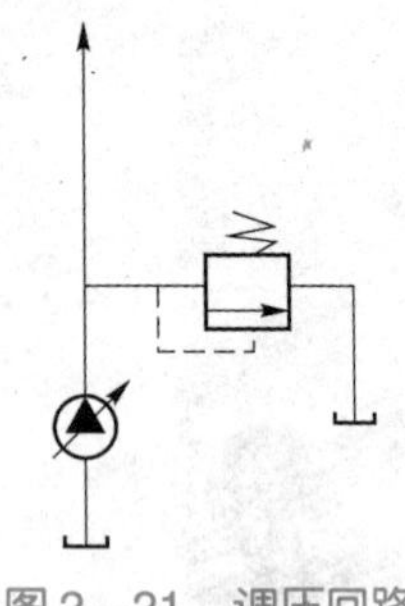
图 2-21 调压回路

（1）调压回路：调压回路的功能是控制系统的最高工作压力，使其不超过某一预先调定的数值，如图 2-21 所示。

压力控制阀是常闭的。只有当系统压力超过溢流阀调整压力时，阀才打开，油液经阀流回油箱，系统压力不再增高，因而可以防止系统过载，起到安全作用。

（2）减压回路：减压回路的功能是在单泵供油的液压系统中，使某一条支路获得比主油路工作压力还要低的稳定压力。例如辅助动作回路、控制油路和润滑油路的工作压力常低于主油路的工作压力。

（3）增压回路：当液压系统中某一支路需要压力很高、流量很小的压力油，且采用高压泵不经济，或根本没有这样高压力的液压泵时，就要采用增压回路来提高压力。

（4）卸荷回路：卸荷回路是在执行元件短时间停止运动，而原动机仍然运转的情况下，能使液压泵卸去载荷的回路。

（5）平衡回路：执行元件与垂直运动部件相连（如竖直安装的液压缸等）的结构，当垂直运动部件下行时，都会出现超越负载（或称负负载）的情况。超越负载的特征是：负载力的方向与运动方向相同，负载力将有助于执行元件的运动。在出现超越负载时，若执行元件的回油路无压力，运动部件会因自重产生自行下滑，甚至可能产生超速（超过液压泵供油流量所提供的执行元件的运动速度）运动。如果在执行元件的回油路设置一定的背压（回油压力）来平衡超越负载，就可以防止运动部件的自行下滑和超速。这种回路因设置背压与超越负载相平衡，故称平衡回路；因其限制了运动部件的超速运动，所以又称其为限速回路。

2. 速度控制回路

速度控制回路包含调速回路和速度交换回路。

（1）调速回路：调速是指调节执行元件的运动速度。典型的调速回路如图 2-22 所示。

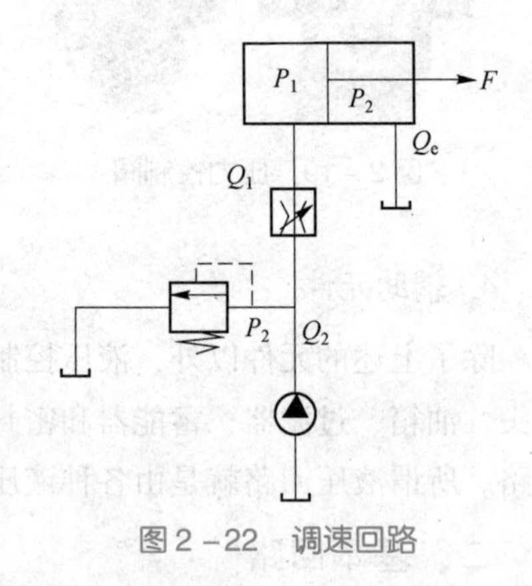

图 2-22 调速回路

在液压回路中，液阻对通过的流量起限制作用，因此节流阀可以调速。如图 2-22 所示，将节流阀串联在液压泵与执行元件之间，同时在节流阀与液压泵之间并联一个溢流阀，调节节流阀，可使进入液压缸的流量改变。由于系统中采用定量泵供油，多余的油从溢流阀溢出，所以节流阀就能达到调节液压缸速度的目的。

（2）速度变换回路：速度变换回路是使执行元件从一种速度变换到另一种速度的回路。

3. 方向控制回路

方向控制回路的作用是控制液压系统中液流的通、断及流动方向，进而达到控制执行元件运动、停止及改变运动方向的目的。

（1）换向回路：换向回路是通过换向阀使执行元件换向。换向阀的工作原理是利用阀芯和阀体的相对运动使油路接通、关断或变换油流的方向，从而实现液压执行元件及其驱动

机构的启动、停止或变换运动方向。典型的换向回路如图 2－23 所示。

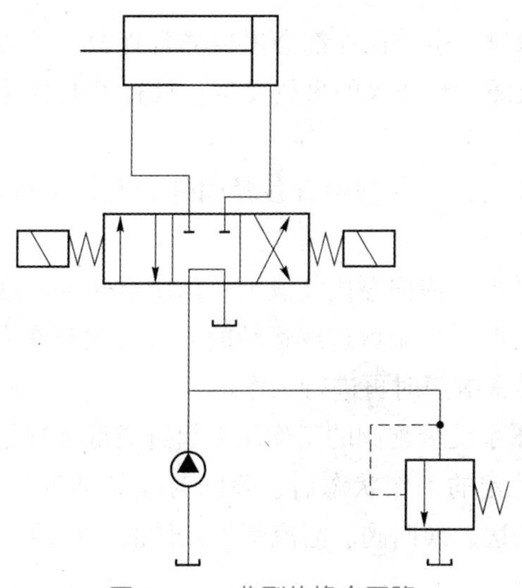

图 2－23　典型的换向回路

该回路由液压泵、三位四通电磁换向阀、溢流阀和液压缸组成。液压泵启动后，换向阀在中位工作，换向阀 4 个油口互不相通，液压缸两腔不通压力油，处于停止状态，换向阀工作时将液压泵与液压缸左腔接通，液压缸右腔与油箱接通，使活塞左移，反之，使活塞右移。

（2）锁紧回路：为了使液压缸活塞能在任意位置上停止运动，并防止在外力作用下发生窜动，须采用锁紧回路。

（3）浮动回路：浮动回路与锁紧回路相反，它是将执行元件的进、回油路连通或同时接回油箱，使之处于无约束的浮动状态。这样，在外力作用下执行元件仍可运动。

4. 多执行元件动作控制回路

（1）顺序动作回路：顺序动作回路是在多执行元件液压系统中实现多个执行元件按照一定的顺序先后动作的回路，按其控制方式不同分为压力控制和行程控制两种。典型的顺序动作回路应用在数控机床的夹具上，如图 2－24 所示。应用顺序阀可以使两个以上的执行元件按预定的顺序动作，在图 2－24 所示的数控机床的夹具上实现先定位后夹紧工作顺序的液压控制。

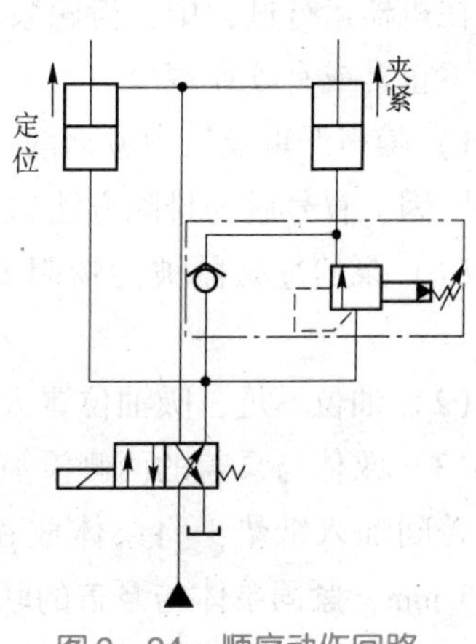

图 2－24　顺序动作回路

（2）同步控制回路：可实现多个执行元件以相同位移或相等速度运动的回路称为同步控制回路。流量式同步控制回路是通过流量控制阀控制进入或流出两液压缸的流量，使液压缸活塞运动速度相等，实现速度同步。容积式同步控制回路是指将两相等容积的油液分配到有效工作面积相同的两个液压缸，实现位移同步。

三、液压系统日常维护常识

液压系统发生一些故障时，事前往往都会出现异常现象，认真严格的日常检查和保养，对于及时发现和排除小的故障，预防大的事故发生，具有很重要的意义。因此，应重视和加强日常检查和保养。

（1）在让液压系统工作前，应仔细检查各紧固件和管接头有无松脱，以及管道有无变形或损伤等。

（2）在液压泵初次运转前，应向泵内注满油，以防空转损坏液压泵。

（3）在液压泵开始运转时，可采取连续运转的方法（尤其在寒冷地区），观察运转是否灵活。确认运转正常、无异常响声时再进行工作。

（4）如果工作装置液压系统分配阀的工作压力超过或低于规定值，就对其进行调整。

（5）在液压系统进入稳定的工作状态后，除随时注意油温、压力、声音等情况外，还应注意观察液压缸、液压马达、换向阀、溢流阀等元件的工作情况，以及整个系统的漏油和振动情况等。

（6）定期过滤或更换油液。

（7）定期检查、更换密封件，防止液压系统泄漏。

（8）定期检查、清洗或更换液压件、滤芯。

（9）定期检查、清洗油箱和管路。

四、液压系统常见故障及排除方法

1. 液压泵故障

液压泵主要有齿轮泵、叶片泵等，下面以齿轮泵为例介绍故障及其诊断。齿轮泵最常见的故障是泵体与齿轮的磨损、泵体的裂纹和机械损伤。出现以上情况时一般必须大修或更换零件。

在机器运行过程中，齿轮泵常见的故障有：噪声严重及压力波动；输油量不足；齿轮泵运转不正常或有咬死现象。

1）噪声严重及压力波动的可能原因及排除方法（说明：下面各句中冒号前为故障的可能的原因，冒号后为排除方法）。

（1）泵的过滤器被污物阻塞而不能起滤油作用：用干净的清洗油将过滤器上的污物去除。

（2）油位不足，吸油位置太高，吸油管露出油面：加油到油标位，降低吸油位置。

（3）泵体与泵盖的两侧没有加纸垫，泵体与泵盖不垂直密封：旋转时吸入空气，泵体与泵盖间加入纸垫；将泵体放在平板上用金刚砂研磨，使泵体与泵盖垂直度误差不超过0.005 mm，紧固泵体与泵盖的联结，不得有泄漏现象。

（4）泵的主动轴与电动机联轴器不同心，有扭曲摩擦：调整泵与电动机联轴器的同心度，使其误差不超过0.2 mm。

（5）泵齿轮的啮合精度不够：对研齿轮达到齿轮啮合精度。

（6）泵轴的油封骨架脱落，泵体不密封：更换为合格的泵轴油封。

2）输油量不足的可能原因及排除方法

（1）轴向间隙与径向间隙过大：由于齿轮泵的齿轮两侧端面在旋转过程中与轴承座圈产生相对运动而造成磨损，轴向间隙和径向间隙过大时必须更换零件。

（2）泵体裂纹与气孔泄漏现象：泵体出现裂纹时需要更换泵体，泵体与泵盖间加入纸垫，紧固各连接处螺钉。

（3）油液黏度太大或油温过高：用20#机械油选用适合的温度，一般20#全损耗系统用油适合在10～50 ℃的温度下工作。如果三班工作，则应装冷却装置。

（4）电动机反转：纠正电动机旋转方向。

（5）过滤器有污物，管道不畅通：清除污物，更换油液，保持油液清洁。

（6）压力阀失灵：修理或更换压力阀。

3）齿轮泵运转不正常或有咬死现象的可能原因及排除方法

（1）泵轴向间隙及径向间隙过小：轴向、径向间隙过小则应更换零件，调整轴向或径向间隙。

（2）滚针转动不灵活：更换滚针轴承。

（3）盖板和轴的同心度不好：更换盖板，使其与轴同心。

（4）压力阀失灵：检查压力阀弹簧是否失灵，阀体小孔是否被污物堵塞，滑阀和阀体是否失灵；更换弹簧，清除阀体小孔污物或换滑阀。

（5）泵轴和电动机联轴器同心度不够：调整泵轴与电动机联轴器同心度，使其误差不超过0.20 mm。

（6）泵中有杂质：可能在装配时有铁屑遗留，或油液中吸入杂质；用细铜丝网过滤全损耗系统用油，去除污物。

2. 整体多路阀常见故障的可能原因及排除方法

1）工作压力不足

（1）溢流阀调定压力偏低：调整溢流阀压力。

（2）溢流阀的滑阀卡死：拆开清洗，重新组装。

（3）调压弹簧损坏：更换新产品。

（4）系统管路压力损失太大：更换管路，或者在压力允许的范围内调整溢流阀。

2）工作油量不足

（1）系统供油不足：检查油源。

（2）阀内泄漏量大，做如下处理：如果油温过高，黏度下降，则应采取降低油温措施；如果油液选择不当，则应更换油液；如果滑阀与阀体配合间隙过大，则应更换新产品。

3）复位失灵

复位弹簧损坏与变形：更换新产品。

4）外泄漏

（1）Y形圈损坏：更换新产品。

（2）油口安装法兰面密封不良：检查相应部位的紧固和密封。

（3）各结合面紧固螺钉、调压螺钉背帽松动或堵塞：紧固相应部件。

3. 电磁换向阀常见故障的可能原因和排除方法

1）滑阀动作不灵活

（1）滑阀被拉坏：拆开清洗，或修整滑阀与阀孔的毛刺及拉坏表面。

（2）阀体变形：调整安装螺钉的压紧力，安装转矩不得大于规定值。

（3）复位弹簧折断：更换弹簧。

2）电磁线圈烧损

（1）线圈绝缘不良：更换电磁铁。

（2）电压太低：使用电压应在额定电压的 90% 以上。

（3）工作压力和流量超过规定值：调整工作压力，或采用性能更高的阀。

（4）回油压力过高：检查背压，应在规定值 16 MPa 以下。

4. 液压缸故障及排除方法

1）外部漏油

（1）活塞杆碰伤拉毛：用极细的砂纸或油石修磨，不能修的，更换新件。

（2）防尘密封圈被挤出和反唇：拆开检查，重新更新。

（3）活塞和活塞杆上的密封件磨损与损伤：更换新密封件。

（4）液压缸安装定心不良，使活塞杆伸出困难：拆下来检查安装位置是否符合要求。

2）活塞杆爬行和蠕动

（1）液压缸内进入空气或油中有气泡：松开接头，将空气排出。

（2）液压缸的安装位置偏移：在安装时必须检查，使之与主机运动方向平行。

（3）活塞杆全长和局部弯曲：活塞杆全长校正直线度误差应小于等于 0.03/100 mm 或更换活塞杆。

（4）缸内锈蚀或拉伤：去除锈蚀和毛刺，严重时更换缸筒。

2.4.2 数控机床气动控制系统及其日常维护

气动是“气动技术”或“气压传动与控制”的简称。机床气动控制系统是以空气为动力源，通过气动元件及辅件来驱动和控制机械动作。气压装置由于气源容易获得，且结构简单，工作介质不污染环境，工作速度快，动作频率高，因此在数控机床上也得到广泛应用，通常用来完成频繁启动的辅助工作，如机床防护门的自动开关、主轴锥孔的吹气、自动吹屑清理定位基准面等。

与液压传动相比，气压传动的优点有以下六点：

（1）以空气为工作介质，来源方便，用后排气处理简单，不污染环境。

（2）由于空气流动损失小，压缩空气可集中供气、远距离输送。

（3）与液压传动相比，气压传动动作迅速、反应快、维护简单、管路不易堵塞，且不存在介质变质、补充和更换等问题。

（4）工作环境适应性好，可安全可靠地应用于易燃易爆场所。

（5）气动装置结构简单、轻便，安装维护简单，压力等级低，故使用安全。

（6）空气具有可压缩性，气动系统能够实现过载自动保护。

气压传动的缺点有以下四点：

（1）由于空气具有可压缩性，所以气缸的动作速度易受负载变化影响。

（2）工作压力较低，因而气动系统输出力较小。

（3）气动系统有较大的排气噪声。

（4）工作介质空气本身没有润滑性，需另加装置进行给油润滑。

一、气压系统的组成

气压系统与液压系统结构相同，也是由动力元件、执行元件、控制元件、辅助元件等组成。不过其中元件由液压用变为气压用，如气压系统中动力元件是空气压缩机，执行元件有气缸、气马达等，控制元件有一些气动控制阀等，辅助元件有管路和管接头、过滤器、蓄能器和密封装置等。图 2－25 所示为加工中心自动开关防护门气动控制示意。

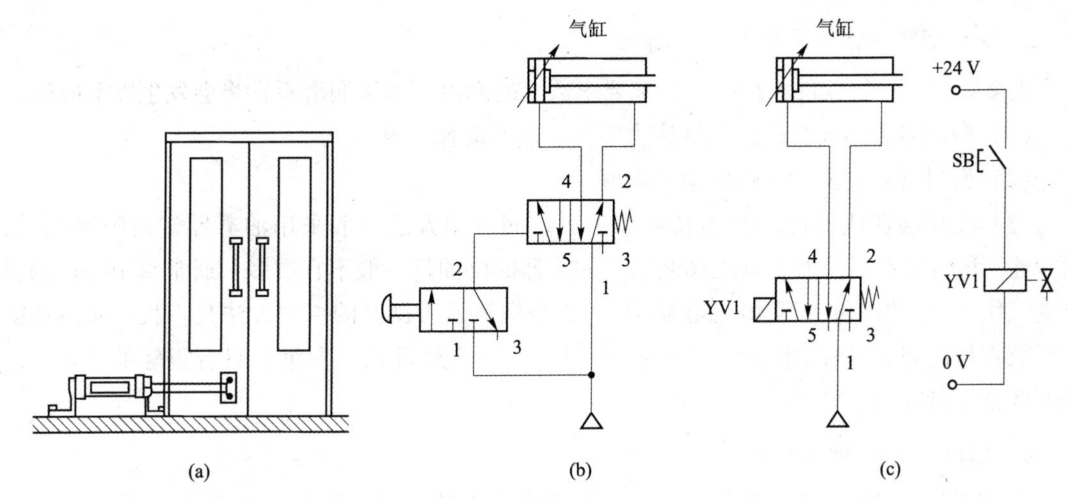

图 2－25　加工中心自动开关防护门气动控制示意

（a）机床防护门机构；（b）气动控制；（c）气动与电动控制

图 2－25（a）中机床防护门利用压缩空气来驱动气缸，从而带动防护门的开关。气缸活塞杆伸出，门就关上；活塞杆收缩，门就打开。图 2－25（b）和图 2－25（c）中分别利用换向阀进行开关控制，1 为压缩空气入口；3、5 为排气口；2、4 为信号输出口，当接口 1 和 2 导通时，气缸右侧进气，活塞杆收缩，防护门打开；当接口 1 和 4 导通时，气缸左侧进气，活塞杆伸出，防护门关闭。

通过分析加工中心防护门的气压控制，把气动系统的基本组成归纳如下：

（1）动力元件：气源装置主要是把空气压缩到原来体积的 1/7 左右形成压缩空气，并对压缩空气进行净化处理，最终向系统提供洁净、干燥的压缩空气。常见气源设备包括空压机、气罐，气源处理元件包括冷却器、过滤器、干燥器和排水器等。

（2）执行元件：以压缩空气为动力源，将气体的压力能再转化为机械能，以实现既定的动作。常见的气动执行元件包括气缸、摆动气缸、气马达、气爪、真空吸盘等。

（3）控制元件：用来调节和控制压缩空气的压力、流量和流动方向，以便使执行机构完成预定的工作循环。常见的控制元件包括方向控制阀（电磁换向阀、单向阀、气控换向

阀等)、流量控制阀(速度控制阀、缓冲阀、快速排气阀等)、压力控制阀(增压阀、减压阀、顺序阀等)。

(4)辅助元件：连接元件之间所需的一些元件，以及系统进行消声、冷却、测量等工作所用的一些元件。常见辅助元件包括消声器、油雾器、接头与气管、气液转换器等。

二、气压系统的日常维护、常见故障及其处理方法

1. 保证供给洁净的压缩空气

压缩空气中通常都含有水分、油分和粉尘等杂质。水分会使管道、阀和气缸腐蚀；油分会使橡胶、塑料和密封材料变质；粉尘会造成阀体动作失灵。选用合适的过滤器，可以清除压缩空气中的杂质。使用过滤器时应及时排除积存的液体，否则当积存液体接近挡水板时，气流仍可将积存物卷起。

2. 保证空气中含有适量的润滑油

大多数气动执行元件和控制元件都要求适度的润滑。如果润滑不良将会发生以下故障：

(1)摩擦阻力增大会造成气缸推力不足，阀心动作失灵。

(2)密封材料的磨损会造成空气泄漏。

(3)生锈会造成元件的损伤及动作失灵。润滑的方法一般采用油雾器进行喷雾润滑，油雾器一般安装在过滤器和减压阀之后。油雾器的供油量一般不宜过多，通常每10 m^3 的自由空气供1 mL的油量(即40~50滴油)。检查润滑是否良好的一个方法是：找一张清洁的白纸放在换向阀的排气口附近，如果阀在工作3~4个循环后，白纸上只有很轻的斑点，则表明润滑是良好的。

3. 保持气动系统的密封性

漏气不仅会增加能量的消耗，也会导致供气压力的下降，甚至造成气动元件工作失常。严重的漏气在气动系统停止运行时可使漏气引起的响声很容易被发现；轻微的漏气则利用仪表，或用涂抹肥皂水的办法进行检查。

4. 保证气动元件中运动零件的灵敏性

从空气压缩机排出的压缩空气，包含有粒度为0.01~0.08 μm的压缩机油微粒，在排气温度为120~220 ℃的高温下，这些油粒会迅速氧化，氧化后油粒颜色变深、黏性增大，并逐步由液态固化成油泥。对于这种μm级以下的颗粒，一般过滤器无法滤除。它们进入换向阀后便附着在阀芯上，使阀的灵敏度逐步降低，甚至出现动作失灵。为了清除油泥，保证灵敏度，可在气动系统的过滤器之后，安装油雾分离器，将油泥分离出来。此外，定期清洗阀也可以保证阀的灵敏度。

5. 保证气动装置具有合适的工作压力和运动速度

调节工作压力时，压力表应当工作可靠、读数准确。将减压阀与节流阀调节好后，必须紧固调压阀盖或锁紧螺母，防止其松动。

6. 定期检查、清洗或更换气动元件、滤芯

主要内容是彻底处理系统的漏气现象。例如：更换密封元件，处理管接头或连接螺钉松

动等；定期检验测量仪表、安全阀和压力等；检查滤芯是否应该清洗或更换，要根据情况或者定期进行滤芯更换。

项目1　CNC系统的日常维护

一、实训目标

（1）熟悉CNC系统的各基本单元。

（2）认识CNC系统的基本连接。

（3）掌握CNC系统维护与保养方面的基础技术。

（4）养成规范操作、认真细致、严谨求实的工作态度。

二、实训准备

（1）阅读教材，参考资料，查阅网络。

（2）实验仪器与设备：数控设备综合实验台、专用连接线、万用表、刷子、扳手、螺丝刀等工具。

三、相关知识

1. CNC系统简介

以国产华中CNC系统为例，武汉华中数控有限公司先后开发出的NHC世纪星等系列CNC系统，应用于数控机床。NHC系列有多个品种，它适用于各种中、小型机床，例如：NHC－818AT、NHC－818BT、NHC－808D、NHC－808E、NHC－808T用于数控车床。NHC－848、NHC－808E、NHC－818D、NHC－818AM、NHC－818BM、NHC－808M用于数控铣床或者加工中心。

系统在设计上采用模块化结构。这种结构易拆装，各个控制板高度集成，便于维修和更换。采用专用LSI（大规模集成电路）技术来提高芯片集成度、系统的可靠性，减小体积和降低成本。不断采用新工艺、新技术：SMT（高密度表面安装技术）、多层印制电路板、光导纤维电缆等。产品应用范围广，可配多种控制软件，适用于多种机床。在插补、进给加减速、补偿、自动编程、图形显示、通信、控制和诊断方面不断增加新的功能。以用户特定宏程序、MMC等功能来推进CNC装置面向用户开放的功能。

2. NHC－818BT CNC系统

NHC－818BT CNC系统由数控单元本体、主轴和进给伺服单元以及相应的主轴电动机、进给电动机、CRT显示器、系统操作面板、机床操作面板、附加的输入/输出接口板（B2）、电池盒、手摇脉冲发生器等组成。

数控单元的基本配置：

NHC－818BT CNC系统的CNC单元由主印制电路板（PCB）、存储器板、图形显示板、可编程机床控制器板（PMC－M）、伺服轴控制板、输入/输出接口板、子CPU（中央处理器）板、扩展轴控制板、数控单元电源和DNC控制板等组成。主板采用大板结构，其他为小板，被插在主板上面，如图2－26所示。

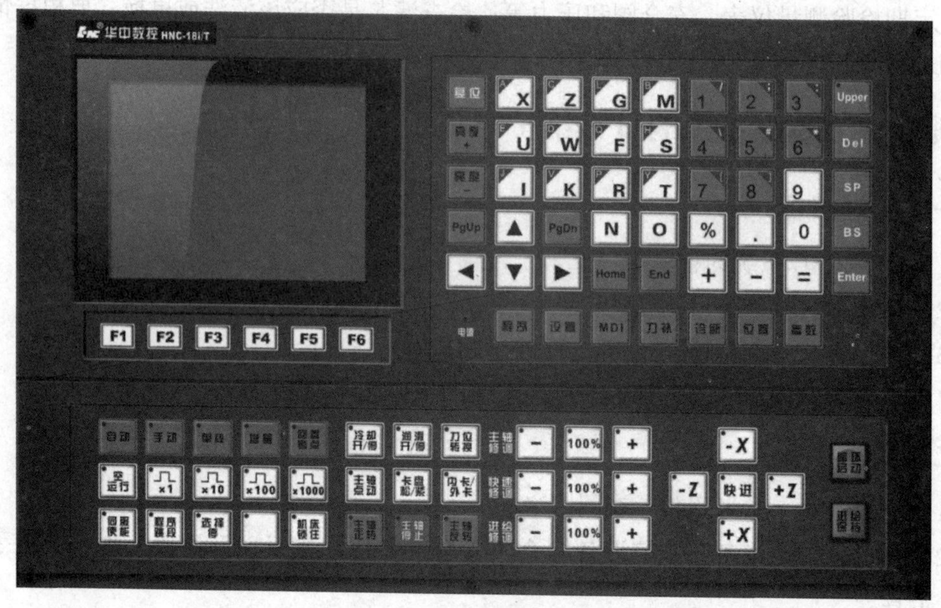

图 2-26　NHC-818BT CNC 系统数控单元结构

（1）主印制电路板（PCB）用于连接各功能小板，进行故障报警。主 CPU 在该板上，用于系统主控。

（2）数控单元电源为各板提供 +5 V、±15 V、±24 V 直流电源，其中 24 V 直流电流用于单元内继电器控制。

（3）图形显示板提供图形显示功能，便于人机交互，并且还提供第 2、3 手摇脉冲发生器接口。

（4）PMC-M 为内装型可编程机床控制器板，提供输入/输出板扩展接口。

（5）基本轴控制板（AXE）提供 X 轴、Y 轴、Z 轴和第 4 轴的进给指令，接收从 X 轴、Y 轴、Z 轴和第 4 轴位置编码器反馈的位置信号。

（6）输入/输出接口板通过插座 M1、M18 和 M20 提供输入点，通过插座 M2、M19 和 M20 提供输出点，为 PMC-M 提供输入/输出信号。

（7）存储器板接收系统操作面板的键盘输入信号，提供串行数据传送接口、第 1 手摇脉冲发生器接口、主轴模拟量和位置编码器接口，存储系统参数、刀具参数和零件加工程序等。

（8）子 CPU 板用于管理第 5 轴、第 6 轴、第 7 轴的数据分配，提供 RS-232 和 RS-422 串行数据接口等。

（9）扩展轴控制板（AXS）用于提供第 5 轴、第 6 轴的进给指令，接收从第 5 轴、第 6 轴位置编码器反馈的位置信号。

（10）扩展轴控制板（AXA）用于提供第 7 轴、第 8 轴的进给指令，接收从第 7 轴、第 8 轴位置编码器反馈的位置信号。

（11）扩展的输入/输出接口通过插座 M61、M78 和 M80 提供输入点，通过插座 M62、M78 和 M80 提供输出点，为 PMC-M 提供输入/输出信号。

（12）通信板（DNC2）提供数据通信接口。

3. NHC－818BT CNC 系统维护

（1）严格遵守操作规程和日常维护制度。

（2）防止灰尘污物进入数控装置内部。

（3）防止系统过热。

（4）定期维护 CNC 系统的输入/输出装置。

（5）定期检查和清洁散热用扇。

（6）定期检查和更换存储用电池。

（7）经常监视 CNC 装置用的电网电压。

（8）维护备用电路板。

四、实训内容

（1）认识 CNC 系统的构成。

（2）进行 CNC 系统的基础维护。

五、实训步骤

（1）在断电情况下，在实验台上找出数控装置、驱动电动机、变频器等各部件，并绘制其在实验台上的安装位置，标明其型号规格。

（2）在断电情况下，根据系统连接总图，参照上述实训内容，逐步分项检查、验证各个部件之间的连接，并绘制出连接关系。

（3）在断电情况下，观察系统各部件、外围器件，清理灰尘、污物；了解走线方式、插头连接、护套保护连接等；查看是否有松动、破损情况；如果有，则采取措施加以处理。

（4）一切正常方可上电，上电后系统进入正常状态，用万用表测试系统各部件的电源电压，将测试结果记录在图纸上相应的部件上。

（5）系统功能检查。

①左旋并拔起操作台右上角的“急停”按钮，使系统复位；系统默认进入“手动”方式，软件操作界面的工作方式变为“手动”。

②按住“＋X”或“－X”键（指示灯亮），X 轴应产生正向或负向的连续移动。松开“＋X”或“－X”键（指示灯灭），X 轴即减速运动后停止。以同样的操作方法使用“＋Z”“－Z”键可使 Z 轴产生正向或负向的连续移动。

③在手动工作方式下，分别点动 X 轴、Z 轴，使之压限位开关。仔细观察它们是否能压到限位开关。若到位后压不到限位开关，则应立即停止点动；若压到限位开关，则仔细观察轴是否立即停止运动，软件操作界面是否出现急停报警，这时一直按压“超程解除”按键，使该轴向相反方向退出超程状态；然后松开“超程解除”按键，若显示屏上运行状态栏“运行正常”取代了“出错”，则表示恢复正常，可以继续操作。检查完 X 轴、Z 轴的正、负限位开关后，以手动方式将工作台移回中间位置。

④按一下“回零”键，软件操作界面的工作方式变为“回零”。按一下“＋X”和“＋Z”键，检查 X 轴、Z 轴是否回参考点。回参考点后，“＋X”和“＋Z”指示灯应点亮。

⑤在手动工作方式下，按一下“主轴正转”键（指示灯亮），主轴电动机以参数设定的转速正转，检查主轴电动机是否运转正常；按一下“主轴停止”键，使主轴停止正转。按一下“主轴反转”键（指示灯亮），主轴电动机以参数设定的转速反转，检查主轴电动机是否运转正常；按一下“主轴停止”键，使主轴停止反转。

⑥在手动工作方式下，按一下“刀号选择”键，选择所需的刀号，再按一下“刀位转换”键，转塔刀架应转动到所选的刀位。

⑦调入一个演示程序，自动运行程序，观察工作台的运行情况。

六、注意事项

（1）要注意人身及设备的安全。关闭电源后，方可观察机床内部结构。

（2）未经指导教师许可，不得擅自任意操作。

（3）操作与保养数控机床要按规定时间完成，符合基本操作规范，并注意安全。

（4）实验完毕后，要注意清理现场。

七、学习评价

CNC 系统的日常维护与保养评价见表 2－1。

表 2－1　CNC 系统的日常维护与保养评价

指标 评分	查找数控系统各部件	系统功能检查	系统部件清洁	系统功能检查	参与态度	动作技能	合计
标准分	20	15	15	20	15	15	100
扣分							
得分							
评价意见							
评价人							

项目 2　主轴正反转电气控制线路常见故障处理

一、实训目标

（1）会分析数控机床中的正反转控制电路。

（2）会正确选择、使用工具进行故障诊断与分析。

（3）养成规范操作、认真细致、严谨求实的工作态度。

二、实训准备

（1）阅读教材，参考资料，查阅网络。

（2）观察机床电路，指出电路符号所对应的元器件。

（3）观察机床正常工作时主轴正反转的现象。

三、相关知识

1. 模拟主轴与串行主轴

主轴的控制方法主要有三种，如表 2－2 所示。

表 2－2　主轴的控制方法

名　称	功　能
串行接口	用于连接 FANUC 公司的主轴电动机/放大器，在主轴放大器和 CNC 系统之间进行串行通信，交换转速和控制信号
模拟接口	用模拟电压通过变频器控制主轴电动机转速
12 位二进制	用 12 位二进制代码控制主轴电动机转速

主轴伺服系统可分为直流和交流两大类，由于现在大多数机床采用交流主轴伺服系统，在本项目中仅介绍交流系统。交流主轴伺服系统有模拟式和数字式两种产品。

CNC 系统主轴控制可分为主轴串行输出和主轴模拟输出。这两种接口 FANUC 0*i*－D 系统都具备，主轴串行输出接口能够控制两个串行主轴，主轴模拟输出接口只能控制一个模拟主轴。

按串行方式传送数据（CNC 系统给主轴电动机的指令）的接口称为串行输出；另一种是以输出模拟电压（电流）量为主轴电动机指令的接口。前一种必须使用 FANUC 的主轴驱动单元和电动机，后一种用模拟量控制的主轴驱动单元（如变频器）和电动机，所以就有了串行主轴和模拟主轴的称法，串行主轴和模拟主轴是按不同的分类标准得出的名称，可以把串行主轴当成模拟主轴的一个子集。

目前大部分的经济型机床均采用 CNC 系统模拟量输出＋变频器＋感应（异步）电动机的形式，性价比很高，这时也可以将模拟主轴称为变频主轴。

串行主轴以及模拟主轴的连接如图 2－27 所示。

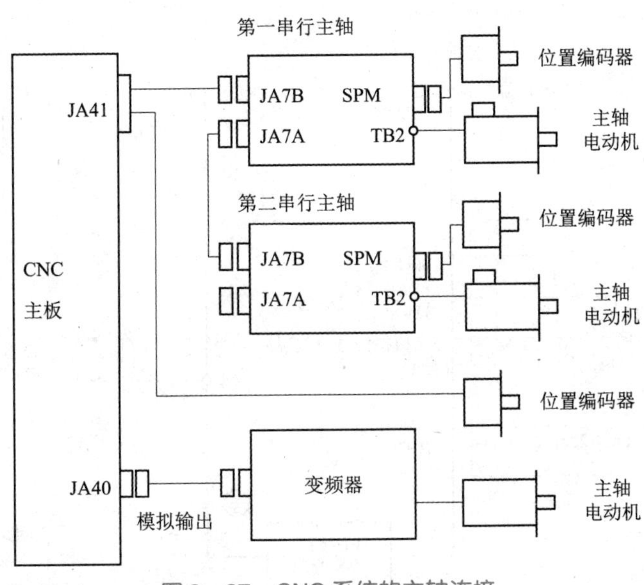

图 2－27　CNC 系统的主轴连接

图2-28　三菱E700变频器实物

2. 变频器

采用模拟主轴的机床必须使用变频器来实现主轴的相关功能，变频器是应用变频技术与微电子技术，通过改变电动机工作电源频率方式来控制交流电动机的电力控制设备。

变频器主要由整流（交流变直流）、滤波、逆变（直流变交流）、制动单元、驱动单元、检测单元、微处理单元等组成。变频器靠内部IGBT的通断来调整输出电源的电压和频率，根据电动机的实际需要来提供电源电压，进而达到节能、调速的目的。另外，变频器还有很多保护功能，如过流、过压、过载保护等。随着工业自动化程度的不断提高，变频器也得到了非常广泛的应用。

常见的变频器品牌有三菱、欧姆龙、西门子等。下面以三菱E700系列为例进行讲解。三菱E700变频器实物如图2-28所示，端子连接如图2-29所示。

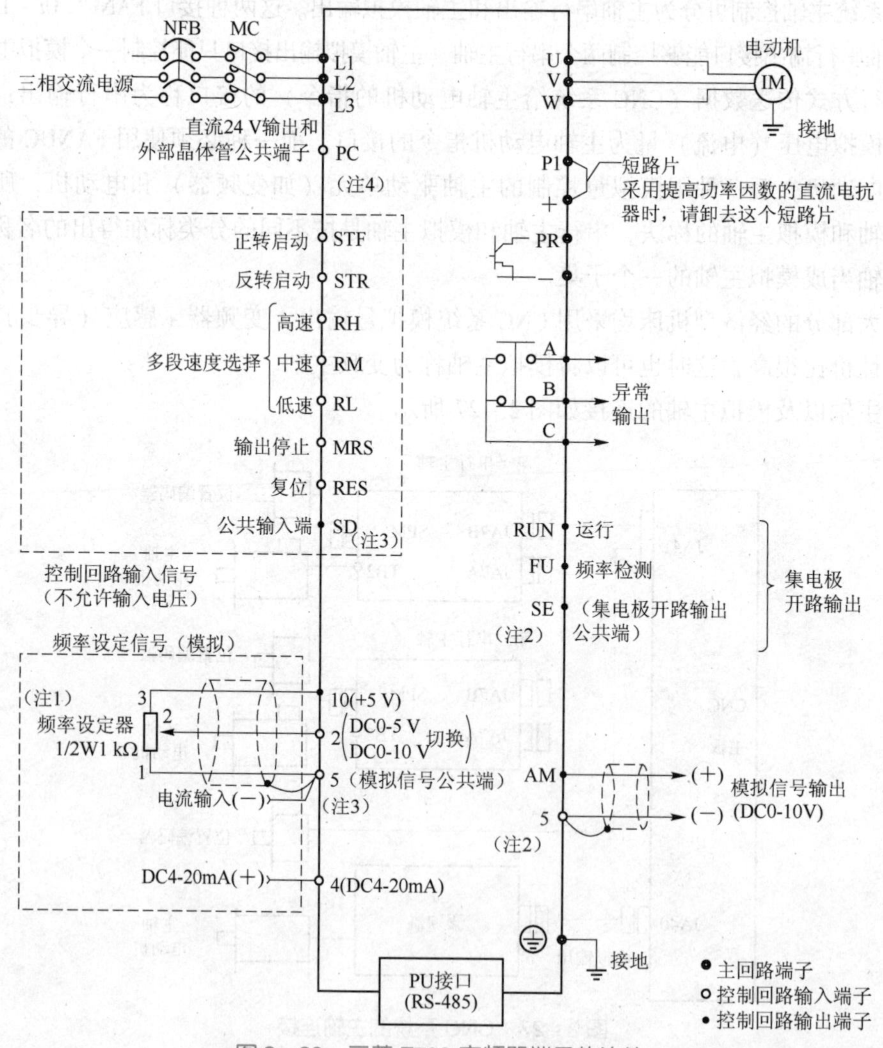

图2-29　三菱E700变频器端子的连接

L1、L2、L3 端子为电源输入端，U、V、W 为输出端，动力输出至主轴电动机，SD 为主轴旋转的公共端。STF 为正转启动端子，STR 为反转启动端子，RH、RM、RL 分别表示主轴高速、中速、低速三个挡位。5 号端子为模拟信号公共端，连接 2 号端子以及 5 号端子表示采用直流 10V 的模拟电压，连接 10 号端子以及 5 号端子表示采用直流 5V 的模拟电压，连接 5 号端子以及 AM 端子表示模拟电压的输出端。A 号端子以及 B 号端子接通时表示有异常，通常输出至 CNC 系统产生报警。

3. 典型机床主轴电路分析以及故障排除

CK6136 型数控机床的主轴相关电路如图 2－30～图 2－32 所示。

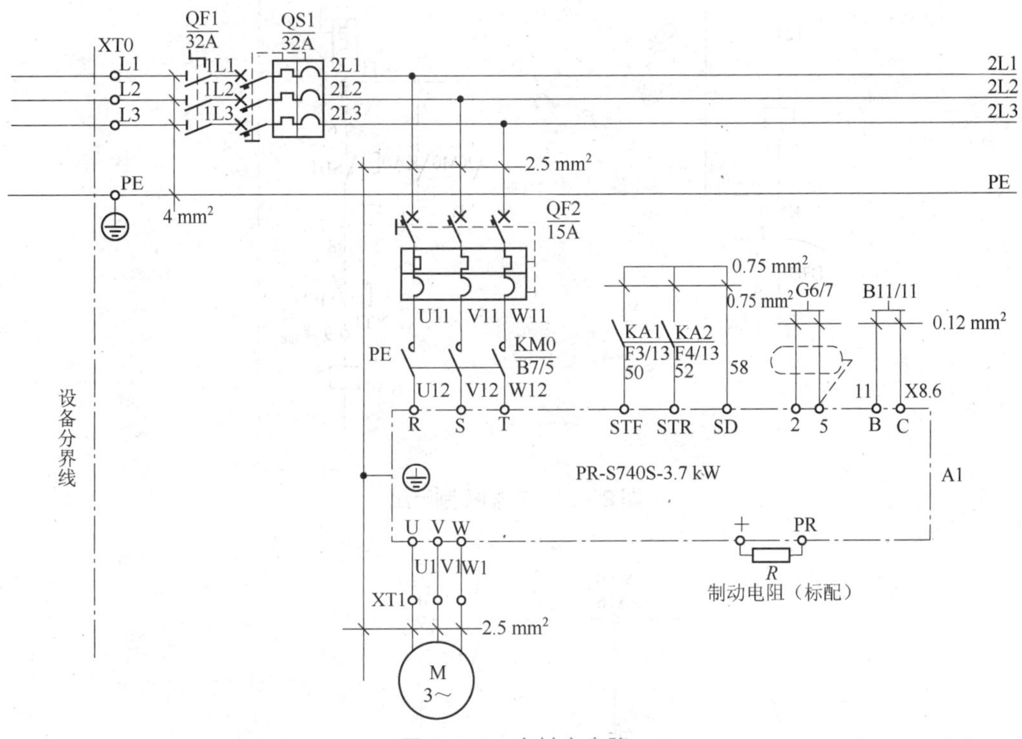

图 2－30　主轴主电路

原理分析：按下开机按钮 SB1，中间继电器 KA0 线圈得电并自锁，KA0 常开触点闭合，KM0 线圈所在回路接通，线圈得电，KM0 主触点闭合，三相电进入变频器。

输入主轴正转指令或者按下主轴正转按钮，输入信号 Y2.0 得电，中间继电器 KA1 线圈得电，常开触点闭合，正转启动端子 STF 接通，主轴开始正转。

输入主轴反转指令或者按下主轴反转按钮，输入信号 Y2.1 得电，中间继电器 KA2 线圈得电，常开触点闭合，反转启动端子 STR 接通，主轴开始反转。

根据上述的电路图以及原理分析，得出主轴正、反转电气控制线路常见故障：

（1）主轴电动机两个方向均不能启动。

用万用表的交流电压挡检查主电路电压是否正常，如不正常，则向电源方向检查，看低压断路器 QF2 的导线连接处是否有松动现象，KM0 主触头是否接触良好。如果正常，则检查控制电路的公共线路部分，检测线路部分是否有断开的地方、按钮触点接触是否良好等。

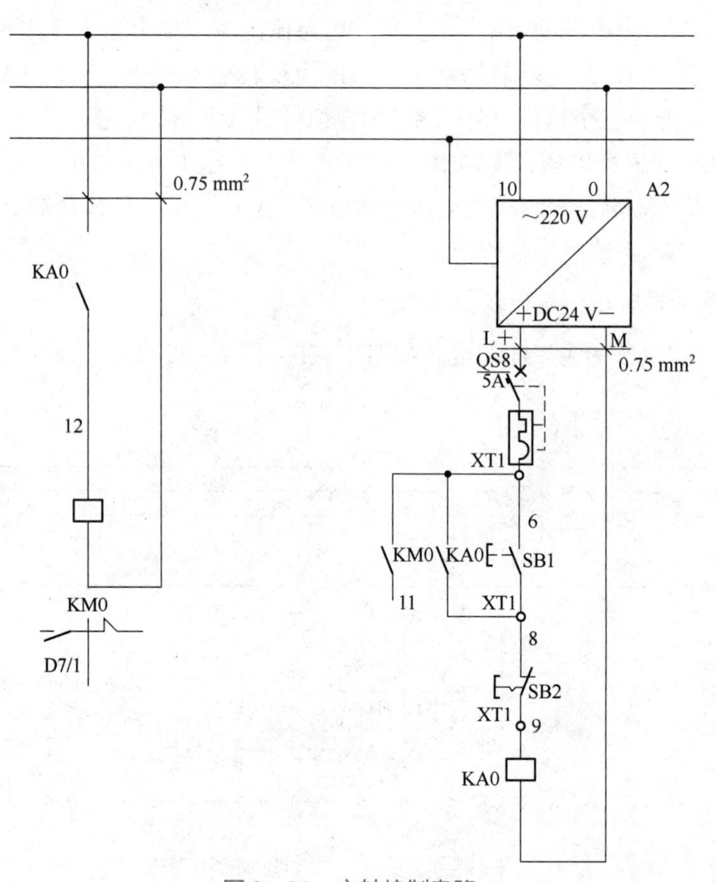

图2-31 主轴控制电路

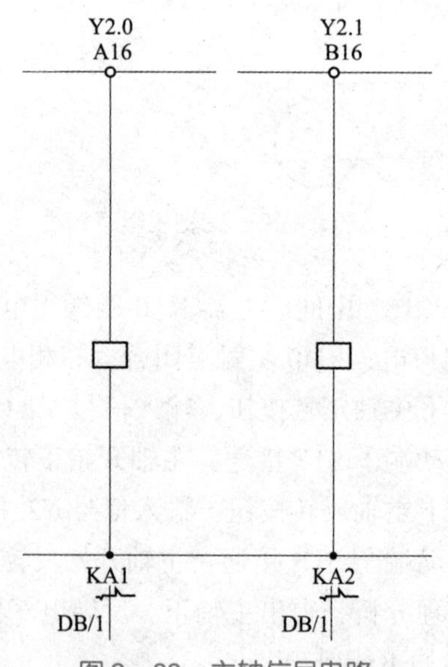

图2-32 主轴信号电路

故障排除：如果是电路元器件损坏，则按照前面所说的方法进行修理或更换；如果是接头松动，则可将接头拧紧；如果是连接导线断开，则须更换该段导线。

（2）主轴电动机只有正方向能启动，反方向不能启动。

这种现象说明主电路没有故障，并且控制线路的公共部分也没有故障，那么故障应该在反转控制线路中。检查 KA2 的常开触点是否处于闭合状态、KA2 的线圈接线是否良好。

故障排除：如果继电器 KA2 的常开触点处于断开状态，则须检查系统输出及 KA2 线圈的控制回路。若是 KA2 的线圈接头松动，则须将之拧紧。

（3）主轴电动机只有反方向能启动，正方向不能启动。

这种现象说明主电路没有故障，并且控制线路的公共部分也没有故障，那么故障应该在正转控制线路中。检查 KA1 的常开触点是否处于闭合状态、KA1 的线圈接线是否良好。

故障排除：如果继电器 KA1 常开触点处于断开状态，则须检查系统输出及 KA1 线圈的控制回路。若是 KA1 线圈接头松动，则须将之拧紧。

四、实训内容

根据机床实际情况判断故障类型，用万用表检测主轴电动机的故障并将其排除，做好相关记录，完成表 2－3。

表 2－3　主轴电动机排除故障记录

故障现象	排除故障过程记录	故障原因
开机后接触器 KM0 线圈未得电		
按下主轴正转按钮后主轴未启动		
按下主轴反转按钮后主轴未启动		

五、实训步骤

（1）先启动主轴电动机观察运行情况，发现接触器 KM0 线圈未吸合而导致主轴无法启动时，则关闭机床电源。

（2）找出接触器 KM0 的常开触头与启动按钮并联的两根接线 12 号线和 0 号线。

（3）将万用表的转换开关拨到电阻－蜂鸣挡。

（4）把万用表的表棒分别放在 12 号线的两端看表读数。如果有读数且有蜂鸣声，则说明导线中间没有断开；如果读数为 0，则说明导线中间已断开。

（5）用同样的方法可以判断导线 2 是否完好。

（6）如果导线中间有断开的地方，则更换导线；如果导线完好，则须继续检查。

（7）检查接头是否松动或脱落。如果是这样，则将接头拧紧。

（8）检查完毕，再次打开电源，启动主轴电动机，则主轴电动机能够启动。

（9）关闭电源，清理实习场地。

六、注意事项

（1）要注意人身及设备的安全。关闭电源后，方可观察机床内部结构。

(2) 未经指导教师许可，不得擅自任意操作。

(3) 在规定时间内完成，操作过程符合安全操作规范。

(4) 实验完毕后，要注意清理现场。

七、学习评价

根据对故障现象分析的情况、故障排除过程中的操作规范情况、故障排除情况进行评价(表2-4)。

表2-4　主轴正、反转电气控制线路常见故障处理评价

指标 评分	故障分析	操作规范	故障排除	参与态度	合计
标准分	25	30	30	15	100
扣分					
得分					
评价意见					
评价人					

项目3　数控机床液压控制系统日常维护技术训练

一、实训目标

(1) 熟悉数控车床液压控制系统组成单元。

(2) 掌握数控车床液压控制系统的工作原理。

(3) 掌握数控车床液压控制系统维护与保养的基础技术。

(4) 养成规范操作、认真细致、严谨求实的工作态度。

二、实训准备

(1) 阅读教材，参考资料，查阅网络。

(2) 实验仪器与设备：数控车床、扳手、密封圈、刷子、液压油、柴油等。

三、相关知识

以CK6136数控车床为例，液压控制系统主要由油泵油箱装置、卡盘卡紧系统装置、尾架的顶紧装置、液压叠加阀组、液压总管路等部件组成。

1. 油泵油箱装置

将车床液压油箱安装在床身后面的底座上，以螺钉相连。箱内盛有液压油；在油箱顶面一个油泵电动机组，泵的出口压力为 $P_1=2.5$ MPa。

2. 卡盘卡紧系统装置

动力卡盘的夹紧、松开由一个两位四通电磁换向阀、一个单向阀和一个减压阀来控制，夹紧力的大小由减压阀来调节，压力 $P_1=1.0\sim2.0$ MPa 根据加工的需要进行调整。为了保证车床在工件被夹紧后再开始切削加工，在进出油路各加上一个压力继电器，调定压力$P_1=P_2$，压力继电器发出信号后，车床才能开始切削加工。

3. 尾架的顶紧装置

尾架的顶紧和退回由一个三位四通电磁换向阀、一个单向阀和一个减压阀来控制，顶紧力的大小由减压阀来调节，压力 $P_3=0.6\sim1.6$ MPa 根据加工的需要进行调整。为了保证车床在工件被夹紧后再开始切削加工，在进油路上加上一个压力继电器，调定压力 $P_2=P_3$。压力继电器发出信号后，机床才能开始切削加工。

4. 液压叠加阀组

将叠加阀组通过螺钉直接叠加组成所需的液压系统，每个叠加阀既起控制作用，又起通道作用。

5. 液压总管路

液压总管路是将油箱、液压叠加阀组及各执行机构用无缝钢管和耐油橡胶软管连接起来的总体，可以实现液压能的传递，完成机床液压传动系统的功能。典型的液压总管路如图 2－33 所示。

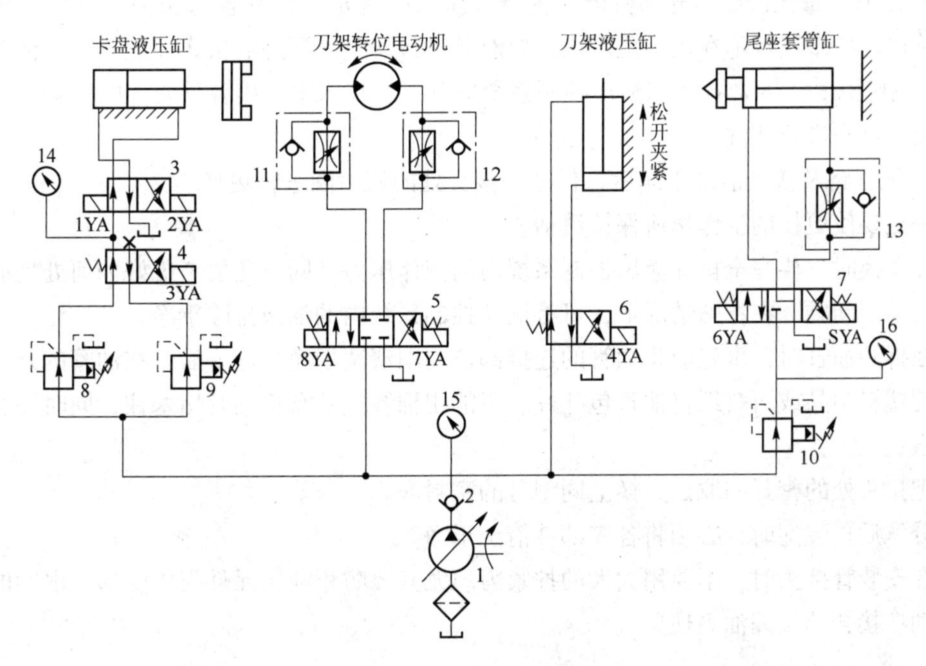

1—变量泵；2—单向阀；3，4，5，6，7—电磁换向阀；8，9，10—减压阀；

11，12，13—单向调速阀；14，15，16—压力表。

图 2－33　CK6136 数控车床液压控制系统总管路

CK6136 数控车床液压控制系统的工作原理：

（1）卡盘的夹紧与松开：主轴卡盘的夹紧与松开，由二位四通电磁换向阀 3 控制。卡盘的高压夹紧与低压夹紧的转换，由二位四通电磁换向阀 4 控制。

（2）回转刀架换刀时，首先是刀盘松开，之后刀盘就达到指定的刀位，最后刀盘复位夹紧。刀盘的夹紧与松开，由二位四通电磁换向阀 6 控制。刀盘的旋转有正转和反转两个方向，它由三位四通电磁换向阀 5 控制，其转速分别由单向调速阀 11、12 控制。

（3）尾座套筒的伸缩动作：尾座套筒的伸缩与退回由三位四通电磁换向阀 7 来控制。

四、实训内容

（1）液压控制系统外观检查。

（2）系统压力的调整。

（3）根据数控车床液压控制系统原理图找出各种元件的位置。

（4）密封圈的更换。

（5）系统部件的清洁。

五、实训步骤

（1）工作前对液压控制系统外观进行检查，检查油管接头和紧固件处有无泄漏。如果发现软管和管道的接头因松动而产生少量泄漏，则立即将接头旋紧。再检查油箱的油位是否在规定范围内。

（2）以上检查无误后，开动机床，按系统压力的规定，检查各部压力，各压力数值由压力表读出。如果读数不在规定范围内，要对其进行调整。调好后机床才能进行其他工作。

（3）根据 CK6136 数控车床液压控制系统原理图在车床中找出各种元件的位置，对滤油器和管路及接头进行清洗。

（4）把管路及接头清洗干净后，任选一接头处的密封圈进行更换。

①一定要使更换的工作场所保持清洁。

②在更换时，要完全排除液压控制系统内的液体压力，同时还要考虑好如何处理液压控制系统的油液问题。在特殊情况下，可将液压控制系统内的油液排除干净。

③在拆卸油管时，事先应将油管的连接部位周围清洗干净。分解后，在油管的开口部位用干净的塑料制品或石蜡纸将油管包扎好。不能用棉纱或破布将油管堵塞住，同时注意避免杂质混入。

④把接头处的密封圈取出，换上同型号的密封圈。

⑤分解后再装配时，必须将各零部件清洗干净。

⑥在安装管接头时，不要用太大的拧紧力。尤其要防止液压元件壳体变形、滑阀的阀芯不能滑动、接合部位漏油等现象。

六、注意事项

（1）要注意人身及设备的安全。关闭电源后，方可观察机床液压控制系统。

（2）未经指导教师许可，不得擅自任意操作。

）操作与保养数控机床液压控制系统要按规定时间完成，使一切动作符合基本操作

规范，并注意安全。

（4）实验完毕后，要注意清理现场。

七、学习评价

数控车床液压控制系统的日常维护评价见表2－5。

表2－5　数控车床液压控制系统的日常维护评价

指标 评分	液压控制系统外观检查	系统压力的调整	在系统中找出元件	系统部件的清洁	密封圈的更换	参与态度	动作技能	合计
标准分	15	15	10	20	20	10	10	100
扣分								
得分								
评价意见								
评价人								

本章小结

数控设备的正确操作和维护保养是正确使用数控设备的关键因素之一。正确的操作使用能够防止机床非正常磨损，避免突发故障；做好日常维护保养，可使设备保持良好的技术状态，延缓劣化进程，及时发现和消灭故障隐患，从而保证安全运行。

练习

1. 华中CNC系统由哪几部分组成？
2. 如何进行CNC系统基础维护？
3. 总结主轴电动机的故障分析方法。
4. 引起主轴故障的原因可能有哪些？
5. CK6136数控车床液压控制系统由哪些液压基本回路组成？
6. 数控车床液压控制系统的日常维护要注意什么？

第 3 章　数控车床维护保养技术

学习目标

◇掌握数控车床精度检验的基础知识
◇理解数控车床的机械传动结构与传动原理
◇掌握数控车床机械部件维护保养的基础知识
◇掌握自动换刀机构的维护与保养基础技术
◇了解电气控制线路的基础知识
◇掌握数控车床常见故障的排除方法
◇掌握 CNC 系统数据备份与恢复的方法
◇掌握数控车床液压控制系统维护保养知识

实践活动

项目 1　数控车床精度检验
项目 2　数控车床主传动系统的基础维护与保养
项目 3　数控车床数控系统数据备份与恢复
项目 4　刀架换刀的电气控制线路常见故障处理

3.1　数控车床机械部件维护保养技术基础

数控车床综合应用了计算机技术、自动控制技术、自动检测技术和精密机械设计等，是技术密集度及自动化程度高、典型的机电一体化产品。与普通车床相比较，数控车床不仅具零件加工精度高、生产效率高、产品质量稳定、自动化程度高的特点，而且可以完成普通以完成或根本不能加工的复杂曲面的零件加工，因而数控车床在机械制造业中的地位来越重要。我们甚至可以这样说：在机械制造业中，数控车床的档次和拥有量是反映

一个企业制造能力的重要标志。

因此，对数控车床的操作者和维修人员来说，车床的维护与保养就显得非常重要，必须得到高度重视。数控车床机械部分的维护与保养主要包括：车床主轴部件、进给传动机构、导轨等的维护与保养等。主轴部件作为数控车床机械部分中的重要组成部件，主要由主轴、轴承、主轴准停装置、自动夹紧和切屑清除装置组成。进给传动机构的机电部件主要由伺服电动机及检测元件、减速机构、滚珠丝杠螺母副、丝杠轴承、运动部件（工作台、主轴箱、立柱）等组成。

3.1.1 数控车床精度及检验

数控车床的高精度最终要靠机床本身的精度来保证。数控车床的精度包括几何精度、定位精度和切削精度三类。数控车床的各项性能检验，对初用车床及维修调整后车床的技术指标恢复很重要。

一、几何精度及检验

几何精度又称静态精度，是反映机床关键零部件（如床身、溜板、导轨、主轴箱等）组装后的综合几何形状误差的参数。常用的检测工、量、检具有：活络扳手、内六角扳手、精密水平仪、铸铁方箱、圆柱直检验棒、莫氏锥柄检验棒等，如图3－1所示。

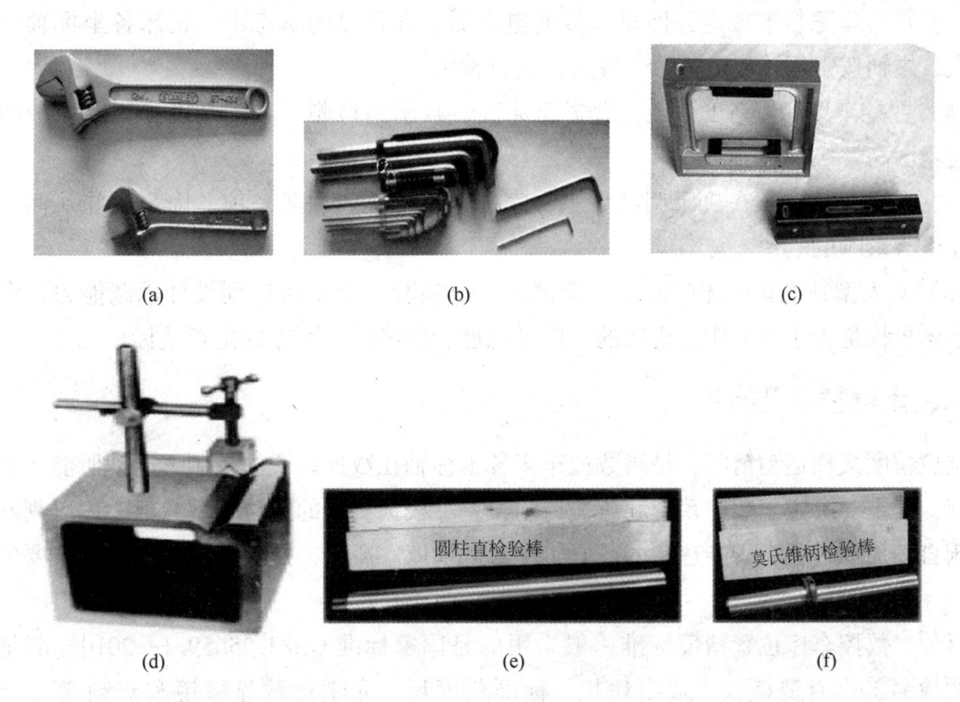

(a)　(b)　(c)　(d)　(e)　(f)

图3－1　常用精度检验工、量、检具

（a）活络扳手；（b）内六角扳手；（c）精密水平仪；（d）铸铁方箱；（e）圆柱直检验棒；（f）莫氏锥柄检验棒

数控车床几何精度检验的主要内容有以下几项：

（1）导轨精度（纵/横向导轨在垂直平面内的直线度/平行度）。

（2）溜板移动在 ZX 平面内的直线度。

（3）尾座移动对溜板移动的平行度。

（4）主轴端部的跳动。

（5）主轴定心轴颈的径向跳动。

（6）主轴锥孔轴线径向跳动。

（7）主轴轴线对溜板移动的平行度。

（8）主轴顶尖的跳动。

（9）尾座套筒轴线对溜板移动的平行度。

（10）尾座套筒锥孔轴线对溜板移动的平行度。

（11）主轴与尾座两顶尖的等高度。

（12）横刀架横向移动对主轴轴线的垂直度。

这些几何精度综合反映了数控车床机械坐标系的几何精度和代表切削运动的部件主轴在机械坐标系的几何精度。

几何精度检测注意事项如下：

（1）必须在地基完全稳定、地脚螺栓处于压紧的状态下进行。考虑到地基可能随时间而变化，一般要求机床使用半年后，再复校一次几何精度。

（2）在检测几何精度时，应避免由测量方法及检测工具使用不当引起的误差。

（3）应按国家标准规定，即车床接通电源后，在预热的状态下，机床各坐标轴往复运动几次，主轴按中等转速运转数分钟后再进行检测。

（4）数控车床几何精度一般比普通车床高，且所用检测工具的精度等级要比被测内容的几何精度高一级。

（5）几何精度必须在机床调试后一次完成，不得调一项测一项，因为有些几何精度是相互联系与影响的。

（6）对大型数控车床还应实施负荷试验，以检验车床是否达到设计承载能力，在负荷状态下各机构是否正常工作，机床的工作平稳性、准确性、可靠性是否达标。

二、定位精度及检验

定位精度又称运动精度，是指数控车床各坐标轴在数控装置的控制下运动所能达到的位置精度，其主要决定于数控系统和机械传动误差。根据实测的定位精度数值，可以判断出数控车床自动加工过程中所能达到的最好工件加工精度。所以，定位精度是一项很重要的检测内容。

目前，数控车床位置精度标准一般采用的是国家标准 GB/T 25659.1—2010。测量直线运动的检测工具有测微仪、成组块规、标准刻度尺、光学读数显微镜和双频激光干涉仪（图 3-2）等。标准长度测量以双频激光干涉仪为准，它的优点是测量精度高、测量时间短，但只有对环境温度、零件温度和气压等进行控制和自动补偿的情况下，才能在较长距离测量中获得高的精度。回转运动检测工具有 360 个齿精确分度的标准转台或角度多面体、圆光栅及平行光管等。

内容包括：直线轴的定位精度及重复定位精度，直线轴的回零精度，直线轴的反向

误差，回转运动的定位精度及重复定位精度，回转运动轴的回零精度，回转运动的反向误差。

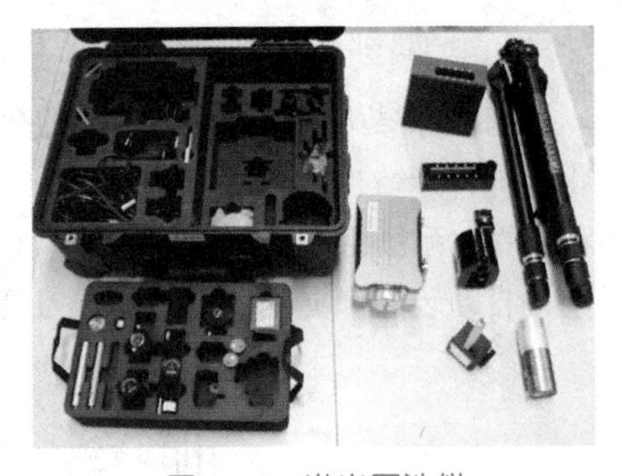

图3－2　激光干涉仪

三、切削精度及检验

切削精度是一项综合精度，又称动态精度，它不仅反映了数控车床的几何精度和定位精度，同时还包括了试件的材料、环境温度、数控车床刀具性能以及切削条件等各种因素造成的误差和计量误差。

为保证切削精度，要求机床的几何精度和定位精度的实际误差必须比允差小。切削精度检验分为单项切削精度检验和标准的综合性试件精度检验。对数控卧式车床，单项切削精度检验内容包括外圆车削、端面车削、螺纹切削等。被切削加工试件的材料除特殊要求外，一般都采用一级铸铁，使用硬质合金刀具按标准的切削用量切削。

3.1.2　数控车床主传动系统的维护技术基础

数控车床的主传动系统即主轴驱动产生主切削运动的传动，包括主轴电动机、传动系统和主轴部件等。为适应不同加工需求，数控车床的主传动系统应满足以下几方面的要求：宽的调速范围及尽可能实现无级变速、功率大、动态响应性好、精度高、恒线速度切削，并尽可能降低噪声与热变形，从而获得最佳生产率、加工精度和表面质量。

在实际生产中，一般要求数控车床在中高速段为恒功率传动，在低速段为恒转矩传动。为确保主轴低速时有较大的转矩和主轴的变速范围尽可能大，有的数控车床在交流或直流电动机无级变速的基础上还配以齿轮变速，使之实现分段无级变速。主轴变速方式主要有4种，如图3－3所示。

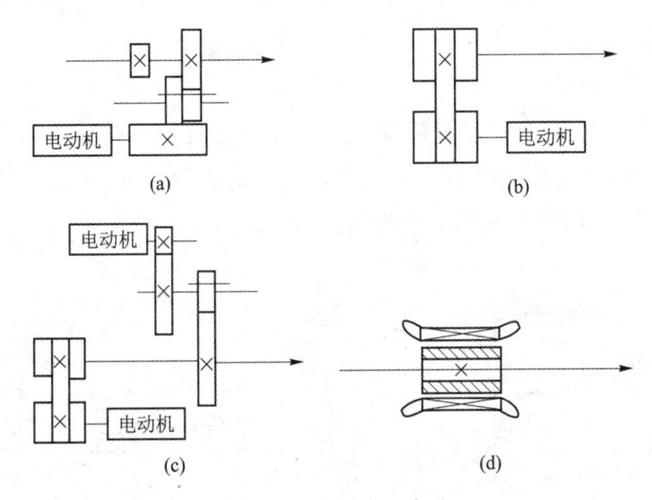

图3－3　主轴变速方式

(a) 齿轮变速；(b) 带传动；(c) 两个电动机分别驱动；(d) 内装电动机主轴传动结构

一、主轴部件的结构

主轴部件是机床实现旋转运动的执行件，它包括主轴、主轴的支承和安装在主轴上的传动零件等，其结构如图 3－4 所示。要求主轴部件具有良好的回转精度、结构刚度、抗振性、热稳定性、耐磨性和精度的保持性。对于具有自动换刀装置的加工中心，为了实现刀具在主轴上的自动装卸和夹紧，还必须有刀具的自动夹紧装置、主轴准停装置等。

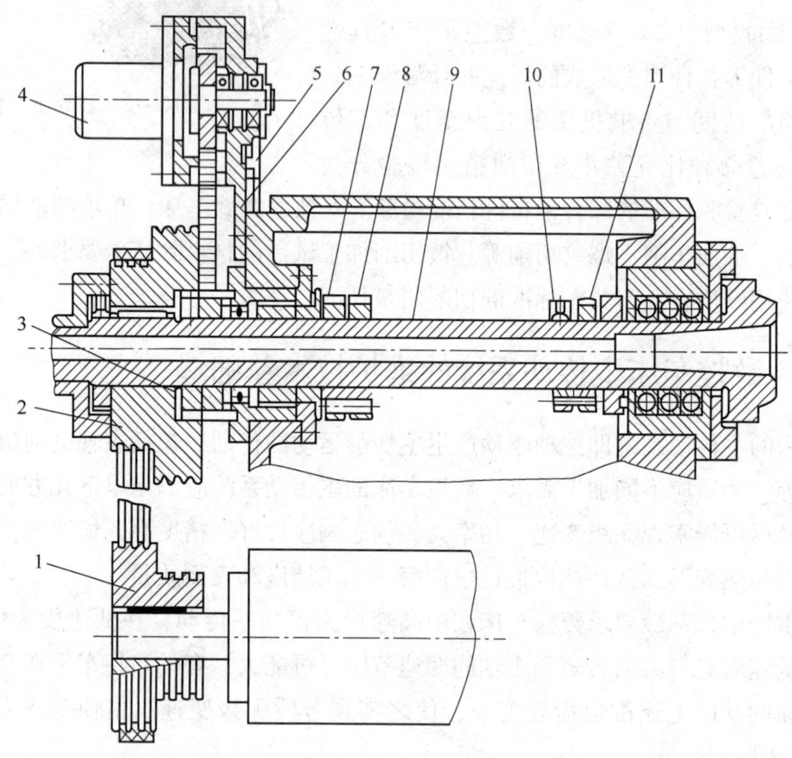

1，2—带轮；3，7，11—螺母；4—脉冲发生器；5—螺钉；6—支架；8，10—锁紧螺母；9—主轴。

图 3－4　数控车床主轴的结构

1. 主轴端部的结构形式

机床主轴的端部一般用于安装刀具或夹持工件的夹具。在设计要求上应能保证定位准确、安装可靠、连接牢固、装卸方便，并能传递足够的转矩。目前数控机床主轴端部的结构形式已标准化，图 3－5 所示为通用的几种结构形式。

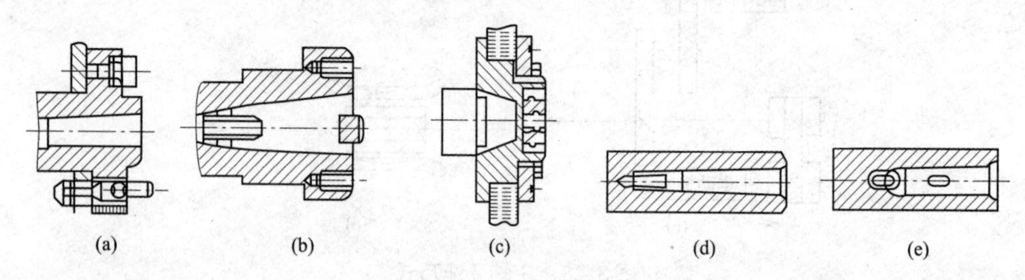

图 3－5　主轴端部的结构形式

（a）车床主轴端部；（b）铣、镗类机床主轴端部　（c）外圆车床主轴端部；

（d）内圆磨床主轴端部；（e）钻、镗杆端部

2. 主轴的支承

机床主轴带着刀具或夹具在支承中进行回转运动，应能传递切削转矩、承受切削抗力，并保证必要的旋转精度。不同的主轴轴承配置构成了不同的支承形式。根据主轴部件的转速、承载能力及回转精度等要求的不同而采用不同类型的轴承，一般中小型数控机床（如车床、铣床、加工中心、磨床）的主轴部件多采用滚动轴承；重型数控机床采用液体静压轴承；高精度数控机床（如坐标磨床）采用气体静压轴承；超高转速（20 000～100 000 r/min）的主轴可采用磁悬浮轴承或陶瓷滚珠轴承。常见的主轴轴承如图3－6所示。

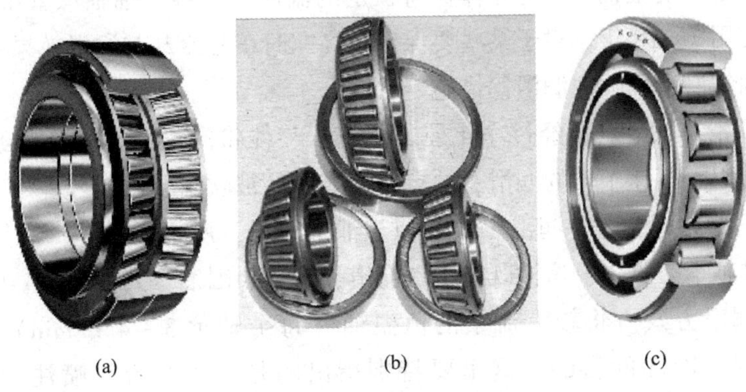

图3－6 常见的主轴轴承

（a）双列圆柱滚子轴承；（b）推力角接触球轴承；（c）滚子轴承

主轴轴承的支承形式主要取决于主轴转速特性的速度因素和对主轴刚度的要求。目前数控机床主轴轴承的配置形式主要有3种，如图3－7所示。

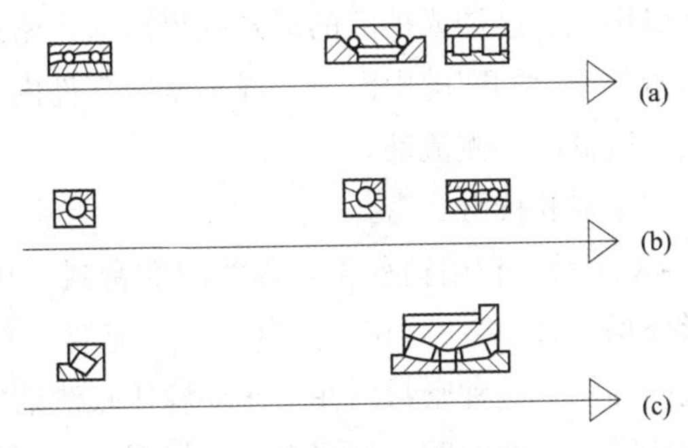

图3－7 主轴轴承的配置形式

（1）前支承采用双列短圆柱滚子轴承和60°角接触双列向心推力球轴承组合，后支承采用成对向心推力球轴承，如图3－7（a）所示。该配置形式能使主轴获得较大的径向和轴向刚度，可满足机床强力切削的要求，普遍应用于各类数控机床的主轴，如数控车床、数控铣床、加工中心等。

（2）前支承采用多个高精度向心推力球轴承，如图3－7（b）所示。这种配置提高了主轴的转速，适合要求主轴在较高转速下工作的数控机床，如卧式加工中心机床。

（3）前后支承采用单列和双列圆锥滚子轴承，如图3－7（c）所示。该配置形式能使

主轴承受较重载荷（尤其是承受较强的动载荷），径向和轴向刚度高，安装和调整性好。但这种配置相对限制了主轴的最高转速和精度，适用于中等精度、低速重载的数控机床主轴。

二、主轴部件的维护

1. 主轴润滑

主轴轴承的润滑和冷却是保证主轴正常工作的必要手段。通常利用润滑油循环系统把主轴部件的热量带走，使主轴部件与箱体保持恒定的温度。有些主轴轴承采用高级油脂润滑，每加一次可以使用7 ~ 10 年。对于某些要保证在高速时正常冷却与润滑效果的主轴，则要采用油雾润滑、油气润滑和喷注润滑等措施。

（1）油雾润滑方式。利用经过净化处理的高压气体将润滑油雾化后，经管道喷送到需润滑的部位；常用于高速主轴的润滑；缺点是油雾容易被吹出，污染环境。

（2）油气润滑方式。这种润滑方式近似于油雾润滑，所不同的是，油气润滑是定时定量地把油雾送进轴承空隙中，这样既能实现润滑，又不会因油雾太多而污染周围空气。

（3）喷注润滑方式。将较大流量的恒温油（每个轴承 3 ~ 4 L/min）喷注到主轴轴承，以达到润滑、冷却的目的。这里要特别指出的是，较大流量喷注的油，不是自然回流，而是用排油泵强制排油，同时采用专用高精度大容量恒温油箱，把油温变动控制在 ±0.5 ℃。

2. 主轴密封

主轴部件的密封不仅要防止灰尘、切屑和切削液进入，还要防止润滑油泄漏。在密封件中，被密封的介质往往是以穿漏、渗透或扩散的形式越界泄漏到密封连接处的另一侧。造成泄漏的基本原因是流体从密封面上的间隙中溢出，或是密封部件内、外两侧介质的压力差或浓度差使得流体向压力或浓度低的一侧流动。

主轴的密封分非接触式密封和接触式密封。

非接触式密封如图 3 - 8 所示。利用轴承盖与轴的间隙密封［图 3 - 8（a）］；也可通过在螺母的外圆上开锯齿形环槽［图 3 - 8（b）］，当油向外流时，利用主轴转动离心力把油沿斜面甩回端盖空腔，流回油箱，这种密封用在工作环境比较清洁的油脂润滑处。

接触式密封主要由油毡圈和耐油橡胶密封圈密封，如图 3 - 9 所示。

3.1.3 数控车床进给传动系统维护技术基础

数控车床的进给传动系统负责接收 CNC 系统发出的脉冲指令，并经放大和转换后驱动车床运动执行件实现预期的运动。进给传动系统包括减速齿轮、联轴器、滚珠丝杠螺母副、丝杠支承、导轨副、传动数控回转工作台的蜗轮蜗杆等机械环节。

目前，随着滚珠丝杠、伺服电动机及其控制单元性能的提高，很多数控车床的进给系统中已去掉减速机构而直接用伺服电动机与滚珠丝杠连接，因而整个 CNC 系统结构简单，减少了产生误差的环节。同时，由于转动惯量小，伺服特性也有所改善。

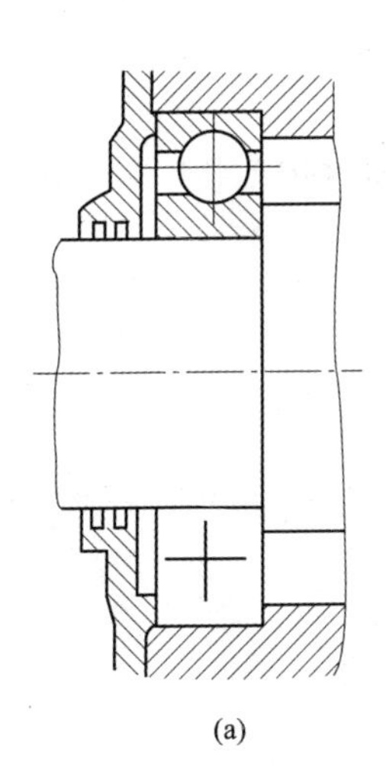
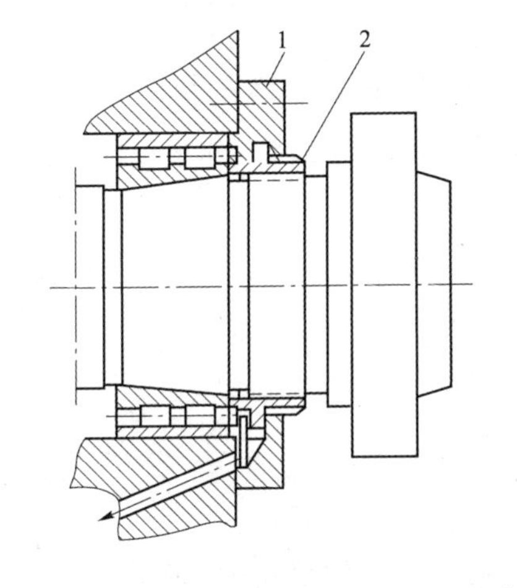

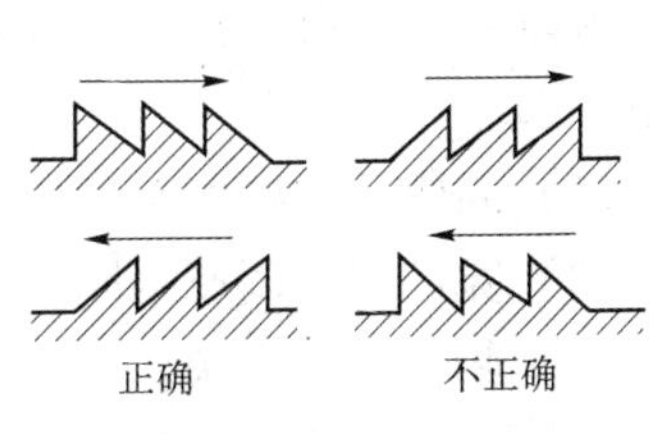

1—端盖；2—螺母。

图3-8　非接触式密封

（a）间隙密封；（b）螺母密封

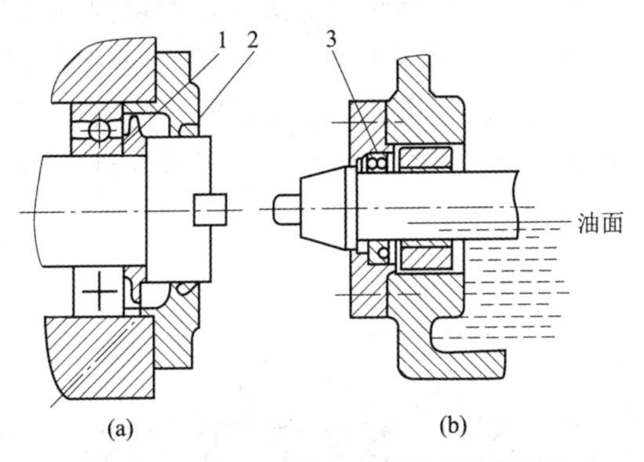

1—甩油环；2—油毡圈；3—耐油橡胶密封圈。

图3-9　接触式密封

一、数控车床对进给系统的要求

1. 机械部分的基本组成

与数控车床进给系统有关的机械部分一般由导轨、机械传动装置、工作台等组成，其基本结构如图3-10所示。目前，广泛应用的进给传动方式主要有两种：一种是回转伺服电动机通过滚珠丝杠螺母副间接进给的传动方式；另一种是采用直线电动机直接驱动的进给运动方式。前者用于中小型数控车床的直线进给：数控车床Z、X两方向的运动由伺服电动机直接或间接驱动滚珠丝杠运动，同时带动刀架移动，形成纵、横向切削运动，从而实现车床进给运动；后者用于高速

图3-10　数控车床进给系统的基本结构

加工中。

2. 数控车床进给传动系统机械部分的基本要求

为确保数控车床进给传动系统的传动精度和工作平稳性，在设计机械传动装置时，提出如下要求：

（1）高的传动精度与定位精度。

（2）宽的进给调速范围。

（3）响应速度要快。

（4）无间隙传动。

（5）稳定性好、寿命长。

（6）使用维护方便。

二、进给传动系统典型结构的维护技术基础

1. 滚珠丝杠螺母副

1）滚珠丝杠螺母副的工作原理及特点

滚珠丝杠螺母副是一种在丝杠与螺母间装有滚珠作为中间元件的丝杠副，是直线运动与回转运动相互转换的传动装置。当丝杠旋转时，滚珠在滚道内既能自转又沿滚道循环转动，从而迫使螺母（或丝杠）轴向移动。螺旋槽两端用回珠器连接起来，使滚珠能够周而复始地循环运动，并防止滚珠沿滚珠回路管道掉出。与传统丝杠相比，该副传动效率高，摩擦力小，并可消除间隙，无反向空行程，但制造成本高，不能自锁，尺寸亦不能太大。其结构如图 3－11 所示。

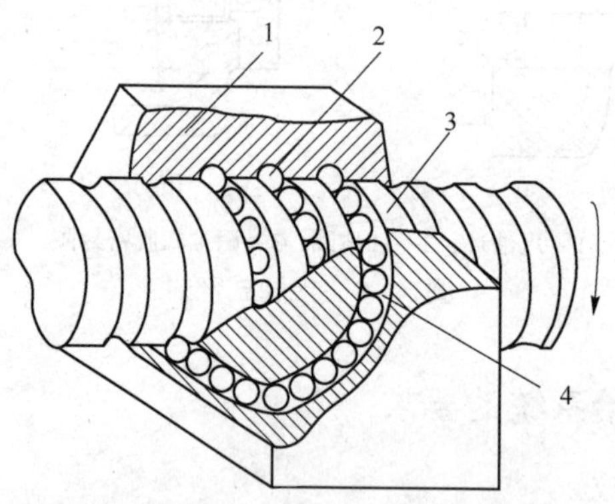

1—螺母；2—滚珠；3—丝杠；4—滚珠回路管道。

图 3－11　滚珠丝杠螺母副结构

2）滚珠丝杠螺母副的维护

数控车床进给传动系统的任务是实现执行机构（刀架、工作台等）的运动，滚珠丝杠的传动间隙是轴向间隙。轴向间隙通常是指丝杠和螺母无相对转动时，丝杠和螺母之间的最大轴向窜动量。除了结构本身所具有的游隙之外，还包括施加轴向载荷后产生弹性变形所造成的轴向窜动量。为保证反向传动精度和轴向刚度，必须消除轴向间隙。定期检查滚珠丝杠螺母副、调整滚珠丝杠螺母副的轴向间隙，保证反向传动精度和轴向刚度；定期检查丝杠与床身的连接是否有松动；丝杠防护装置有损坏时要及时更换，以防灰尘或切屑进入。

（1）轴向间隙的调整。

轴向间隙消除的基本原理是使两个螺母产生轴向位移，以此来消除丝杠与螺母之间的间隙。常用的方法有以下三种：

①垫片调隙式。图3－12所示为双螺母垫片调隙式结构。它通过调整垫片的厚度使左右螺母产生轴向位移，从而达到消除间隙和产生预紧力的作用。这种结构简单、刚性好、装卸方便、可靠；但缺点是调整费时，很难在一次修磨中调整完成，调整精度不高，仅适用于一般精度要求的数控车床。

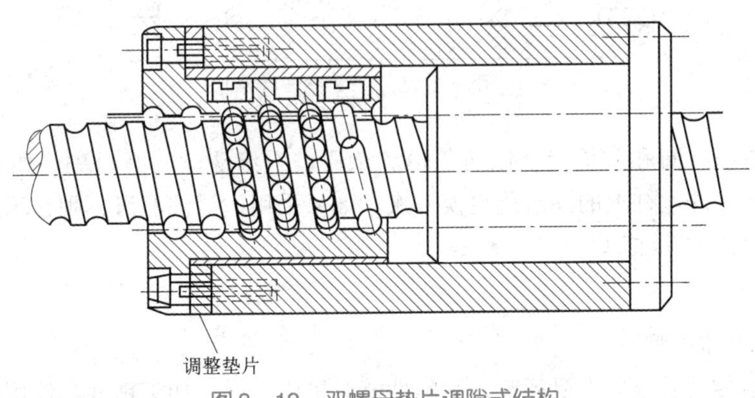

图3－12　双螺母垫片调隙式结构

②螺纹调隙式。图3－13所示为双螺母螺纹调隙式结构。它用键限制螺母在螺母座内的转动。调整时，拧动圆螺母将螺母沿轴向移动一定距离。在消除间隙后，用另一圆螺母将其锁紧。这种结构简单、紧凑、调整方便，但调整精度较差。

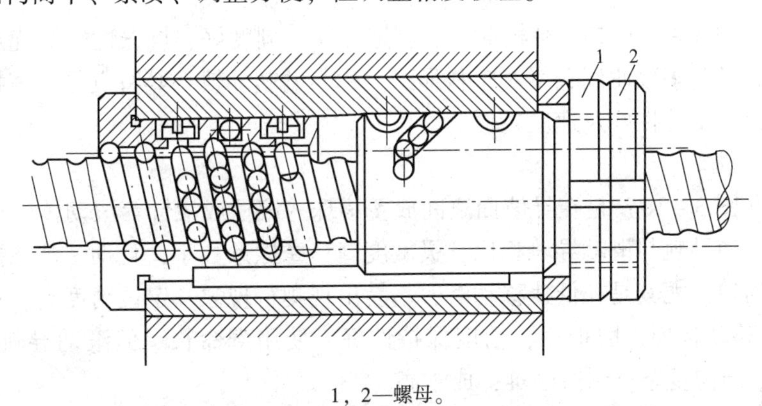

1，2—螺母。

图3－13　双螺母螺纹调隙式结构

③齿差调隙式。图3－14所示为双螺母齿差调隙式结构。它较为复杂，尺寸较大；但是调整方便，可获得精确的调整量，预紧可靠、不松动，适用于高精度传动。

（2）支承轴承的定期检查。

定期检查丝杠支承轴承与床身的连接是否有松动，以及支承轴承是否被损坏等。如有以上问题，要及时紧固松动部位并更换支承轴承。

（3）滚珠丝杠螺母副的密封与润滑。

滚珠丝杠螺母副的密封与润滑是我们在操作使用中要注意的问题。关于丝杠螺母的密

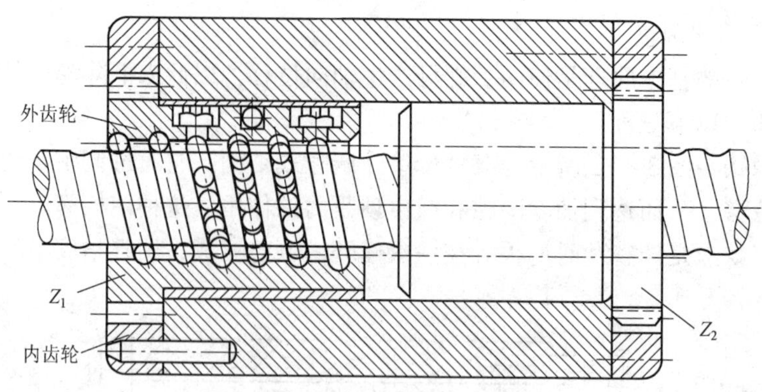

图3－14 双螺母齿差调隙式结构

封，要注意检查密封圈和防护套，以防灰尘和杂质进入滚珠丝杠螺母副。如果采用油脂润滑，则每半年将滚珠丝杠上的润滑脂更换一次；如果采用润滑油润滑，则在每次机床工作前加油一次，通过注油孔注油。

2. 导轨副

1）导轨的基本类型

导轨是进给传动系统的重要环节，它的性能对机床刚度、加工精度和使用寿命有很大影响。数控车床对导轨的要求比普通车床更高，要求其在高速进给时不发生振动、低速进给时不出现爬行，且灵敏度高、耐磨性好，可在重载荷下长期连续工作，精度保持性好等。目前，数控车床上的导轨形式主要有滑动导轨、滚动导轨和静压导轨等。

（1）滑动导轨。

滑动导轨（图3－15）具有结构简单、制造方便、刚度好、抗振性好等优点，在数控车床上应用广泛。目前多数使用金属对塑料形式，称为贴塑导轨。其特点是摩擦特性好、耐磨性好、运动平稳、工艺性好及速度较低。

（2）滚动导轨。

滚动导轨（图3－16）是在导轨面之间放置滚珠、滚柱或滚针等滚动体，使导轨面之间呈滚动摩擦。滚动导轨与滑动导轨相比，灵敏度高、摩擦系数小，且动、静摩擦系数相差很小，因而运动均匀，尤其是在低速移动时，不易出现爬行现象；定位精度高，重复定位精度可达0.2 μm，移动轻便，磨损小，精度保持性好，使用寿命长。但滚动导轨的抗振性差，对防护要求高，结构复杂，制造困难，成本高。

图3－15 滑动导轨

图3－16 滚动导轨

（3）静压导轨。

静压导轨的导轨面之间处于纯液体摩擦状态，不产生磨损，精度保持性好；摩擦系数低（一般为0.000 5 ~0.001），低速时不易产生爬行；承载能力大，刚性好，承载油膜有良好的吸振作用，抗振性好。但是其结构复杂，需配置一套专门的供油系统，制造成本较高。图3－17所示为平面型空气静压导轨。

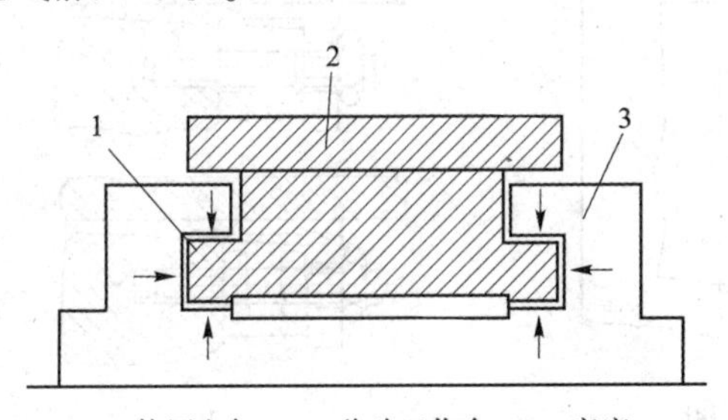

1—静压空气；2—移动工作台；3—底座。

图3－17　平面型空气静压导轨

2）导轨副的维护

（1）间隙调整。

导轨副维护很重要的一项工作是保证导轨面之间具有合理的间隙。间隙过小，则摩擦阻力大，导轨磨损加剧；间隙过大，则运动失去准确性和平稳性，失去导向精度。间隙调整的方法有以下三种：

①压板调整间隙。矩形导轨上常用的压板装置形式有：修复刮研式、镶条式、垫片式，如图3－18所示。压板用螺钉固定在动导轨上，常用钳工配合刮研及选用调整垫片、平镶条等机构，使导轨面与支承面之间的间隙均匀，达到规定的接触点数。图3－18（a）所示的压板结构，如果间隙过大，就修磨或刮研 *B* 面；如果间隙过小或压板与导轨压得太紧，则刮研或修磨 *A* 面。

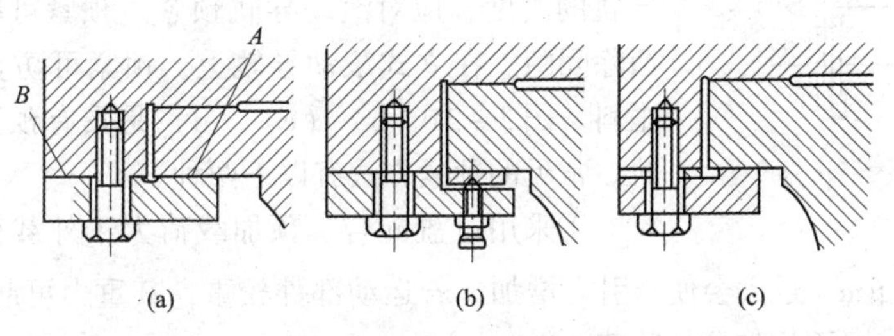

图3－18　压板调整间隙

（a）修复刮研式；（b）镶条式；（c）垫片式

②镶条调整间隙。常用的镶条有两种，即等厚度镶条和斜镶条。等厚度镶条如图3－19（a）所示。它是一种全长厚度相等、横截面为平行四边形（用于燕尾形导轨）或矩形的平镶条，通过侧面的螺钉调节和螺母锁紧，以其横向位移来调整间隙。由于压紧力作用点因素的影响，在螺钉的着力点有挠曲。斜镶条如图3－19（b）所示。它是一种全长厚度变化的斜镶条及三种用于斜镶条的调节螺钉，以其斜镶条的纵向位移来调整间隙。斜镶条在全长上支承，其斜度为1:40或1:100。由于楔形的增压作用会产生过大的横向压力，因此调整时应细心。

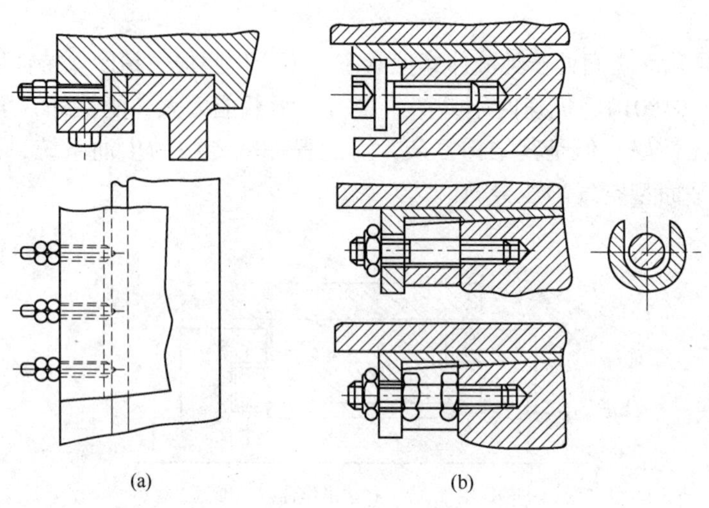

图 3－19 镶条调整间隙

（a）等厚度镶条；（b）斜镶条

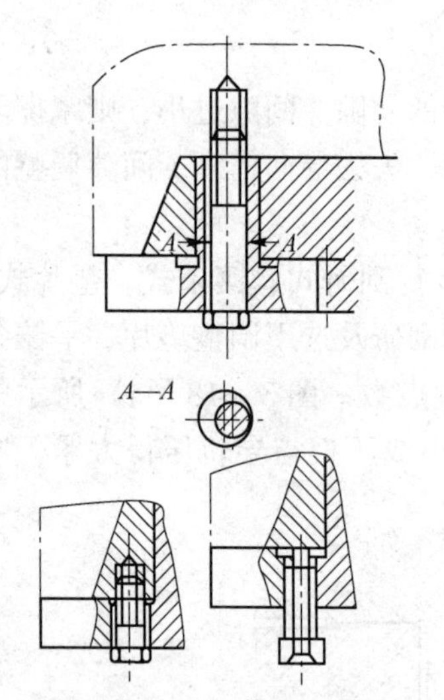

图 3－20 压板镶条调整间隙

③压板镶条调整间隙。压板镶条如图 3－20 所示，T 形压板用螺钉固定在运动部件上，运动部件内侧和 T 形压板之间放置斜镶条，镶条不是在纵向有斜度，而是在高度方面有倾斜。调整时，借助压板上的几个推拉螺钉，使镶条上下移动，从而调整间隙。三角形导轨的上滑动面能自动补偿，下滑动面的间隙调整和矩形导轨的下压板调整底面间隙的方法相同。圆形导轨的间隙不能调整。

（2）滚动导轨的预紧。

图 3－21 列举了四种滚动导轨的结构。为了提高滚动导轨的刚度，应对滚动导轨预紧。预紧可提高接触刚度和消除间隙。在立式滚动导轨上，预紧可防止滚动体脱落和歪斜。图 3－21（b）（c）（d）是具有预紧结构的滚动导轨。常见的预紧方法有以下两种。

①采用过盈配合。预加载荷大于外载荷，预紧力产生的过盈量为 2～3 μm，过大会使牵引力增加。若运动部件较重，其重力可起预加载荷作用；若刚度满足要求，可不施加预加载荷。

②调整法。通过调整螺钉、斜块或偏心轮进行预紧。如图 3－21（b）（c）（d）是采用调整法预紧滚动导轨的方法。

（3）导轨的润滑。

在导轨面上进行润滑后，可降低摩擦系数，减少磨损，并且可防止导轨面锈蚀。导轨常用的润滑剂有润滑油和润滑脂，前者用于滑动导轨，而滚动导轨两种都用。在工作温度变化时，润滑油黏度变化要小，要有良好的润滑性能和足够的油膜刚度，油中杂质尽量少且不侵蚀机件。常用的全损耗系统用油有 L－AN10、L－AN15、L－AN32、L－AN42、L－AN68，精密机床导轨油有 L－HG68，汽轮机油有 L－TSA32、L－TS46 等。

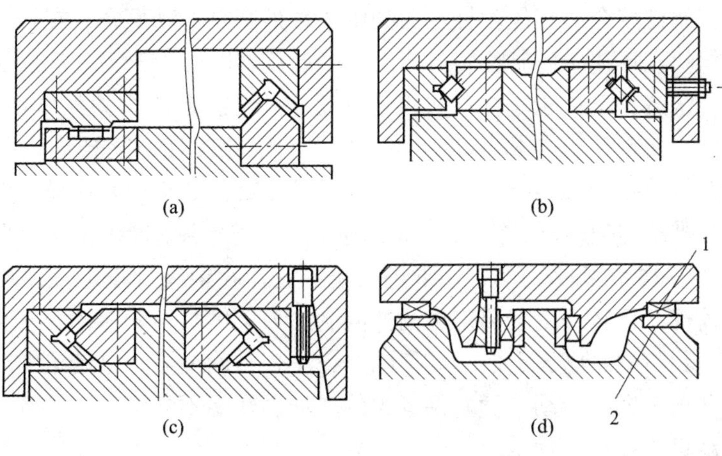

1—循环式直线滚动块；2—淬火钢导轨。

图3－21　滚动导轨的预紧

（a）液柱或滚针导轨自由支承；（b）滚柱或滚针导轨预加载；（c）交叉式滚柱导轨；（d）循环或滚动导轨块

导轨的油润滑一般采用自动润滑，我们在操作使用中要注意检查自动润滑系统中的分流阀，如果它发生故障，则会造成导轨不能自动润滑。此外，必须做到每天检查导轨润滑油箱的油量，如果油量不够，则应及时添加润滑油。同时要注意检查润滑油泵是否能够定时启动和停止，并且要注意检查定时启动时是否能够提供润滑油。

（4）导轨的防护。

为了防止切屑、磨粒或切削液散落在导轨面上而引起磨损、擦伤和锈蚀，导轨面上应有可靠的防护装置。常用的刮板式、卷帘式和叠层式防护罩，大多用于长导轨上。在机床使用过程中应防止损坏防护罩，对叠层式防护罩应经常用刷子蘸机油清理移动接缝，以避免碰壳现象的产生。

3.1.4　自动换刀装置维护技术基础

数控机床使用的回转刀架是比较简单的自动换刀装置，常用的类型有四方刀架、六角刀架，即在其上装有四把、六把刀具。回转刀架根据刀架回转轴与安装地面的相对位置，又分为立式刀架和卧式刀架两种：立式刀架的回转轴垂直于机床主轴，多用于经济型数控车床；卧式刀架的回转轴平行于机床主轴，可径向与轴向安装刀具。

一、经济型数控车床自动回转刀架

四方刀架是数控车床最常用的一种典型的换刀刀架，是一种最简单的自动换刀装置。四方刀架上回转头各刀座用于安装或支持各种不同用途的刀具，通过回转头的旋转、分度和定位，实现机床的自动换刀。四方刀架分度准确、定位可靠、重复定位精度高、转位速度快、夹紧性好，可以保障数控车床的高精度和高效率。同时，四方刀架必须具有良好的强度和刚度，以承受粗加工的切削力；同时要保证回转刀架在每次转位的重复定位精度。

该刀架（图3－22）可以安装4把不同的刀具，转位信号由加工程序指定。当换刀指令发出后，小型电动机1启动正转，通过平键套筒联轴器2使蜗杆轴3转动，从而带动蜗轮丝

杠 4 转动。蜗轮的上部外圆柱加工有外螺纹，所以该零件称为蜗轮丝杠。刀架体 7 内孔加工有内螺纹，与蜗轮丝杠旋合。蜗轮丝杠与刀架中心轴外圆是滑动配合，在转位换刀时，中心轴固定不动，蜗轮丝杠环绕中心轴旋转。当蜗轮开始旋转时，由于刀架底座 5 和刀架体 7 上的端面齿处在啮合状态，且蜗轮丝杠轴向固定，刀架体 7 抬起。当刀架体抬至一定距离后，端面齿脱开。转位套 9 用销钉与蜗轮丝杠 4 连接，随蜗轮丝杠一同转动。当端面齿完全脱开，转位套正好转过 160°（如图 3－22 中 $A-A$ 所示）时，球头销 8 在弹簧力的作用下进入转位套 9 的槽中，带动刀架体转位。刀架体 7 转动时带着电刷座 10 转动。当转到程序指定的刀号时，粗定位销 15 在弹簧力的作用下进入粗定位盘 6 中进行粗定位，同时电刷 13、14 接触导通，使电动机 1 反转。由于粗定位槽的限制，刀架体 7 不能转动，它会在该位置上垂直落下，刀架体 7 和刀架底座 5 上的端面齿啮合，实现精确定位。电动机继续反转，此时蜗轮停止转动，蜗杆轴 3 继续转动。随着夹紧力的增加，转矩不断增大，达到一定值时，在传感器控制下，电动机 1 停止转动。

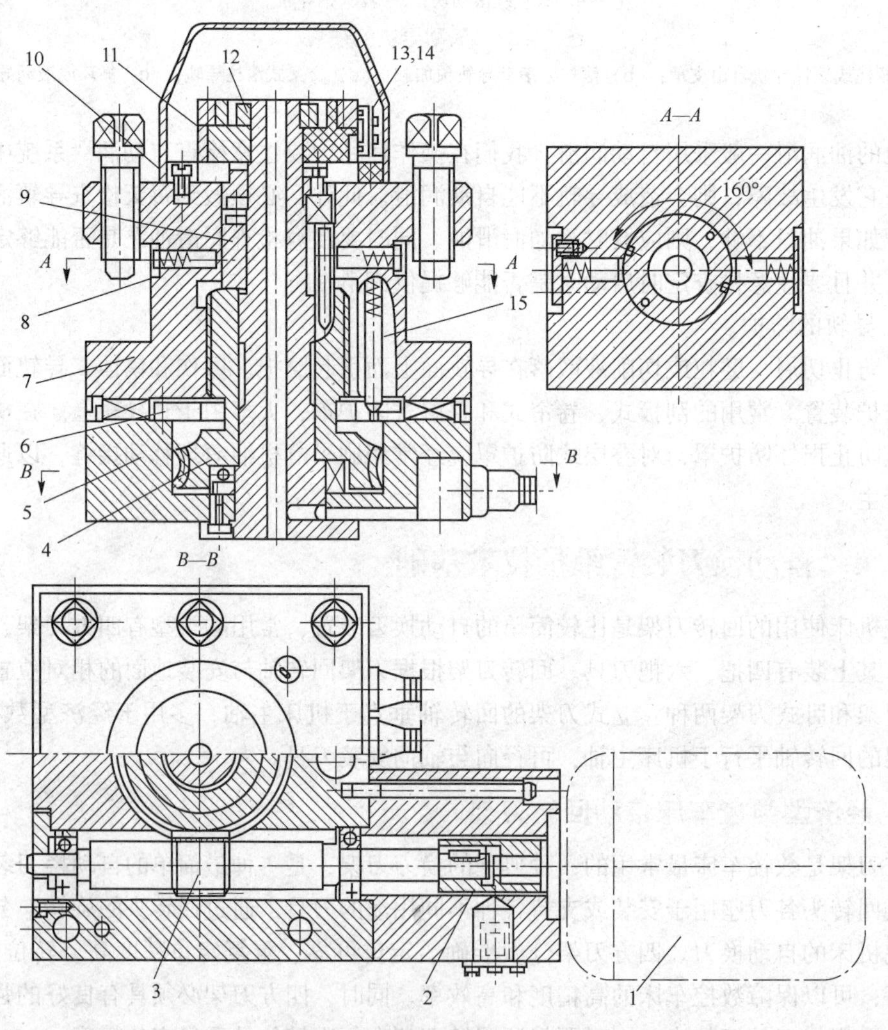

1—电动机；2—联轴器；3—蜗杆轴；4—蜗轮丝杠；5—刀架底座；6—粗定位盘；7—刀架体；8—球头销；9—转位套；10—电刷座；11—发信盘；12—螺母；13，14—电刷；15—粗定位销。

图 3－22　数控车床刀架结构

译码装置由发信盘 11，电刷 13、14 组成。电刷 13 负责发信，电刷 14 负责位置判断。刀架不定期出现过位或不到位时，可松开螺母 12 调好发信盘 11 与电刷 14 的相对位置。

这种刀架在经济型数控车床及普通车床的数控化改造中得到广泛应用。

二、自动换刀装置常见故障

1. 刀架不能启动

1）机械方面

（1）刀架预紧力过大。当用六角扳手插入蜗杆端部旋转时转动困难，而用力时，可以转动，但下次夹紧后刀架仍不能启动。此种现象出现后，就可确定刀架不能启动的原因是预紧力过大。这一问题可通过调小刀架电动机夹紧电流来解决。

（2）刀架内部机械卡死。当从蜗杆端部转动蜗杆时，顺时针方向转不动，其原因是机械卡死。首先，检查夹紧装置反靠定位销是否在反靠棘轮槽内，若在，则需将反靠棘轮与螺杆连接销孔回转一个角度，重新打孔连接；其次，检查主轴螺母是否锁死，如螺母锁死，应重新调整；再次，由于润滑不良造成旋转件卡住，所以应将其拆开，根据实际情况加以润滑处理。

2）电气方面

（1）电源不通、电动机不转。检查熔断丝是否完好、电源开关是否良好接通、开关位置是否正确。当用万用表测量电容时，如果发现电压值不在规定范围内，就通过更换熔断丝、调整开关位置、使接通部位接触良好等相应措施来排除。除此以外，关于电源不通还可考虑刀架至控制器断线、刀架内部断线、电刷式霍尔元件位置变化导致不能正常通断等情况。

（2）电源通、电动机反转。对此可确定为电动机相序接反。通过检查线路、变换相序排除之。

（3）手动换刀正常、机控不换刀。对此应重点检查计算机与刀架控制器引线、计算机 I/O 接口及刀架到位信号。

2. 刀架连续运转、到位不停

由于刀架能够连续运转，所以机械方面出现故障的可能性较小，主要从电气方面检查。

检查刀架到位信号是否发出，若没有到位信号，则是发信盘故障。此时可检查：发信盘弹性触头是否磨坏、发信盘电源线是否断路或接触不良或漏接，是否需要更换弹性片触头或重修，针对其线路中的继电器接触情况、到位开关接触情况、线路连接情况相应地进行线路故障排除。当仅出现某号刀不能定位时，则一般是由于该号刀位线断路。

3. 刀架越位过冲或转不到位

刀架越位过冲故障的机械原因可能性较大。主要是后靠装置不起作用。检查后靠定位销是否灵活、弹簧是否疲劳。此时应修复定位销使其灵活或更换弹簧。检查后靠棘轮与蜗杆连接是否断开，若断开，则需更换连接销。若仍出现过冲现象，则可能是由于刀具太长过重，应更换弹性模量稍大的定位销弹簧。出现刀架运转不到位（有时中途位置突然停留），主要是由于发信盘触点与弹性片触点错位，即由刀位信号胶木盘位置固定偏移所致。此时，应重新调整发信盘与弹性片触头位置并使其固定牢靠。

4. 刀架不能正常夹紧

出现该故障时应当检查夹紧开关位置是否固定不当，若固定不当，则将其调整至正常位置。用万用表检查其相应线路继电器是否能正常工作、触点接触是否可靠。若仍不能排除，则应考虑刀架内部机械配合是否松动。有时会出现由内齿盘上的碎屑造成夹紧不牢而使定位不准的现象，此时，应调整其机械装配并清洁内齿盘。

3.2 数控车床电气控制及 CNC 系统维护保养技术基础

数控车床电气控制及 CNC 系统是数控车床的灵魂，数控车床电气回路连接完成后，要对其进行系统数据的设定和调整，才能保证数控车床正常运行。在进行数控车床调试或故障排除工作时，一是要对数控车床调试数据正确备份或恢复；二是要掌握数控车床故障诊断技术。

3.2.1 数控车床电气回路连接与系统调试

一、电气回路连接

本节主要以数控车床典型电气回路——机床刀架为例，通过对霍尔效应、刀架电路原理图以及梯形图控制等内容介绍来认识数控车床典型电气回路的工作原理。

1. 霍尔元件

在数控车床上常用到的是霍尔接近开关，霍尔元件是一种磁敏元件。用霍尔元件做成的开关，叫作霍尔开关。当磁性物体移近霍尔开关时，开关检测面上的霍尔元件因产生霍尔效应而使开关内部电路状态发生变化，由此识别附近有磁性物体存在，进而控制开关的通或断。这种接近开关的检测对象必须是磁性物体。

用霍尔开关检测刀位。首先，得到换刀信号，即换刀开关先接通。随后电动机通过驱动放大器正转，刀架抬起，电动机继续正转，刀架转过一个工位，霍尔元件检测是否为所需刀位。若是，则电动机停转延时再反转刀架下降压紧；若不是，电动机继续正转，刀架继续转位直至所需刀位。图 3－23 所示为霍尔元件执行图。

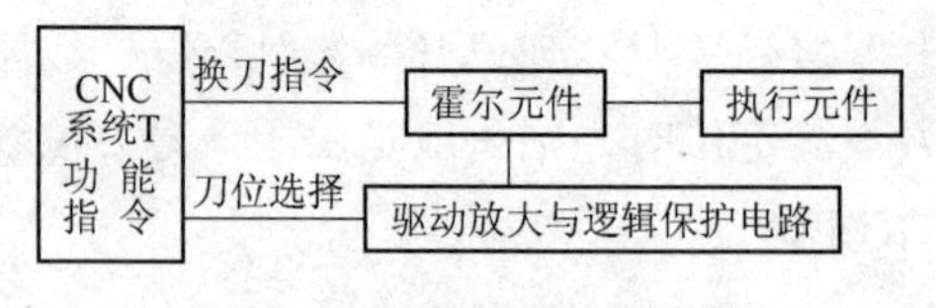

图 3－23　霍尔元件执行图

2. 电动刀架电气原理

电动刀架采用由销盘、内端齿盘、外端齿盘组合而成的三端齿定位机构。采用蜗轮蜗杆传动、齿盘啮合、螺杆夹紧的工作原理。当系统没有发出换刀信号时，发信盘内当前刀位的霍尔元件信号处于低电平状态。刀架转到某一刀位时，系统输出正转信号，继电器得电吸合，使接触器得电吸合，刀架正转。当刀架转至所需刀位时，该刀位霍尔元件在磁钢作用下，使该刀号产生低电平信号，刀架正转信号断开，系统输出反转信号，同时另一继电器得

电吸合，使相应接触器得电吸合，刀架反转，反转到位后，刀架电动机停止，完成一次换刀控制过程。图 3－24 所示为电动刀架正反转原理。

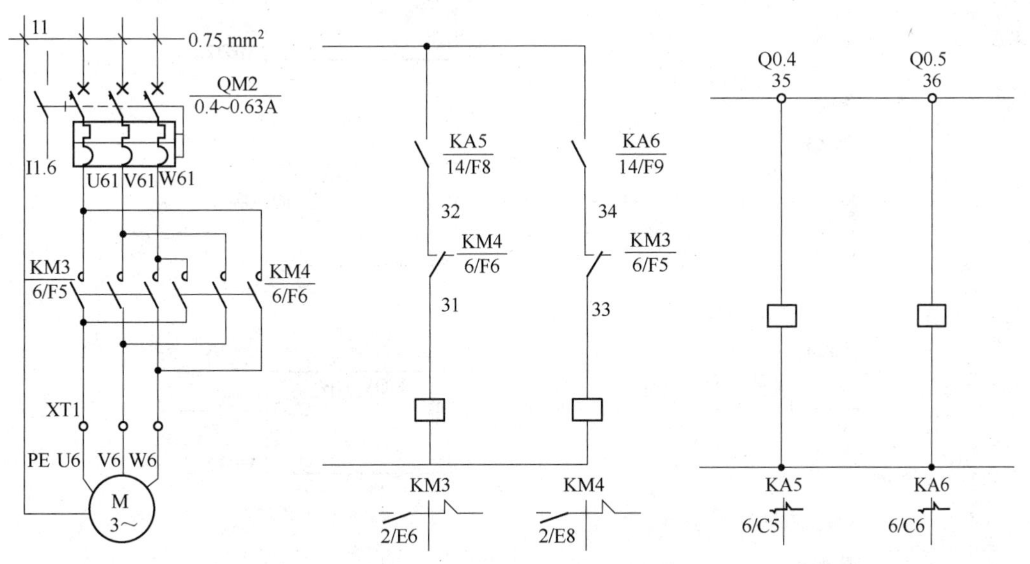

图 3－24　电动刀架正反转原理

3. 电动刀架 PLC 控制

数控车床电动刀架是由 PLC 来进行控制的。我们分析车床电动刀架的控制原理其实就是指刀架的整个换刀过程。刀架的换刀过程其实是通过 PLC 对控制刀架的所有 I/O 信号进行逻辑处理及计算，实现刀架的顺序控制。表 3－1 所示为电动刀架的 PLC 地址。图 3－25 所示为控制电动刀架的 PLC 程序。

表 3－1　电动刀架的 PLC 地址

输入输出 I/O			
名称	输入	输出	
1 号刀	I0. 0		刀位信号
2 号刀	I0. 1		
3 号刀	I0. 2		
4 号刀	I0. 3		
刀架正转		Q0. 4	
刀架反转		Q0. 5	
刀架过载	I1. 6		

二、CNC 系统

Sinumerik 828D CNC 系统是基于操作面板的紧凑型 CNC 系统，便于调试和维护。按性能可分为三种：PPU240/241（基本型）、PPU260/261（标准型）、PPU280/281（高性能型）。828D CNC 系统通常可以与 S120 书本型驱动连接。图 3－26 所示为系统各部件的连接总图。

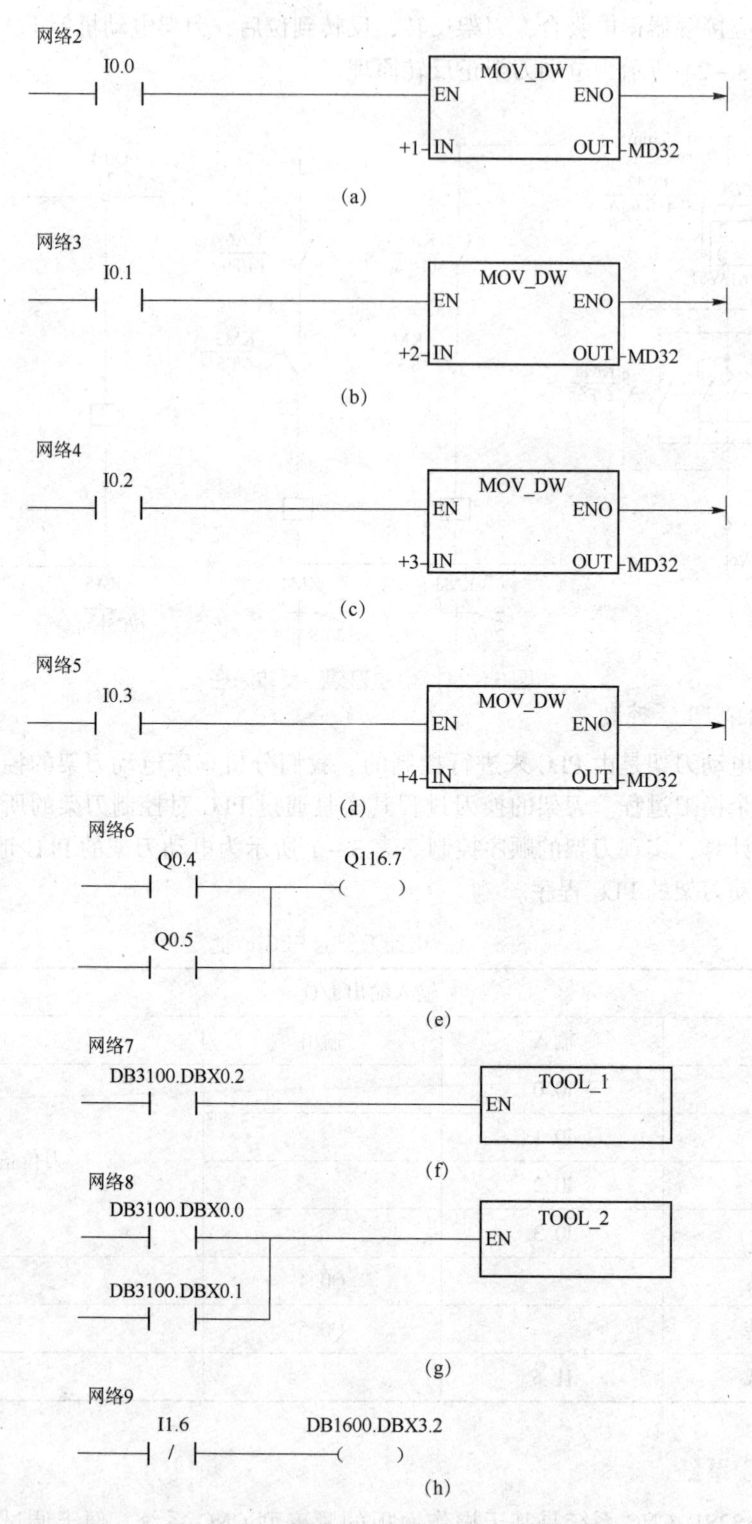

图3-25　控制电动力架的PLC程序

(a) 检测到1号刀位时，将数据1存储到MD32这个存储区中；(b) 检测到2号刀位时，将数据2存储到MD32这个存储区中；(c) 检测到3号刀位时，将数据3存储到MD32这个存储区中；(d) 检测到4号刀位时，将数据4存储到MD32这个存储区中；(e) 手动换刀有效；(f) JOG方式下手动换刀有效；(g) AUTO、MDI方式下自动换刀有效；(h) 刀架过载发出报警

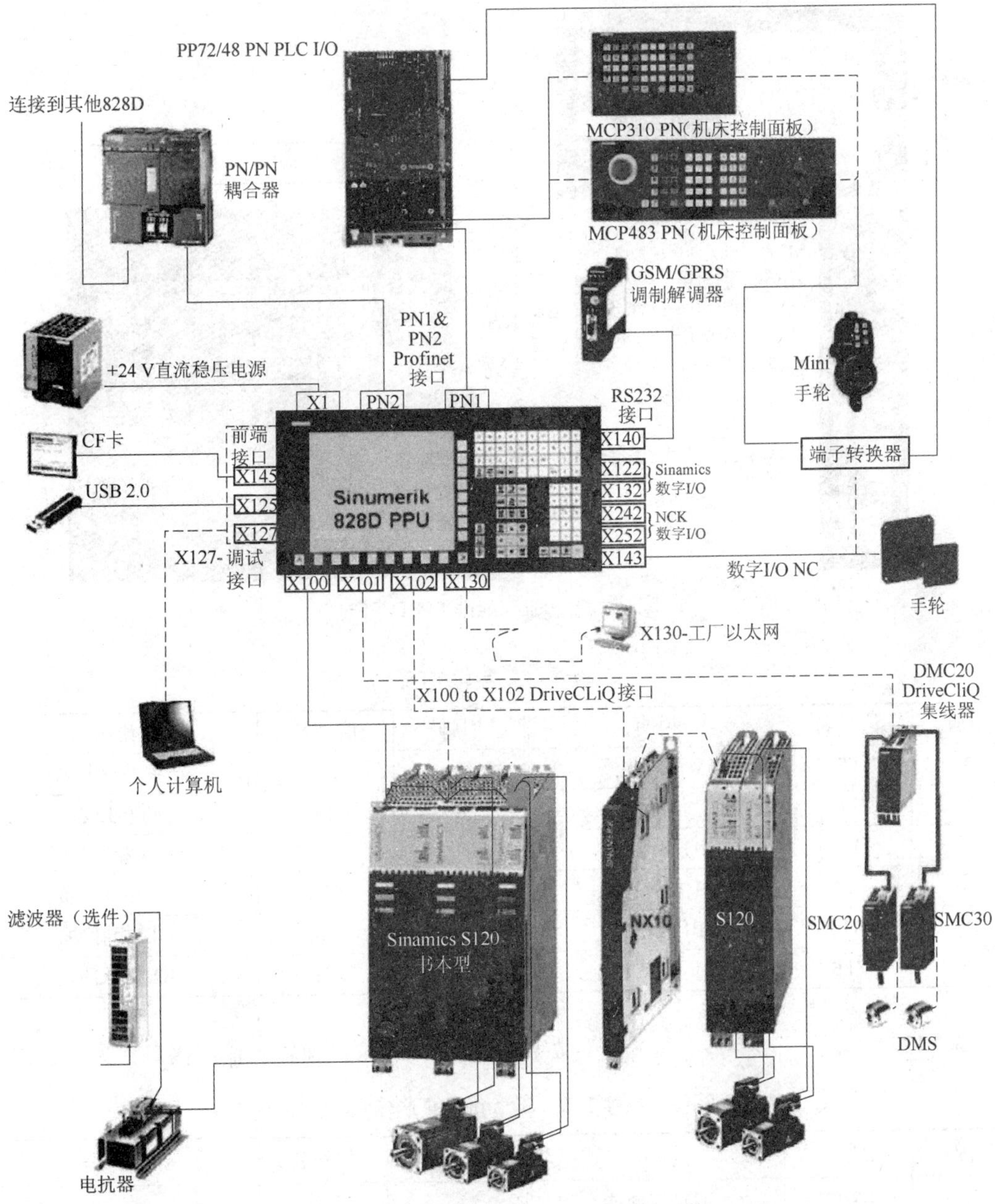

图3－26　系统各部件的连接总图

1. Sinumerik 828D PPU（图3－27）

* X1	3芯端子式插座（插头上已标明24 V，0 V和PE）
* X100、X101和X102	DriveCliQ高速驱动接口
* X130	工厂以太网接口
* X135	USB外设接口
* X140	RS232接口　（9芯针式D型插座）
* X143	手轮接口，见表3－2

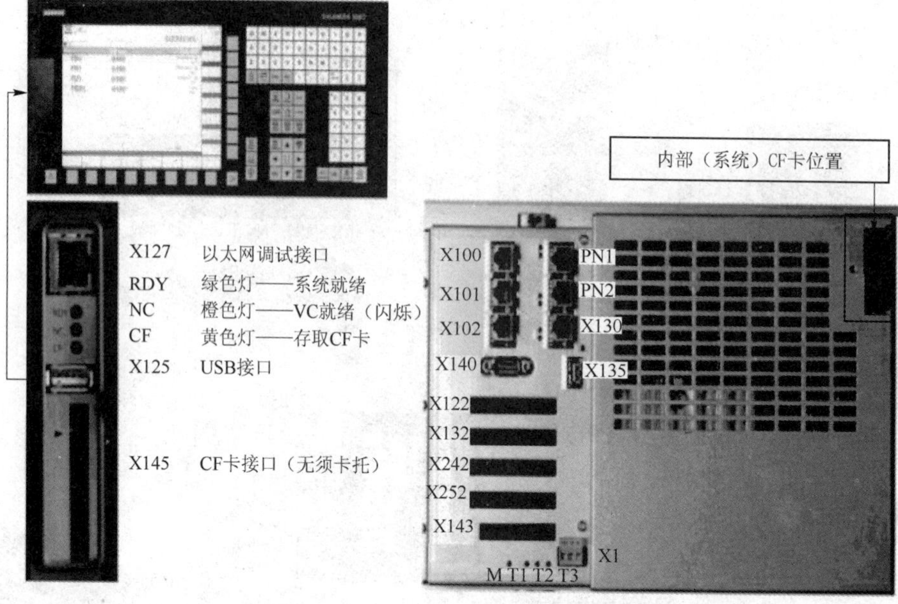

图 3-27 Sinumerik 828D PPU

表 3-2 手轮接口

引脚	信号名	说明	引脚	信号名	说明
1	P5	5V 手轮电源	7	P5	5V 手轮电源
2	M	信号地	8	M	信号地
3	1A	A1 相脉冲	9	2A	A2 相脉冲
4	/1A	A1 相脉冲负	10	/2A	A2 相脉冲负
5	1B	B1 相脉冲	11	2B	B2 相脉冲
6	/1B	B1 相脉冲负	12	/2B	B2 相脉冲负

* X122　　数字 I/O　Sinamics 高速输入输出接口，见表 3-3

表 3-3 数字 I/O Sinamics 高速输入输出接口

引脚	信号名	说明	引脚	信号名	说明
1	ON/OFF 1	驱动器使能	…		
2	ON/OFF 3	控制使能	7	M	信号地

注：PPU2××.2 的 X122 口一共有 14 针，第 7 针是信号地。
PPU2××.1 的 X122 口一共有 12 针，第 5 针是信号地。

* X132　　数字 I/O　Sinamics 高速输入输出接口
* X242　　数字 I/O　NC 高速输入输出接口
* X252　　数字 I/O　NC 高速输入输出接口
* PN1　　Profinet 接口（连接 MCP、PP72/48D PN）
* PN2　　Profinet 接口（PPU240/241 没有此接口）

2. 输入输出模块 PP72/48D PN

PP72/48D PN 是一种基于 Profinet 网络通信的电气元件，可提供 72 个数字输入和 48 个数字输出，如图 3－28 所示。每个模块具有三个独立的 50 芯插槽，每个插槽中包括了 24 位数字量输入和 16 位数字量输出（输出的驱动能力为 0. 25 A，同时系数为 1）。

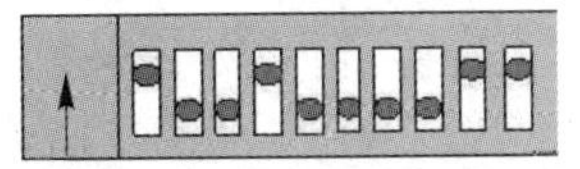

图 3－28　PP72/48D PN 模块

PP72/48D PN 模块的结构如图 3－29 所示。

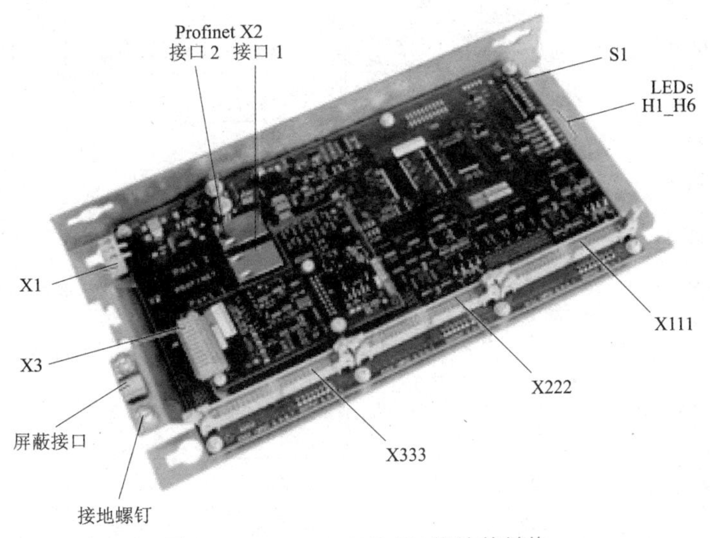

图 3－29　PP72/48D PN 模块的结构

* X1　24VDC 电源，3 芯端子式插头（插头已标明 24 V，0V 和 PE）
* X2　Profinet 接口，接口 1 和接口 2
* X111、X222、X333　50 芯扁平电缆插头，用于数字量输入和输出，可与端子转换器连接
* S1　Profinet 地址开关

第一 PP72/48D PN 模块（总线地址：192. 168. 214. 9）输入输出信号的逻辑地址和接口端子号的对应关系如表 3－4 所示。

表 3－4　第一 PP72/48D PN 模块输入输出信号的逻辑地址和接口端子号的对应关系

端子	X111	X222	X333	端子	X111	X222	X333
1	数字输入公共端 0VDC			2	24VDC 输出		
3	I0. 0	I3. 0	I6. 0	4	I0. 1	I3. 1	I6. 1
5	I0. 2	I3. 2	I6. 2	6	I0. 3	I3. 3	I6. 3
7	I0. 4	I3. 4	I6. 4	8	I0. 5	I3. 5	I6. 5
9	I0. 6	I3. 6	I6. 6	10	I0. 7	I3. 7	I6. 7

续表

端子	X111	X222	X333	端子	X111	X222	X333
11	I1. 0	I4. 0	I7. 0	12	I1. 1	I4. 1	I7. 1
13	I1. 2	I4. 2	I7. 2	14	I1. 3	I4. 3	I7. 3
15	I1. 4	I4. 4	I7. 4	16	I1. 5	I4. 5	I7. 5
17	I1. 6	I4. 6	I7. 6	18	I1. 7	I4. 7	I7. 7
19	I2. 0	I5. 0	I8. 0	20	I2. 1	I5. 1	I8. 1
21	I2. 2	I5. 2	I8. 2	22	I2. 3	I5. 3	I8. 3
23	I2. 4	I5. 4	I8. 4	24	I2. 5	I5. 5	I8. 5
25	I2. 6	I5. 6	I8. 6	26	I2. 7	I5. 7	I8. 7
27，29	无定义			28，30	无定义		
31	Q0. 0	Q2. 0	Q4. 0	32	Q0. 1	Q2. 1	Q4. 1
33	Q0. 2	Q2. 2	Q4. 2	34	Q0. 3	Q2. 3	Q4. 3
35	Q0. 4	Q2. 4	Q4. 4	36	Q0. 5	Q2. 5	Q4. 5
37	Q0. 6	Q2. 6	Q4. 6	38	Q0. 7	Q2. 7	Q4. 7
39	Q1. 0	Q3. 0	Q5. 0	40	Q1. 1	Q3. 1	Q5. 1
41	Q1. 2	Q3. 2	Q5. 2	42	Q1. 3	Q3. 3	Q5. 3
43	Q1. 4	Q3. 4	Q5. 4	44	Q1. 5	Q3. 5	Q5. 5
45	Q1. 6	Q3. 6	Q5. 6	46	Q1. 7	Q3. 7	Q5. 7
47，49	数字输出公共端24VDC			48，50	数字输出公共端24VDC		

第二 PP72/48D PN 模块（总线地址：192. 168. 214. 8）输入输出信号的逻辑地址和接口端子号的对应关系如表3－5所示。

表3－5　第二 PP72/48D PN 模块输入输出信号的逻辑地址和接口端子号的对应关系

端子	X111	X222	X333	端子	X111	X222	X333
1	数字输入公共端0VDC			2	24VDC 输出		
3	I9. 0	I12. 0	I15. 0	4	I9. 1	I12. 1	I15. 1
5	I9. 2	I12. 2	I15. 2	6	I9. 3	I12. 3	I15. 3
7	I9. 4	I12. 4	I15. 4	8	I9. 5	I12. 5	I15. 5
9	I9. 6	I12. 6	I15. 6	10	I9. 7	I12. 7	I15. 7
11	I10. 0	I13. 0	I16. 0	12	I10. 1	I13. 1	I16. 1
13	I10. 2	I13. 2	I16. 2	14	I10. 3	I13. 3	I16. 3
15	I10. 4	I13. 4	I16. 4	16	I10. 5	I13. 5	I16. 5
17	I10. 6	I13. 6	I16. 6	18	I10. 7	I13. 7	I16. 7

续表

端子	X111	X222	X333	端子	X111	X222	X333
19	I11.0	I14.0	I17.0	20	I11.1	I14.1	I17.1
21	I11.2	I14.2	I17.2	22	I11.3	I14.3	I17.3
23	I11.4	I14.4	I17.4	24	I11.5	I14.5	I17.5
25	I11.6	I14.6	I17.6	26	I11.7	I14.7	I17.7
27，29	无定义			28，30	无定义		
31	Q6.0	Q8.0	Q10.0	32	Q6.1	Q8.1	Q10.1
33	Q6.2	Q8.2	Q10.2	34	Q6.3	Q8.3	Q10.3
35	Q6.4	Q8.4	Q10.4	36	Q6.5	Q8.5	Q10.5
37	Q6.6	Q8.6	Q10.6	38	Q6.7	Q8.7	Q10.7
39	Q7.0	Q9.0	Q11.0	40	Q7.1	Q9.1	Q11.1
41	Q7.2	Q9.2	Q11.2	42	Q7.3	Q9.3	Q11.3
43	Q7.4	Q9.4	Q11.4	44	Q7.5	Q9.5	Q11.5
45	Q7.6	Q9.6	Q11.6	46	Q7.7	Q9.7	Q11.7
47，49	数字输出公共端24VDC			48，50	数字输出公共端24VDC		

3. 系统调试

(1) 上电前检查。

* 查线：包括反馈，动力，24 V电源，地线。
* 查拨码开关，MCP（7，9，10）和PP72/48（1，4，9，10）。

(2) 上电调试。

* 检查版本。
* 初始设定：语言，口令，日期时间，选项，MD12986，RCS连接。
* 检查PLC I/O是否正确，包括急停、硬限位等。
* 检查手轮接线（DB2700. DBB12）。
* 下载PLC。
* 检查急停功能是否正常。
* 驱动调试：拓扑识别，分配轴，修改拓扑比较等级，配置供电数据，电网识别。

(3) 调整硬限位。

* NC数据设定：机械参数，轴速度，方向，设置零点，软限位等。
* 刀库调试。
* 辅助功能调试。
* 基本功能备份（BASIC_ FUNCTION. ard），驱动要选ASCII格式。
* 连续工作48小时。

（4）伺服优化。

＊轴策略选适中，101，303，201。

＊自动优化，导出每个轴的优化结果（.xml）和优化报告（.rtf）。

＊各轴参数整定，策略 1101，选择所有轴，包括主轴。

＊圆度测试。

（5）激光干涉仪测试。

＊螺补。

＊反向间隙。

＊ 球杆仪测试。

（6）试切。

＊标准圆，标准方。

＊机床厂自己的样件。

（7）备份。

＊机床测试协议。

＊ 电柜检查表。

＊ard 全部备份。

＊ NC 生效数据全部备份：测量系统误差补偿，机床数据，设定数据，刀具/刀库数据；制造商循环备份，包括换刀子程序 L6 或者 TCHANGE，TCA，CYCPE_ MA，MAG_ Conf。

＊PLC 程序备份 .ptp；PLC 报警文本 .ts 和 .qm，报警帮助文本 Easy Extend；用户自定义界面 E－log，txt 和 xml；系统许可证备份 .Alm。

优化测试结果截图(图 3－30)。

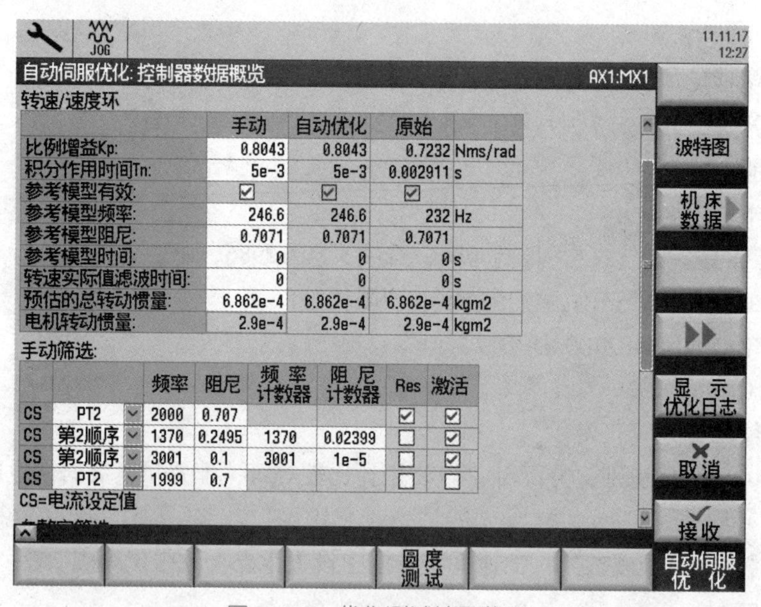

图 3－30 优化测试结果截图

＊圆度测试结果截图（图 3－31）。

＊PLC I/O 地址。

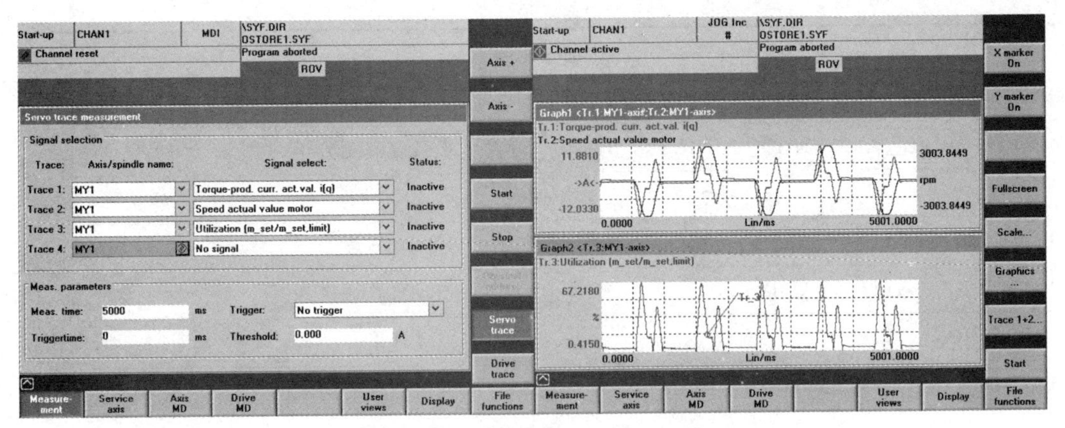

图 3－30　优化测试结果截图（续）

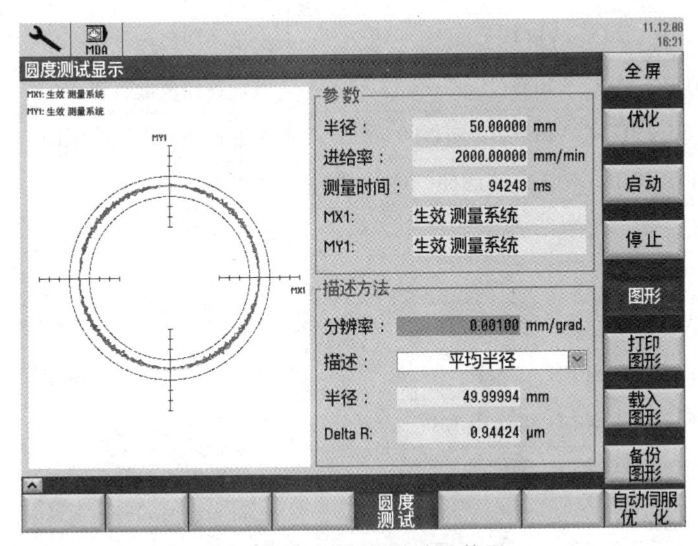

图 3－31　圆度测试结果截图

＊机床操作说明：MCP 自定义键说明，M 代码功能说明，PLC 报警文本内容说明，PLC 数据 MD14510 说明，刀库操作说明。

＊照片：机床、电柜、试切。

＊试切件程序。

表 3－6 所示为常用机床数据。

表 3－6　常用机床数据

传动系统参数	
MD32100 AX_ MOTION_ DIR	轴运动方向（不是反馈极性）
MD31030 LEADSCREW_ PITCH	丝杠螺距
MD31040 ENC_ IS_ DIRECT［0］…［1］	直接测量系统

续表

传动系统参数	
MD31050 DRIVE_ AX_ RATIO_ DENOM [0] … [5]	负载变速箱分母
MD31060 DRIVE_ AX_ RATIO_ NUMERA [0] … [5]	负载变速箱分子
轴速度	
MD32000 MAX_ AX_ VELO	最大轴速度
MD32010 JOG_ VELO_ RAPID	点动方式快速速度
MD32020 JOG_ VELO	点动速度
MD36200 AX_ VELO_ LIMIT [0] … [5]	速度监控的门限值
主轴相关	
MD35010 GEAR_ STEP_ CHANGE_ ENABLE	齿轮级改变使能
MD35110 GEAR_ STEP_ MAX_ VELO [0] … [5]	主轴各挡最高转速
MD35120 GEAR_ STEP_ MIN_ VELO [0] … [5]	主轴各挡最低转速
MD35130 GEAR_ STEP_ MAX_ VELO_ LIMIT [0] … [5]	主轴各挡最高转速限制
MD35140 GEAR_ STEP_ MIN_ VELO_ LIMIT [0] … [5]	主轴各挡最低转速限制
SD43200 SA_ SPIND_ S	通过 VDI 进行主轴启动时的速度
返回参考点	
MD34010 REFP_ CAM_ DIR_ IS_ MINUS	负方向返回参考点
MD34020 REFP_ VELO_ SEARCH_ CAM	寻找参考点开关的速度
MD34040 REFP_ VELO_ SEARCH_ MARKER	寻找零脉冲的速度
MD34060 REFP_ MAX_ MARKER_ DIST	寻找零标记的最大距离
MD34070 REFP_ VELO_ POS	返回参考点的定位速度
MD34100 REFP_ SET_ POS	参考点（相对于机床坐标系）的位置
MD34110 REFP_ CYCLE_ NR	返回参考点次序
MD34200 ENC_ REFP_ MODE [0] … [1]	返回参考点模式
MD34210 ENC_ REFP_ STATE [0] … [1]	绝对值编码器调试状态
MD11300 JOG_ INC_ MODE_ LEVELTRIGGRD	返回参考点触发方式
软限位	
MD36100 POS_ LIMIT_ MINUS	第一软限位负向
MD36110 POS_ LIMIT_ PLUS	第一软限位正向
优化	
MD32200 POSCTRL_ GAIN [0] … [5]	位置环增益
MD32810 EQUIV_ SPEEDCTRL_ TIME [0] … [5]	速度控制环等效时间常数
MD32640 STIFFNESS_ CONTROL_ ENABLE	动态刚性控制

续表

优化	
MD32420 JOG_ AND_ POS_ JERK_ ENABLE	手动和定位方式下轴加速度限制使能
MD32430 JOG_ AND_ POS_ MAX_ JERK	手动方式下轴加速度最大值
MD32431 MAX_ AX_ JERK [0] … [4]	自动方式下轴加速度最大值
MD32432 PATH_ TRANS_ JERK_ LIM [0] … [4]	轨迹控制时程序段过渡处轴加速度最大值
刀库管理	
MD20270 CUTTING_ EDGE_ DEFAULT	未编程时刀具刀沿的默认设置
MD20310 MC_ TOOL_ MANAGEMENT_ MASK	激活不同类型的刀具管理
MD52270 MCS_ TM_ FUNCTION_ MASK	刀库管理功能

3.2.2　数控车床数据备份与恢复

1. 创建批量调试文件

创建批量调试文件前，请确认拓扑比较等级已改为中级，否则在批量调试时会出现驱动报警。

选择建立批量调试，单击 确认 。选择需要备份的项目，单击 确认 （图 3-32）。

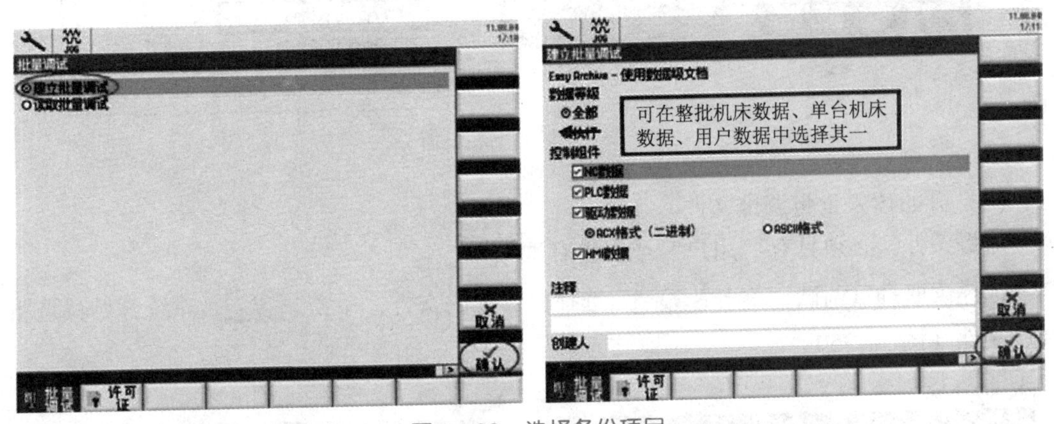

图 3-32　选择备份项目

选择批量调试文件的存储位置。可以保存在系统内部的制造商目录中，也可以直接存入 U 盘。单击 确认 。输入文件名称，单击 确认 （图 3-33）。

2. 读入批量调试文件

（1）如果批量调试文件在系统内部，则先将批量调试文件复制到 U 盘或 CF 卡上。

（2）进入启动菜单，进行系统出厂设置。此操作会将系统内部的批量调试文件删除，所以必须将批量调试文件提前拷出。

进入启动菜单的方法：在系统开机时，单击 SELECT 键，然后顺序单击如下三个按钮进入启动菜单，选择出厂设置（图 3-34）。

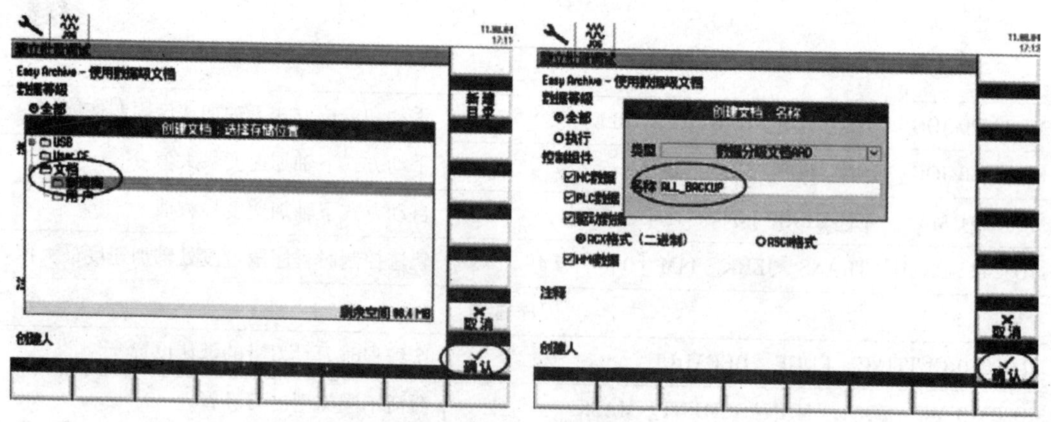

图3－33　选择存储位置

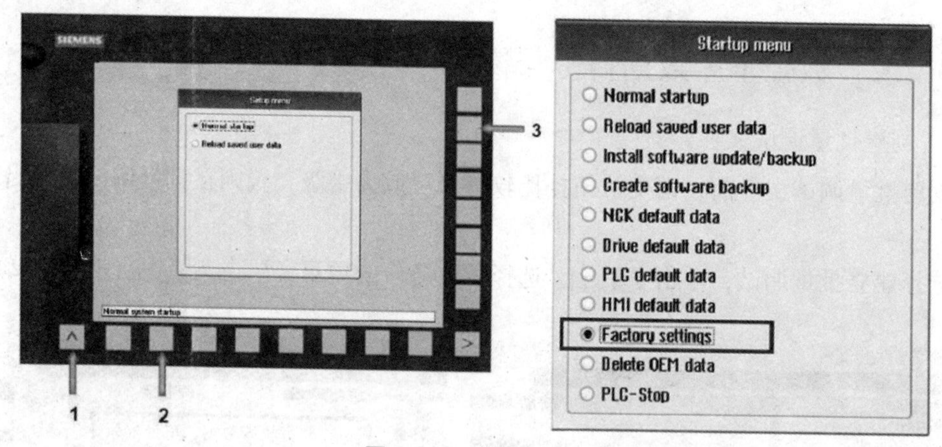

图3－34　出厂设置

（3）开始读入批量调试文件。

前提条件：必须具有“用户”或以上存取级别。

选择读取批量调试，单击【确认】。选择要读取的文件，单击【确认】。系统开始读取批量调试文件（图3－35）。

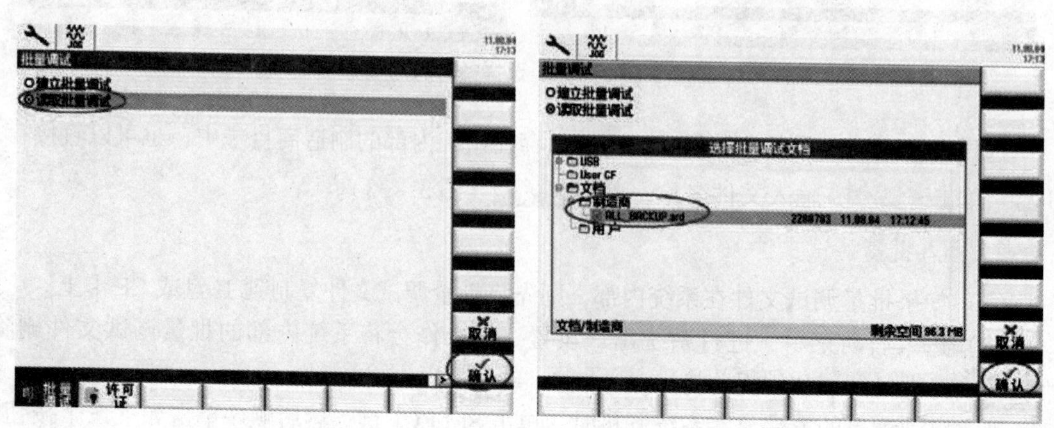

图3－35　选择读取文件

如果当前存取级别为“制造商”，还会出现一次读取内容的选择。可以根据需要勾选内容，然后单击 。如果存取级别为“制造商”以下，则不会出现选择的界面，只能全部读取（图 3 - 36）。

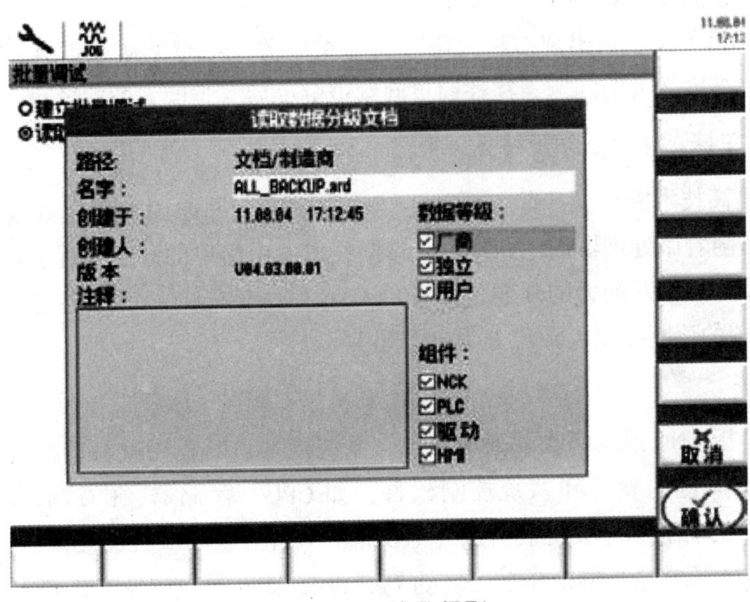

图 3 - 36　存取级别

（4）机床数据调整。

在读入批量调试文件后，需要调整一系列机床数据。具体如下：

如果是绝对值编码器，则需要重新设置参考点位置。

①调整软限位：MD36100 和 MD36110。

②调整刀库换刀点位置，见制造商循环中的“L6. MPF”换刀子程序。

③测试反向间隙，调整 MD32450。

④通过激光干涉仪测试，进行丝杠螺距误差补偿。

3. 2. 3　数控车床常见故障诊断与排除

根据数控车床的结构、工作原理和特点，数控车床常见故障一般可分为 CNC 故障、机械故障、电气故障三大类型。结合在维修中的经验，可将故障维修分为下列几个步骤：故障现象→故障分析→故障范围→排除故障。总之，数控车床的故障现象各不相同，我们一定要理论联系实际，及时总结经验，并做好检修记录，不断提高自己排除故障的能力。

一、数控机床故障诊断原则

（1）先外部后内部。数控车床是集机械、液压、电气和光学于一体的机床，故其故障的发生也会由这四者综合反映出来。维修人员应先由外向内逐一进行排查。尽量避免随意地启封、拆卸数控车床，否则会扩大故障范围，使数控车床丧失精度、降低性能。

（2）先机械后电气。一般来说，机械故障较易发觉，而 CNC 系统故障的诊断则难度较

大。在故障检修之前，首先注意排除机械性的故障，往往可达到事半功倍的效果。

（3）先静后动。先在数控车床断电的静止状态，通过了解、观察测试、分析确认为非破坏性故障后，方可给数控车床通电。在通电运行下，进行动态的观察、检验和测试，查找故障。而对破坏性故障，必须先排除危险后，方可通电。

（4）先简单后复杂。当出现多种故障互相交织掩盖，一时无从下手时，应先解决容易的问题，后解决难度较大的问题。往往简单问题被解决后，难度大的问题也可能变得容易。

二、数控车床的故障诊断技术

CNC 系统是高技术密集型产品，要想迅速而正确地查明原因并确定其故障部位，要借助于诊断技术。随着微处理器的不断发展，诊断技术也由简单的诊断朝着多功能的高级诊断或智能化方向发展。诊断能力的强弱也是评价 CNC 系统性能的一项重要指标。目前所使用的各种 CNC 系统的诊断技术大致可分为以下几类。

1. 启动诊断

启动诊断是指 CNC 系统每次从通电开始，系统内部诊断程序就自动执行诊断。诊断的内容为系统中最关键的硬件和系统控制软件，如 CPU、存储器、I/O 等单元模块，以及 MDI/CRT 单元、存储接口单元等装置或外部设备。只有当全部项目都被确认正确无误之后，整个系统才能进入正常运行的准备状态。否则，将在 CRT 画面或发光二极管用报警方式指示故障信息。此时启动诊断过程不能结束，系统无法投入运行。

2. 在线诊断

在线诊断是指通过 CNC 系统的内装程序，在系统处于正常运行状态时对 CNC 系统本身及与 CNC 装置相连的各个伺服单元、伺服电动机、主轴伺服单元和主轴电动机以及外部设备等进行自动诊断、检查。只要系统不停电，在线诊断就不会停止。

在线诊断一般包括自诊断功能的状态显示，一般有上千条，常以二进制的 0、1 来显示。对正逻辑来说，0 表示断开状态，1 表示接通状态，借助状态显示可以判断出故障发生的部位。常用的有接口状态和内部状态显示，如利用 I/O 接口状态显示，再结合 PLC 梯形图和强电控制线路图，用推理法和排除法即可判断出故障点所在的真正位置。故障信息大都以报警号形式出现，一般可分为以下几大类：过热报警类；系统报警类；存储报警类；编程/设定类；伺服类；行程开关报警类；印制线路板间的连接故障类。

3. 离线诊断

离线诊断是指 CNC 系统出现故障后，其制造厂家或专业维修中心，利用专用的诊断软件和测试装置进行停机（或脱机）检查，力求把故障定位到尽可能小的范围内，如缩小到某个功能模块、某部分电路，甚至某个芯片或元件。这种故障定位，更为精确。

4. 现代诊断技术

随着电子信息技术的发展、IC 和微机性能/价格比的提高，近年来国外已将一些新的概念和方法成功地引用到诊断领域。

（1）通信诊断：也称远程诊断，即利用电话通信线，把带故障的 CNC 系统和专业维修

中心的专用通信诊断计算机通过连接进行测试诊断。如西门子公司在 CNC 系统诊断中采用了这种诊断功能，用户把 CNC 系统中专用的“通信接口”连接在普通电话线上，而西门子公司维修中心的专用通信诊断计算机的“数据电话”也连接到电话线路上，然后由计算机向 CNC 系统发送诊断程序，并将测试数据输回到计算机进行分析并得出结论，随后将诊断结论和处理办法通知用户。

通信诊断系统还可为用户作定期的预防性诊断，维修人员不必亲临现场，只需按预定的时间对机床做一系列运行检查，在维修中心分析诊断数据，就可发现存在的故障隐患，便于及早采取措施。当然，这类 CNC 系统必须具有远程诊断接口及联网功能。

（2）自修复系统：就是在系统内设置有备用模块，在 CNC 系统的软件中装有自修复程序，当该软件在运行过程中发现某个模块有故障时，系统一边将故障信息显示在 CRT 上，一边自动寻找是否有备用模块，如有备用模块，则系统能自动使故障脱机，而接通备用模块使系统能较快地进入正常工作状态。这种方案适用于无人管理的自动化工作的场合。

三、数控机床的故障排除方法

由于数控车床故障比较复杂，同时，CNC 系统自诊断能力还不能对系统的所有部件进行测试，所以往往是一个报警号指示出众多的故障原因，使人难以下手。下面介绍维修人员在生产实践中常用的故障排除方法。

一般来说，当数控车床发生故障时，操作者应及时按下“急停”按钮，停止系统的运行，并保护好现场。首先应充分调查故障现场，向操作者详细询问出现故障的全过程，并仔细分析，认真推理，最后进行逻辑判断及故障归类。通常，对于综合性故障的分析，判断过程如下。

1. 充分调查故障现场

出现故障之后，首先要了解现场情况和现象，仔细观察工作寄存器和缓冲寄存器中尚存的内容，了解已经执行过的程序内容，并且要观察各个印制电路板上有无报警红灯，然后再按 CNC 复位键，观察故障报警是否消失。如报警消失，则故障多属于软件故障，否则，即属于硬件故障。对于非破坏性故障，有条件时可以重演故障，仔细观察故障现象。

2. 罗列可能造成故障的诸多因素

数控车床上出现同一种故障的原因有可能是多种多样的，有机械、机床电气和控制系统等各方面的因素，因此，在分析时要把有关的因素都罗列出来。例如，当 CPU 板发生故障时，一般有如下现象：

（1）屏幕无任何显示，系统无法启动。

（2）系统不能通过自检，屏幕有图像显示，但不能进入 CNC 系统正常画面。

（3）屏幕有图像显示，能进入 CNC 系统画面，但不响应键盘的任何按键。

（4）通信不能进行。

当 CPU 板发生故障时，一般情况下只能更换新的 CPU 备件板。

3. 逐步找出故障产生的原因

根据故障现象罗列出许多因素后，找出确切因素才能排除故障。因此，必须对各因素进

行正确选择和综合判断。综合判断需要有该数控车床的完整技术档案，包括维修记录、必要的测试手段和工具仪器，确定最有可能的因素，然后通过必要的试验逐一寻找确定。例如：位置测量系统板发生故障时，一般有如下现象：

（1）CNC 系统不能执行回参考点动作，或每次回参考点位置不一致。

（2）坐标轴、主轴的运动速度不稳定或不可调。

（3）加工尺寸不稳定。

（4）出现测量系统或接口电路硬件故障报警。

（5）在驱动器正常的情况下，坐标轴不运动或定位不正确。

位置控制板发生故障时，一般应先检查测量系统的接口电路，包括编码器输入信号的接口电路、位置给定输出的 D/A 转换器回路等。在现场不能修理的情况下，一般应更换一块新的备件板。

3.3 数控车床液压控制系统维护保养基础

在数控机床中，液压装置起很多辅助作用：如机械手的伸、缩、回转和摆动及刀具的松开和拉紧动作；机床运动部件的制动和离合器的控制，齿轮拨叉挂挡等。

一、液压系统的特点及应用

（1）采用单向变量液压泵向系统供油，能量损失小。

（2）用换向阀控制卡盘，实现高压和低压夹紧的转换，并且分别调节高压夹紧或低压夹紧压力的大小，这样可根据工件情况调节夹紧力，操作方便简单。

（3）用液压马达实现刀架的转位，实现无级调速，并能控制刀架正、反转。

（4）用换向阀控制尾座套筒液压缸的换向，以实现套筒的伸出或缩回，并能调节尾座套筒伸出工作时的预紧力大小，以适应不同工件的需要。

（5）压力表可分别显示系统相应处的压力，便于进行故障诊断和调试。

二、液压系统的工作原理

图 3－37 所示为 MJ－50 数控车床液压控制系统的工作原理。该机床中由液压控制系统实现的动作有：卡盘的夹紧与松开、刀架的夹紧与松开、刀架的正反、尾座套筒的伸出与缩回。液压控制系统中各电磁阀的电磁铁动作由 CNC 系统控制实现。

机床的液压控制系统采用单向变量泵供油，系统压力调至 4 MPa，压力由压力表 14 显示。泵输出的压力油经过单向阀进入系统，其工作原理如下。

1. 卡盘的夹紧与松开

当卡盘处于正卡（或称外卡）且在高压夹紧状态下时，夹紧力的大小由减压阀 6 来调整，夹紧压力由压力表 12 来显示。当 1Y 通电时，换向阀 1 左位工作，系统压力油经减压阀 6、换向阀 2、换向阀 1 到液压缸右腔，液压缸左腔的油液经换向阀 1 直接回油箱。这时，活塞杆左移，卡盘夹紧。反之，当 2Y 通电时，换向阀 1 右位工作，系统压力油经减压阀 6、

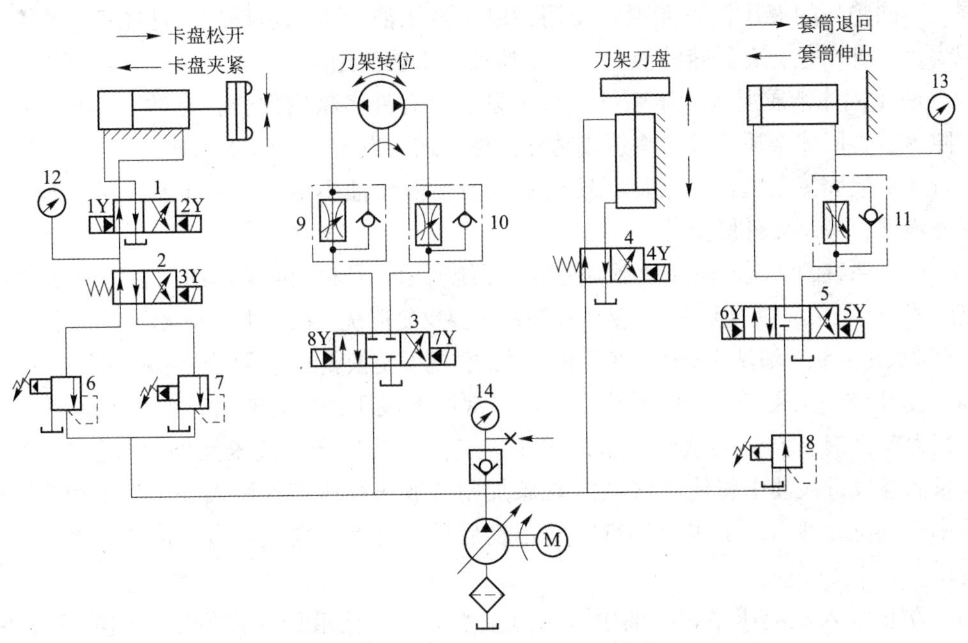

1～5—换向阀；6～8—减压阀；9～11—调速阀；12～14—压力表。

图3－37　MJ－50数控车床液压控制系统的原理

换向阀2、换向阀1到液压缸左腔，液压缸右腔的油液经换向阀1直接回油箱，活塞杆右移，卡盘松开。

当卡盘处于正卡且在低压夹紧状态下时，夹紧力的大小由减压阀7来调整。这时，3Y通电，换向阀2右位工作。换向阀1的工作情况与高压夹紧时相同。卡盘反卡（或称内卡）时的工作情况与正卡相似。

2. 回转刀架的回转

回转刀架换刀时，首先是刀架松开，然后刀架转位到指定的位置，最后刀架复位夹紧。当4Y通电时，换向阀4右位工作，刀架松开。当8Y通电时，液压马达带动刀架正转，转速由单向调速阀9控制。若7Y通电，则液压马达带动刀架反转，转速由单向调速阀10控制。当4Y断电时，换向阀4左位工作，液压缸使刀架夹紧。

3. 尾座套筒的伸缩运动

当6Y通电时，换向阀5左位工作，系统压力油经减压阀8、换向阀5到尾座套筒液压缸的左腔，液压缸右腔油液经单向调速阀11和换向阀5回油箱，缸筒带动尾座套筒伸出，伸出时的预紧力大小通过压力表13显示。

反之，当5Y通电时，换向阀5右位工作，系统压力油经减压阀8、换向阀5、单向调速阀11到液压缸右腔，液压缸左腔的油液经换向阀5流回油箱，套筒缩回。

三、液压系统的保养要求

（1）选择适合的液压油。液压油在液压系统中起着传递压力、润滑、冷却、密封的作用，液压油选择不恰当是液压系统早期故障和耐久性下降的主要原因。应按随机《使用说明书》中规定的牌号选择液压油，特殊情况需要使用代用油时，应力求其性能与原牌号性

能相同。不同牌号的液压油不能混合使用，以防液压油产生化学反应、性能发生变化。注意：深褐色、乳白色、有异味的液压油是变质油，不能使用。

（2）防止固体杂质混入液压系统。液压系统中有许多精密偶件，有的有阻尼小孔、有的有缝隙等。若固体杂质入侵，将造成精密偶件拉伤、发卡、油道堵塞等，危及液压系统的安全运行。一般固体杂质入侵液压系统的途径有：液压油不洁；加油工具不洁；加油和维修、保养不慎；液压元件脱落等。

（3）液压系统的清洗。清洗油必须使用与系统所用牌号相同的液压油，油温在 45～80 ℃，用大流量尽可能将系统中杂质带走。液压控制系统要反复清洗三次以上，每次清洗完后，趁油热时将其全部放出系统。清洗完液压系统后再清洗滤清器，更换新滤芯后再加注新油。

（4）防止空气入侵液压控制系统。在常压常温下液压油中含有容积比为 6%～8% 的空气。当压力降低时，空气会从油中游离出来；气泡的破裂会使液压元件“气蚀”，产生噪声。大量的空气进入油中将使“气蚀”现象加剧，液压油压缩性增大，工作不稳定，降低工作效率，执行元件出现工作“爬行”等不良后果。另外，空气还会使液压油氧化，加速油的变质。

（5）防止水入侵液压系统。油中含有过量水分，会使液压元件锈蚀、油液乳化变质、润滑油膜强度降低，加速机械磨损。除了维修保养时要防止水分入侵外，还要注意在不用储油桶时，要拧紧其盖子，最好将其倒置放置；含水量大的油要经多次过滤，每过滤一次要更换一次烘干的滤纸，在没有专用仪器检测时，可将油滴到烧热的铁板上，没有蒸气冒出并立即燃烧时方能加注。

四、数控车床液压回路常见故障

车床液压设备集机械、液压、电气及仪表等于一体，分析系统的故障之前必须弄清楚整个液压控制系统的传动原理、结构特点，然后根据故障现象进行分析、判断，确定区域、部位，以至于某个元件。造成故障的主要原因一般有三种情况：

①设计不完善或不合理。

②操作安装有误，使零件、部件运转不正常。

③使用、维护、保养不当。

对于第①种故障，必须在充分分析研究后进行改装、完善。对于后两种故障，则可以用修理及调整的方法来排除。

一般液压控制系统的常见故障有：

（1）接头连接处泄漏。

（2）运动速度不稳定。

（3）阀芯卡死或运动不灵活，造成执行机构动作失灵。

（4）阻尼小孔被堵，造成系统压力不稳定或压力调不上去。

（5）阀类元件漏装弹簧或密封件，或管道接错而使动作混乱。

（6）设计、选择不当，使系统发热，或动作不协调，位置精度达不到要求。

（7）液压件加工质量差，或安装质量差，造成阀类动作不灵活。

（8）长期工作，密封件老化，以及易损元件磨损等，造成系统中内外泄漏量增加，系统效率明显下降。

3.4　数控车床维护保养技术训练

项目1　数控车床精度检验

一、实训目标

（1）了解数控车床几何精度检测、加工精度检测常用的工具及其使用方法。

（2）根据《简式数控卧式车床精度检验》规定，会合理选择量具、检具，采用正确、规范的检测方法和步骤，对数控车床进行主要几何精度检测。

二、实训准备

主轴芯棒、圆柱直检验棒、尾座检验棒、平盘、主轴顶尖、尾座顶尖、精密水平仪、磁性表座、千分表、内六角扳手、活络扳手、棉布适量。

三、相关知识

检验所用的工具如下所述。

1. 水平仪

水平仪是用于检查各种机床及其他机械设备导轨的直线度、平面度和设备安装的水平性、垂直性，如图3－38所示。

水平：0.04 mm/1 000 mm

扭曲：0.02 mm/1 000 mm

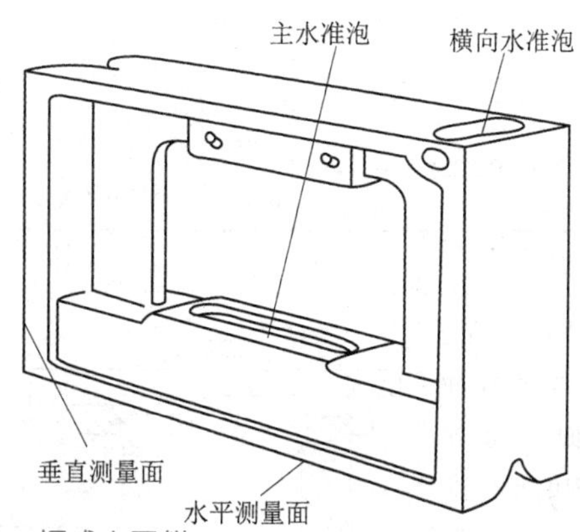

图3－38　框式水平仪

（1）使用方法：测量时使水平仪工作面紧贴在被测表面，待气泡完全静止后方可读数。水平仪的分度值是以1 m为基长的倾斜值，如需测量长度为L的实际倾斜值，则可以通过下式进行计算：

$$实际倾斜值=分度值\times L\times 偏差格数$$

（2）水平仪的读数：对于水平仪读数的符号，习惯上规定：气泡移动方向和水平移动方向相同时读数为正值，相反时为负值。

2. 千分表

千分表如图 3－39 所示。

图 3－39　钟式千分表

3. 莫氏检验棒

莫氏检验棒如图 3－40 所示。

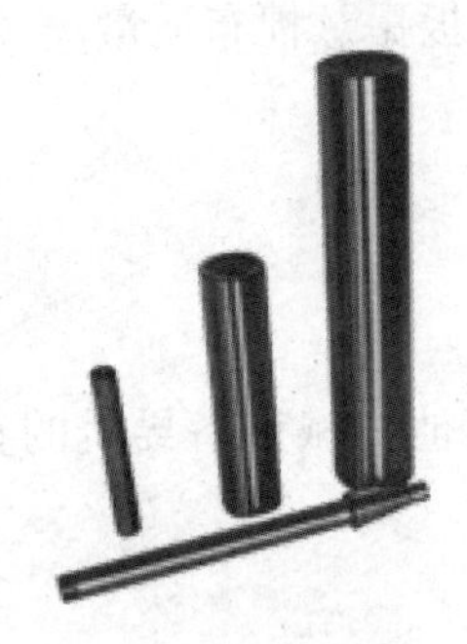

图 3－40　莫氏检验棒

四、实训内容

实训内容如表 3－7 所示。

表 3－7　实训内容

序号	项目	简图	允差值/mm	工具、检具
1	导轨精度（*Z* 轴），导轨在垂直平面（*YZ* 平面）内的平行度		0.04/1 000	框式水平仪
2	主轴定心轴颈的径向跳动	*F*	0.01	磁性表座，千分表

续表

序号	项目	简图	允差值/mm	工具、检具
3	主轴顶尖的跳动	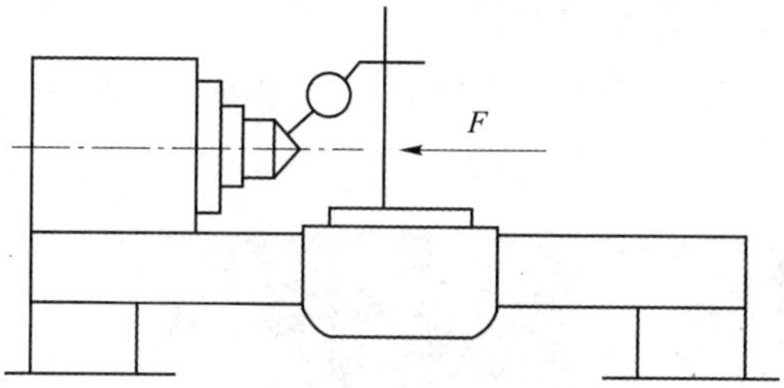	0.015	磁性表座，千分表，主轴顶尖
4	尾座移动对溜板移动的平行度	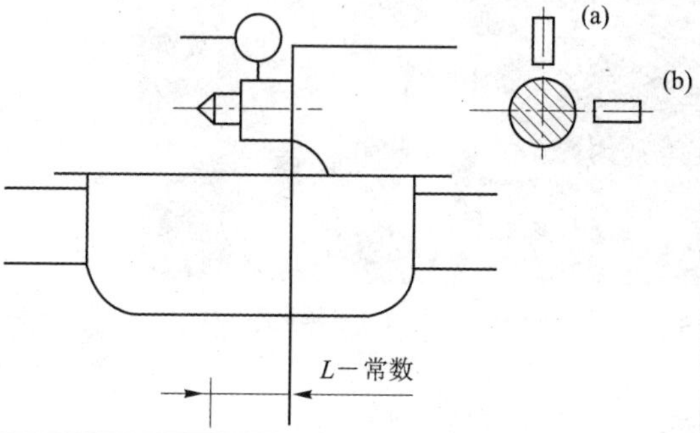	（a）在 YZ 平面内 0.03； （b）在 ZX 平面内 0.03	磁性表座，千分表
5	主轴与尾座两顶尖的等高度	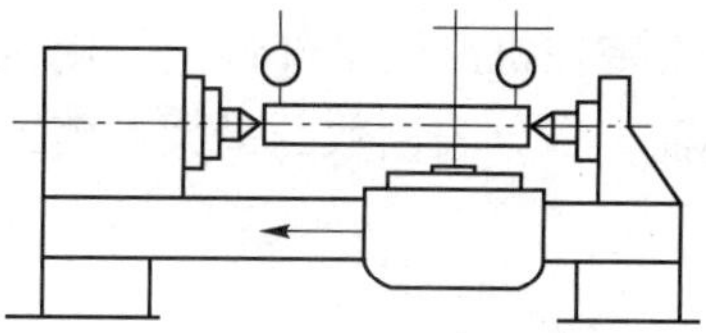	0.04（只许尾座高）	磁性表座，千分表，前、后顶尖，圆柱直检验棒
6	主轴锥孔轴线的径向跳动	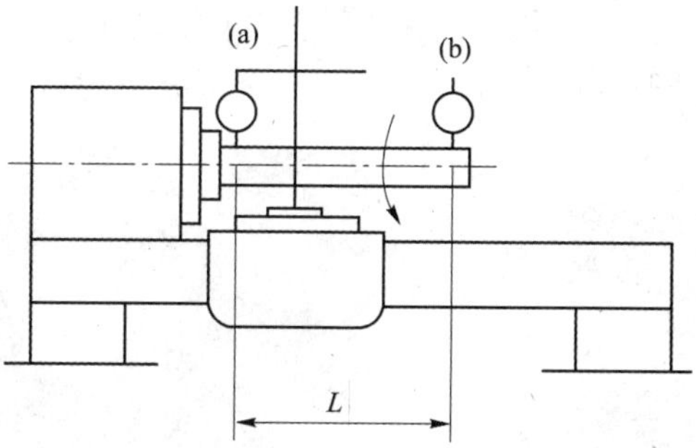	（a）靠近主轴端 0.01； （b）距主轴 L=300 mm 处 0.02	磁性表座，千分表，主轴芯棒
7	尾座套筒轴线对溜板移动的平行度	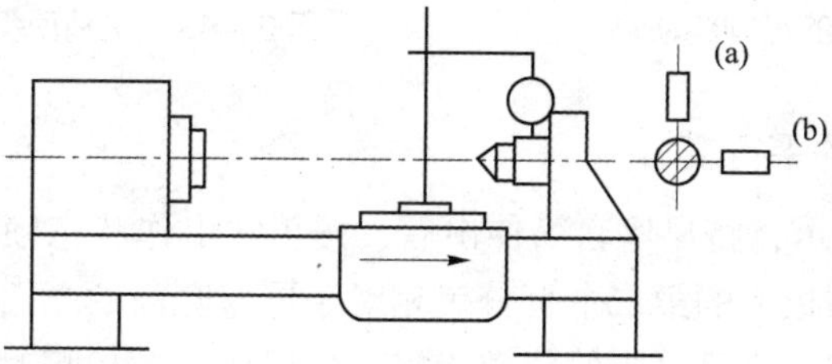	（a）在 YZ 平面内 0.015（只许向上偏）； （b）在 ZX 平面内 0.01（只许偏向刀具）； 测量长度均为 100 mm	磁性表座，千分表

五、实训步骤

数控车床精度检验

1. 导轨在垂直平面（YZ平面）内的平行度

检验方法：如图3-41所示，将水平仪沿X轴向放在溜板上，在导轨上分段移动溜板，记录水平仪读数，其读数最大值即为床身导轨的平行度误差。

图3-41　导轨在垂直平面（YZ平面）内的平行度

2. 主轴定心轴颈的径向跳动

检验方法：如图3-42所示，把百分表安装在机床固定部件上，使百分表测量头垂直于主轴定心轴颈并触及主轴定心轴颈；旋转主轴，百分表读数的最大差值即为主轴定心轴颈的径向跳动误差。

3. 主轴顶尖的跳动

检验方法：如图3-43所示，将专用顶尖插在主轴锥孔内，把百分表安装在机床固定部件上，使百分表测量头垂直触及被测表面，旋转主轴，记录百分表的最大读数差值。

图3-42　主轴定心轴颈的径向跳动

图3-43　主轴顶尖的跳动

4. 尾座移动对溜板移动的平行度

检验方法：如图3-44所示，将尾座套筒伸出后，按正常工作状态锁紧，同时使尾座尽可能地靠近溜板，把安装在溜板上的第二个百分表相对于尾座套筒的端面调整为零；溜板移动时也要手动移动尾座直至第二个百分表的读数为零，使尾座与溜板相对距离保持不变。按此法使溜板和尾座全行程移动，只要第二个百分表的读数始终为零，则第一个百分表相应指示出平行度误差。或沿行程在每隔300 mm处记录第一个百分表读数，百分表读数的最大差

值即为平行度误差。第一个指示器分别在图3－44（a）和图3－44（b）所示位置测量，误差单独计算。

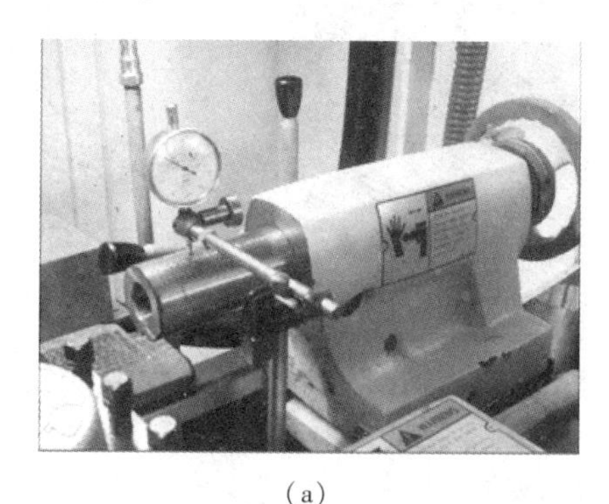
（a）

（b）

图3－44　尾座移动对溜板移动的平行度

5. 主轴与尾座两顶尖的等高度

检验方法：如图3－45所示，将检验棒顶在床头和尾座两顶尖上，把百分表安装在溜板（或刀架）上，使百分表测量头在垂直平面内垂直触及被测表面（检验棒），然后移动溜板至行程两端，移动Z轴，记录百分表在行程两端读数的差值，即为床头和尾座两顶尖的等高度。

6. 主轴锥孔轴线的径向跳动

检验方法：如图3－46所示，将检验棒插在主轴锥孔内，把百分表安装在机床固定部件上，使百分表测量头垂直触及被测表面，旋转主轴，记录百分表的最大读数差值，在检验棒上母线和侧母线分别测量。标记检验棒与主轴的圆周方向的相对位置，取下检验棒，同向分别旋转检验棒90°、180°、270°后重新插入主轴锥孔，在每个位置分别检测。取4次检测的平均值即为主轴锥孔轴线的径向跳动误差。

图3－45　主轴与尾座两顶尖的等高度

图3－46　主轴锥孔轴线的径向跳动

7. 尾座套筒轴线对溜板移动的平行度

检验方法；如图3－47所示，将尾座套筒伸出有效长度后，按正常工作状态锁紧。将百分表安装在溜板（或刀架）上：使百分表测量头在垂直平面内垂直触及被测表面（尾座筒套），移动溜板，记录百分表的最大读数差值及方向，即得到在垂直平面内尾座套筒轴线对溜板移动的平行度误差；使百分表测量头在水平平面内垂直触及被测表面（尾座套筒），按

上述方法重复测量一次，即得到在水平平面内尾座套筒轴线对溜板移动的平行度误差。

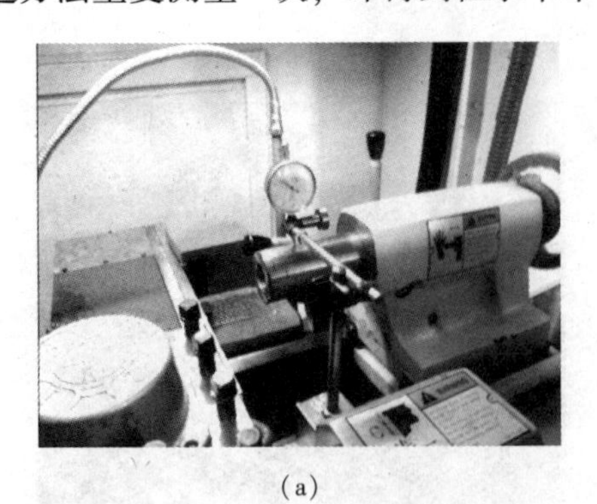
(a)

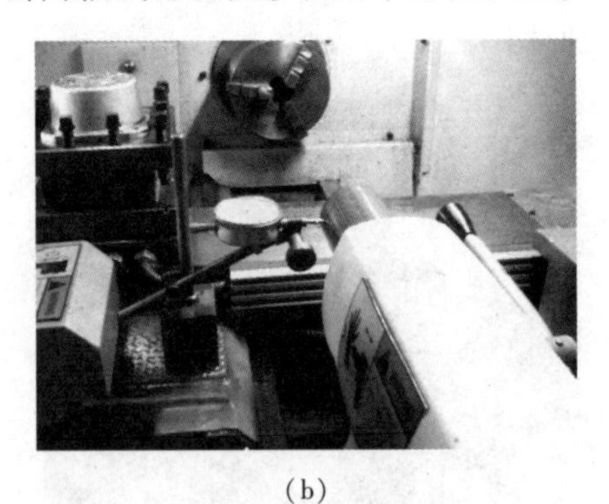
(b)

图3－47　尾座套筒轴线对溜板移动的平行度

六、注意事项

(1) 检测时，机床的基座应已完全固定。

(2) 检测时要尽量减小检测工具与检测方法的误差。

(3) 应按照相关的国家标准，先接通机床电源对机床进行预热，并让机床沿各坐标轴往复运动数次，使主轴以中速运行数分钟后再进行检测。

(4) 数控机床几何精度一般比普通机床高。普通机床用的检具、量具，往往因自身精度低而满足不了检测要求，且所用检测工具的精度等级要比被测的几何精度高一级。

(5) 几何精度必须在机床精调后一次完成，不得调一项测一项，因为有些几何精度是相互联系与影响的。

七、学习评价表

数控车床精度检验评价见表3－8。

表3－8　数控车床精度检验评价

指标 评分	导轨在垂直平面（*YZ*平面）内的平行度	主轴定心轴颈的径向跳动	主轴顶尖的跳动	尾座移动对溜板移动的平行度	主轴与尾座两顶尖的等高度	主轴锥孔轴线的径向跳动	尾座套筒轴线对溜板移动的平行度	合计
分值	14	14	14	14	14	16	14	100
扣分								
得分								
评价意见								
评价人								

项目 2　数控车床主传动系统的基础维护与保养

一、实训目标

（1）认识数控车床主传动系统的组成。

（2）掌握主传动系统维护与保养的基础技术。

（3）养成规范操作、认真细致、严谨求实的工作态度。

二、实训准备

（1）阅读教材，参考资料，查阅网络。

（2）实验仪器与设备：数控设备综合实验台，CKA6136 数控车床等；扳手、螺丝刀、刷子等。

三、相关知识

1. CKA6136 数控车床简介

本机床采用卧式车床布局，其整体防护结构可有效防止切屑及冷却水的飞溅，使用安全，布局紧凑，占地面积小。图 3 – 48 所示为该数控车床的外形。

图 3 – 48　CKA6136 数控车床外形

2. 机床的润滑及用油说明

为了确保机床正常工作，对机床所有的摩擦表面均应按规定进行充分的润滑，并确认各润滑油箱内有足够的润滑油。手动床头箱采用油浴润滑，轴、齿轮旋转时，油飞溅而起，润滑油泵、轴和齿轮、油面需保持在一定高度，拧床头箱主轴后端下方的油塞，便可放去旧油，通过床头箱侧壁的油杯可加入新油，油要加到油窗 1/3 处。单主轴的床头箱采用长效润滑脂润滑，在每个大修周期加入油脂即可。当集中润滑器油液处于低位时，能自动报警，此时须及时添加润滑油。

四、实训内容

（1）观察主传动系统的组成。

（2）进行主传动系统的基础维护。

五、实训步骤

(1) 认识主轴箱，观察主传动系统的组成。

(2) 了解主轴的常用材料及其热处理。

主轴的内径用来通过棒料、刀具夹紧装置固定刀具、传动气动或液压卡盘等。主轴材料的选择主要根据刚度、载荷特点、耐磨性要求的热处理变形大小等因素确定。一般的机床主轴要求选用40Cr，对其进行调质处理后就可获得较好的综合机械性能。

(3) 主电动机传动带松紧调整（图3－49）。

将主电动机安装在床头箱下方床腿的底板4上，皮带5松紧的调整由螺母1、2及螺杆3完成。

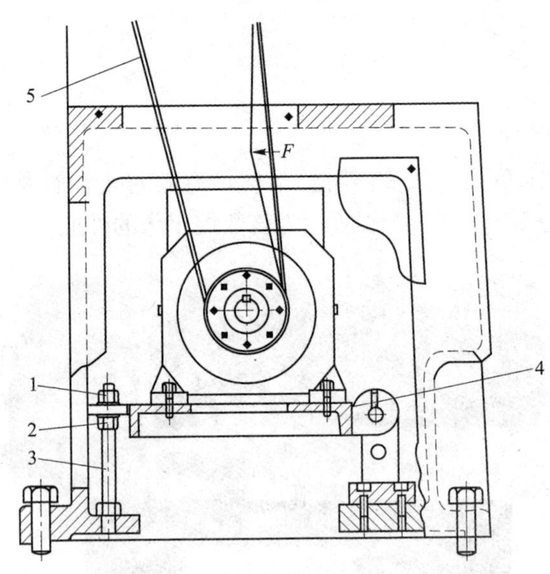

1，2—螺母；3—螺杆；4—底板；5—皮带。

图3－49　主电动机传动装置

①打开机床左端的防护盖，对传动带进行检查。

②若带松动，将螺母2向下旋。

③再将螺母1向下旋，进行传动带松紧调节。

④调节合适后，将螺母2向上旋紧。

(4) 主轴轴承的调整。

主轴轴承的调整对加工精度、粗糙度和切削能力都有很大的影响。间隙过大，会使刚性下降；间隙过小，会使主轴运转温升过高；二者都会使机床处于不正常工作状态。根据制造标准，主轴连续运转，前后轴承的允许温度为70 ℃。

①主轴前轴承调整。

主轴前轴承采用预紧轴承结构，当机床使用一段时间后，轴承产生磨损，使间隙增大，此时需要调整轴承，使间隙减小。具体操作步骤如图3－50所示。

a. 先将锁紧螺母3上紧固螺钉7松开。

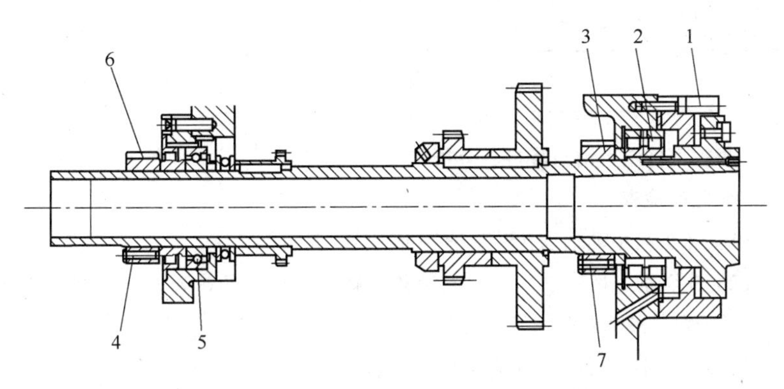

1—沉头螺钉；2—双列向心短圆柱滚子轴承；3—锁紧螺母；4，7—紧固螺钉；5—轴承；6—螺母。

图3－50　主轴的结构

b. 然后向主轴正转方向稍微转动螺母，使双列向心短圆柱滚子轴承2的内环向前移动，减小轴承的间隙。

c. 用手转动卡盘，应感觉比调整前稍紧，但仍转动灵活（通常可自由转动1.5～2转）；调整合适后，把锁紧螺母3上的紧固螺钉7紧固。

②主轴后轴承调整。

a. 先将主轴尾部螺母6上的紧固螺钉4松开。

b. 再向主轴正转方向适当旋紧螺母6，轴承5向右移动，减小主轴的轴向间隙。

c. 调整合适后，把螺母6上的紧固螺钉4紧固。

（5）数控车床CKA6136主轴装配工艺如表3－9所示。

表3－9　数控车床CKA6136主轴装配工艺

工序名称	工作内容	工具、检具
领料	根据明细目录领料，清点数量	
去毛、倒角、清洗	1. 去除零件尖角、毛刺，保证无锈迹部位、无“扎手”部位。 2. 导向部位及轴承孔口有2×20°倒角。 3. 用柴油清洗零件，使零件无油污、杂物，保证零件表面清洁。 4. 用气枪吹干零件	砂条、砂纸、锉刀、柴油、钢丝刷、毛刷
检验	1. 检验床头箱精度。 （1）床头箱端面与主轴轴承孔的垂直度为0.01 mm。 （2）轴承孔圆度为0.008 mm；同轴度为0.01 mm。 2. 检验主轴精度。 （1）主轴各装配部位轴段同轴度为0.01 mm，轴肩跳动为0.01 mm。 （2）主轴轴端面跳动为0.01 mm；卡盘安装锥面跳动为0.01 mm。 （3）用主轴内锥孔专用芯棒做深色检查，接触面积不小于70%。 （4）主轴内锥孔跳动距端面10 mm处跳动为0.005 mm，200 mm处跳动为0.008 mm。 3. 将不合格件返修或报废	V形块、等高块、千分表、磁表座、内径表、主轴检验芯棒、高度尺

续表

工序名称	工作内容	工具、检具
安装	1. 根据部件图，清点零件，分析零件装配顺序。 2. 装配前检查： （1）床头箱主轴轴承孔及主轴是否清洁、是否倒角。 （2）主轴前、后轴承（成对安装角接触球轴承）的排列方向是否与图纸一致，轴承外圆记号是否对齐。 （3）检查轴承间内外圈隔套是否配磨。 3. 装配。 （1）预装：按零件图顺序，将轴承、隔套按序压入床头箱主轴轴承孔内，测量轴承孔前端留下的尺寸，配磨前盖两接合面尺寸，压入前盖，确保前盖与床头箱接合处留有间隙 0.02 ~ 0.03 mm。 （2）将预装零件拆除，按序安装主轴上轴承及隔套，轴承安装可采用“热装”，或采用铜棒均力敲击轴承。安装时不得使轴承受伤。 （3）用较小的力拧紧主轴后端螺母，固定主轴上的已装零件，将主轴组件插入床头箱，先将前盖压紧，消除预留间隙，用 0.02 mm 塞尺检查；前盖压紧螺钉采用扭矩扳手顺序拧紧。 （4）拧紧主轴后端螺母，预紧轴承，边拧紧边转动主轴，保证主轴转动灵活自如，采用扭矩扳手拧紧	游标卡尺、铜棒、塞尺、内六角扳手、扭矩扳手
检查装配精度	根据说明书主轴精度要求检验主轴静态精度	千分表、磁表座、主轴检验芯轴
安装其他零件	注意编码器带轮与主轴带轮平行，同步带张紧力适当，编码器转动灵活	

六、注意事项

（1）要注意人身及设备的安全。关闭电源后，方可观察机床内部结构。

（2）未经指导教师许可，不得擅自任意操作。

（3）调整时要注意使用适当的工具，在正确的部位加力。

（4）操作与保养数控机床要按规定时间完成，使一切动作符合基本操作规范，并注意安全。

（5）实验完毕后，要注意清理现场，清洁机床，对机床及时润滑。

七、学习评价表

主传动系统的基础维护与保养评价见表 3 – 10。

表3-10　主传动系统的基础维护与保养评价

指标 评分	结构分析	主电动机驱动带调整	主轴轴承调整	主传动系统的清理与润滑	清洗过滤器	参与态度	动作技能	合计
标准分	20	20	20	10	10	10	10	100
扣分								
得分								
评价意见								
评价人								

项目3　数控车床CNC系统数据备份与恢复

一、实训目标

（1）掌握CNC系统数据备份与恢复操作方法。

（2）养成规范操作、认真细致、严谨求实的工作态度。

二、实训准备

（1）阅读教材，参考资料，查阅网络。

（2）实验仪器与设备：数控设备综合实验台、U盘或CF卡等。

三、相关知识

（1）创建批量调试文件前，请确认拓扑比较等级已改为中级，否则在批量调试时会出现驱动报警。

（2）读入批量调试文件前，必须具有“用户”或以上存取级别。

四、实训内容

（1）数据备份（NC数据、PLC数据、驱动数据、加工程序）。

（2）数据恢复（ard文件）。

五、实训步骤

1. 数据备份（请确认拓扑比较等级已改为中级）

（1）插入U盘，如图3-51所示。

（2）分别创建NC数据、PLC数据、驱动数据的批量调试文件，存到U盘，如图3-52所示。

数控车床数据备份与恢复

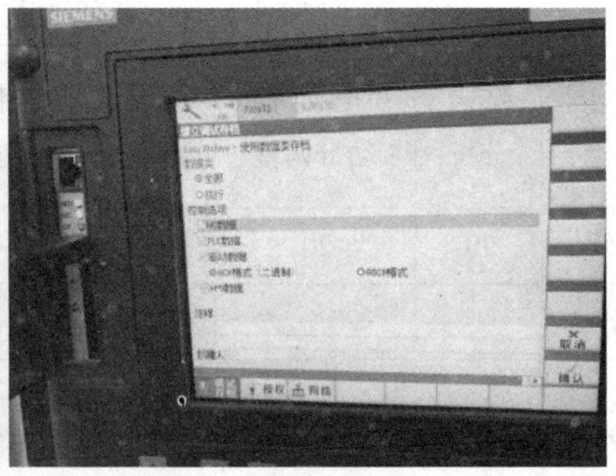

图 3-51　插入 U 盘　　　　图 3-52　创建文件

（3）单独以文本格式复制所编制的加工程序，并将其存储到 U 盘，如图 3-53 所示。

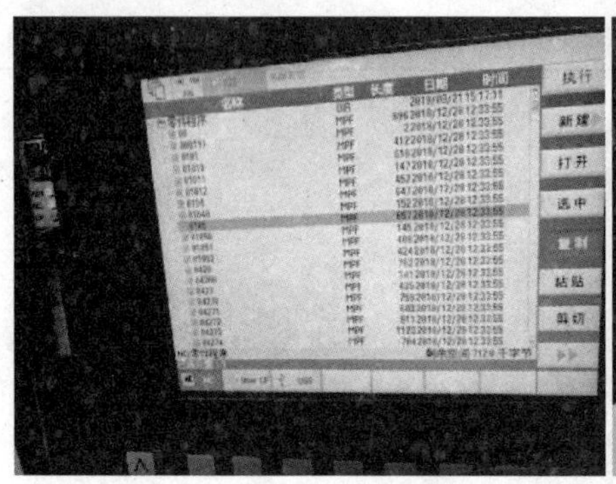

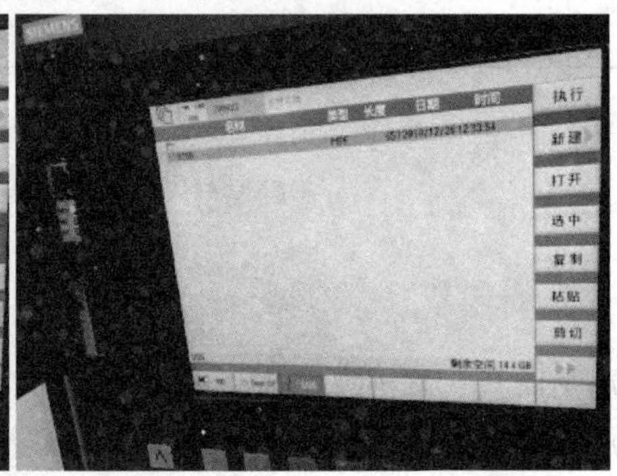

图 3-53　复制、粘贴程序

2. 数据恢复（必须具有“用户”或以上存取级别）

（1）插入 U 盘，如图 3-54 所示。

（2）选择读取批量调试文件。如果当前存取级别为“制造商”，则还会出现一次读取内容的选择，如图 3-55 所示。

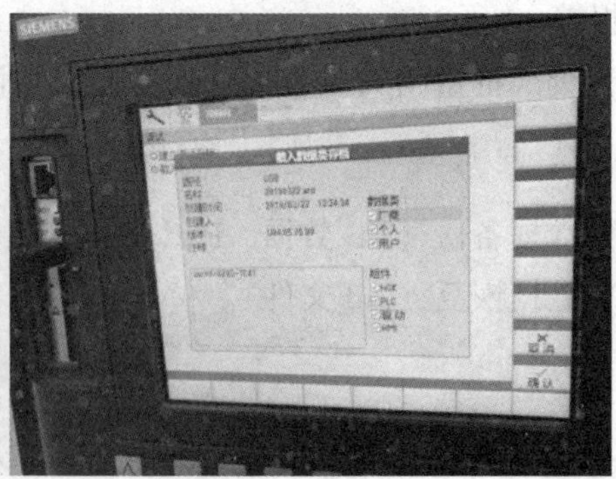

图 3-54　插入 U 盘　　　　图 3-55　读取内容选择的提示

六、注意事项

在读入批量调试文件后，需要调整一系列机床数据。具体如下：

（1）如果是绝对值编码器，则需要重新设置参考点位置。

（2）调整软限位：MD36100 和 MD36110。

（3）调整刀库换刀点位置，见制造商循环中的“L6. MPF”换刀子程序。

（4）测试反向间隙，调整 MD32450。

（5）通过激光干涉仪测试来进行丝杠螺距误差补偿。

七、学习评价表

数控车床 CNC 系统数据备份与恢复评价见表 3－11。

表 3－11　数控车床 CNC 系统数据备份与恢复评价

评分＼指标	操作规范	数据备份	数据恢复	参与态度	合计
标准分	25	30	30	15	100
扣分					
得分					
评价意见					
评价人					

项目 4　刀架换刀的电气控制线路常见故障处理

一、实训目标

（1）会分析刀架换刀的电气控制线路。

（2）会正确选择、使用万用表进行故障分析。

（3）养成规范操作、认真细致、严谨求实的工作态度。

二、实训准备

（1）阅读教材，参考资料，查阅网络。

（2）观察机床电路，指出电路符号所代表的元器件。

（3）观察机床正常工作时刀架换刀的现象。

三、相关知识

故障 1：系统的正转控制信号有输出，但与刀架电动机之间的回路存在问题。

故障排除：检查控制线路，找出 KM3 线圈所在电路，检测 KA5 的常开触点是否处于闭合状态、KM4 的辅助常闭触点是否处于闭合状态，检查是否有接头松动现象。如果是电路元器件损坏，则对其进行修理或更换；如果是接头松动，则将接头拧紧；如果是连接导线断开，则须更换该段导线。

故障 2：系统的反转控制信号有输出，但与刀架电动机之间的回路存在问题。

故障排除：检查控制线路，找出 KM4 线圈所在电路，检测 KA6 的常开触点是否处于闭

合状态、KM3 的辅助常闭触点是否处于闭合状态，检查是否有接头松动现象。如果是电路元器件损坏，则对其进行修理或更换；如果是接头松动，则将接头拧紧；如果是连接导线断开，则须更换该段导线。

故障3：系统的正反转控制信号都有输出，且 KM3、KM4 线圈都吸合得电，但刀架电动机没有转动。

故障排除：检查主电路，检测元器件是否完好、线路是否有缺相。如果是电路元器件损坏，则对其进行修理或更换；如果是缺相，则将接头拧紧或更换导线。图 3－56 所示为电动刀架正反转原理。

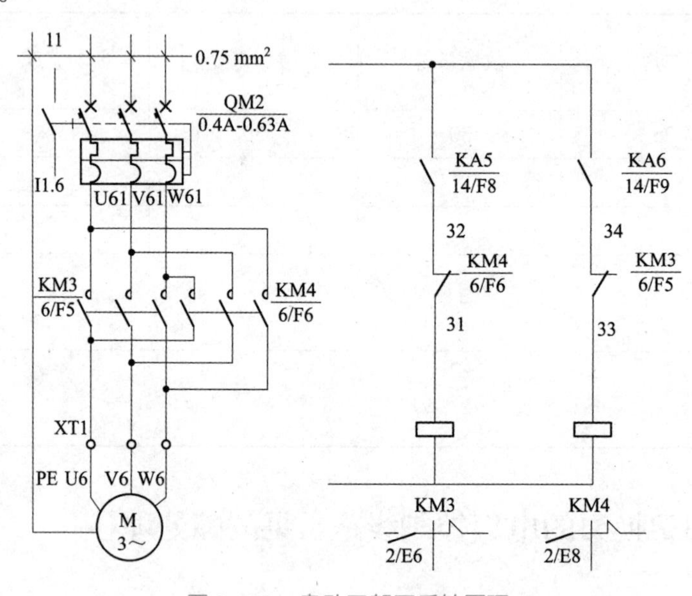

图 3－56　电动刀架正反转原理

四、实训内容

（1）电动刀架控制电路故障排除。

（2）电动刀架主电路故障排除。

五、实训步骤

1. 控制线路故障检查与排除

（1）找出 KM3 线圈所在电路，检测 KA5 的常开触点是否处于闭合状态、KM4 的辅助常闭触点是否处于闭合状态，检查是否有接头松动现象。

（2）找出 KM4 线圈所在电路，检测 KA6 的常开触点是否处于闭合状态、KM3 的辅助常闭触点是否处于闭合状态，检查是否有接头松动现象。

（3）关闭电源，如果是接头松动，则将接头拧紧；如果是连接导线断开，则须更换该段导线。

2. 主电路的故障检查与排除

（1）用万用表的交流 500 V 挡检测电源的输出电压。如果无 380 V 电压，则为电源故障。如果有 380 V 电压，则为连接导线问题或接头问题。

（2）用万用表的交流 500 V 挡检测电源的输出端与 KM3、KM4 的对应输入端之间的电

压。如果无电压，则说明导线完好，应是接头问题；如果有电压，则说明导线已断开。

（3）关闭电源，将松动或脱落的接头拧紧，更换断开的导线。

3. 重新打开电源，启动机床电路，刀架电动机正常工作

4. 关闭机床电路，清理现场

六、注意事项

（1）要注意人身及设备的安全。关闭电源后，方可观察机床的内部结构。

（2）未经指导教师许可，不得擅自任意操作。

（3）要按规定时间完成，使一切动作符合基本操作规范，并注意安全。

（4）实验完毕后，要注意清理现场。

七、学习评价表

根据对故障现象分析的情况、故障排除过程中的操作规范情况、故障排除情况进行评价（表3－12）。

表3－12 刀架换刀的电气控制线路常见故障处理评价

指标 评分	故障分析	操作规范	故障排除	参与态度	合计
标准分	25	30	30	15	100
扣分					
得分					
评价意见					
评价人					

本章小结

随着科学技术的发展，数控车床的应用越来越广泛，其具有加工柔性好、精度高、生产效率高等优点，但数控车床是复杂的大系统，涉及机、电、液等很多技术，所以数控车床的维护和保养是延长数控机床生命周期的必要手段。通过学习本章数控车床的机械部件、电气控制、液压控制、数控系统等相关知识，结合数控车床维护和保养的技术训练，学生可全面了解和掌握数控车床性能，及时做好维护和保养工作。

练习

1. 现代数控车床的主传动方式有哪些？

2. 数控车床对进给传动系统有哪些要求？

3. 滚珠丝杠螺母副在数控机床上的支承方式有哪些？

4. 齿轮传动间隙的消除有哪些措施？各有何特点？

5. 数控车床刀架换刀的电气控制线路的常见故障有哪些？引起故障的原因是什么？如何处理？

6. 数控车床电气控制线路常见故障检查过程中应该注意哪些问题？

7. 数控车床液压系统的日常维护要注意哪些方面？

8. 数控车床液压系统是由哪些基本液压回路组成的？

第 4 章 数控铣床维护保养技术

学习目标

◇了解数控铣床主传动系统的维护技术基础
◇熟悉数控铣床进给传动系统的基础维护与保养
◇掌握数控铣床电气回路连接及系统调试
◇掌握数控铣床数据备份与恢复
◇了解数控铣床常见故障诊断与排除方法
◇掌握数控铣床伺服及急停故障诊断与处理方法

实践活动

项目 1 数控铣床进给传动系统的基础维护与保养
项目 2 数控铣床数据备份与恢复
项目 3 数控铣床伺服及急停故障诊断与处理

4.1 数控铣床机械部件的维护保养技术基础

数控铣床是采用铣削方式加工工件的数控机床。其加工功能很强，能够铣削各种平面轮廓和立体轮廓零件，如凸轮、模具、叶片、螺旋桨等。配上相应的刀具后，数控铣床还可用来对零件进行钻、扩、铰、镗孔加工及攻螺纹等。数控铣床机械结构主要包括主轴和进给轴。主轴的传动方式称为主传动，进给轴的传动方式称为进给传动。主传动一般采用变频控制与伺服控制；进给传动采用伺服控制，低端的机床也有采用步进电动机驱动的，还包含润滑、冷却、排屑等辅助功能。数控铣床按主轴布局方式大致可以分为立式数控铣床与卧式数控铣床，立式数控铣床如图 4－1 所示，卧式数控铣床如图 4－2 所示。

图4-1　立式数控铣床

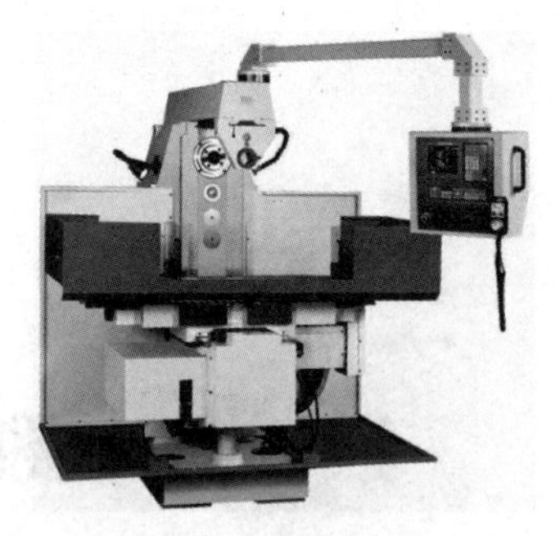

图4-2　卧式数控铣床

4.1.1　数控铣床主传动系统的维护技术基础

数控铣床一般由数控系统、主传动系统、进给传动系统、冷却润滑系统等几大部分组成。数控铣床的主传动系统一般采用直流或交流主轴电动机，通过带传动和主轴箱的变速齿轮带动主轴旋转。铣床在切削时可以根据不同的切削材料和切削方式选择低速切削和高速切削。低速切削时所需转矩大，而高速切削时所消耗的功率大。

与普通机床相比，数控铣床机械结构有许多特点，在主传动系统方面，具有下列特点：

（1）目前数控机床的主传动电动机已不再采用普通的交流异步电动机或传统的直流调速电动机，它们已逐步被新型的交流调速电动机和直流调速电动机所代替。

（2）转速高，功率大。它能使数控机床进行大功率切削和高速切削，实现高效率加工。

（3）变速范围大。数控机床的主传动系统要求有较大的调速范围，一般 $R_n>100$ r/min，以保证加工时能选用合理的切削用量，从而获得最佳的生产率、加工精度和表面质量。

（4）主轴速度的变换迅速可靠。数控机床的变速是按照控制指令自动进行的，因此变速机构必须适应自动操作的要求。由于直流和交流主轴电动机的调速系统日趋完善，不仅能够方便地实现宽范围的无级变速，而且减少了中间传递环节，提高了变速控制的可靠性。

数控铣床的主传动系统主要包括主轴部件、传动系统和主轴电动机等。

一、主轴部件

1. 单元式主轴结构

数控铣床大多采用单元式主轴结构，如图4-3所示。单元式主轴在装配时对主轴前、后轴承在恒温环境下进行配磨，配磨好后将其装入一个圆套筒内，然后在总装时将其以一个完整的单元装入机床主轴箱内，这样不仅保证了机床主轴组件的装配精度，而且又易于安装和维修调整。

图4-3　单元式主轴结构

对于数控铣床来说，主轴箱结构比较复杂，主轴箱可沿立柱上的垂直导轨做上、下移动，主轴可在主轴箱内做轴向进给运动；除此以外，大型落地铣镗床的主轴箱结构还有携带主轴的部件做前、后进给运动的功能，它的进给方向与主轴的轴向进给方向相同。此类机床的主轴箱结构通常有两种方案，即滑枕式和主轴箱移动式。

1）滑枕式

数控落地铣镗床有圆形滑枕、方形或矩形滑枕以及棱形或八角形滑枕。滑枕内装有铣轴和镗轴，除镗轴可实现轴向进给外，滑枕自身也可做沿镗轴轴线方向的进给，且两者可以叠加。滑枕进给传动的齿轮和电动机是与滑枕分离的，通过花键轴或其他系统将运动传给滑枕以实现进给运动。

2）主轴箱移动式

这种结构又有两种形式：一种是主轴箱移动式；另一种是滑枕主轴箱移动式。

（1）主轴箱移动式：主轴箱内装有铣轴和镗轴，镗轴实现轴向进给，主轴箱箱体在滑板上可做沿镗轴轴线方向的进给。箱体作为移动体，其断面尺寸远比同规格滑枕式铣镗床大得多。在这种主轴箱端面上可以安装各种大型附件，使其工艺适应性增加、功能扩大。缺点是接近工件性能差，箱体移动时对平衡补偿系统的要求高，主轴箱热变形后产生的主轴中心偏移大。

（2）滑枕主轴箱移动式：这种形式的铣镗床，其本质仍属于主轴箱移动式，只不过是把大断面的主轴箱移动体尺寸做成同等主轴直径的滑枕式而已。这种主轴箱结构，铣轴和镗轴及其传动和进给驱动机构都被装在滑枕内，镗轴实现轴向进给，滑枕在主轴箱内做沿镗轴轴线方向的进给。滑枕断面尺寸比同规格的主轴箱移动式的主轴箱小，但比滑枕移动式的大。其断面尺寸足可以用来安装各种附件。这种结构形式不仅具有主轴箱移动式的传动链短、输出功率大及制造方便等优点，同时还具有滑枕式的接近工件方便灵活的优点，克服了主轴箱移动式的具有危险断面和主轴中心受热变形后位移大等缺点。

2. 主轴轴承

（1）主轴轴承的选择：鉴于高速数控铣床的大负荷、高转速和高精密的要求，普通的主轴双联轴承结构已满足不了需要。常见的数控铣床大多采用角接触球轴承组合设计，因为角接触球轴承可以同时承受径向和一个方向的轴向载荷，允许的极限转速较高。

（2）主轴轴承的预紧：主轴轴承的内部间隙必须能够调整。多数轴承应在过盈状态下工作，使滚动体与滚道之间有一定的预变形，这就是轴承的预紧。轴承预紧后，内部无游隙，滚动体从各个方向支承主轴，有利于提高主轴的运转精度。滚动体的直径不可能绝对相等，滚道也不可能是绝对的正圆，因而轴承预紧前只有部分滚动体与滚道接触。预紧后，滚动体和滚道都有了一定的变形，参加工作的滚动体将更多，各滚动体的受力将更为均匀，这些都有利于提高轴承的精度、刚度、抗振性和延长寿命。

用普通螺母做主轴轴承轴向限位，通常难以保证螺母端面与轴心线有较高的垂直度［图4－4（a）］，锁紧后易使轴承偏斜，甚至有可能使轴弯曲［图4－4（b）］，这些都将影响轴的旋转精度。

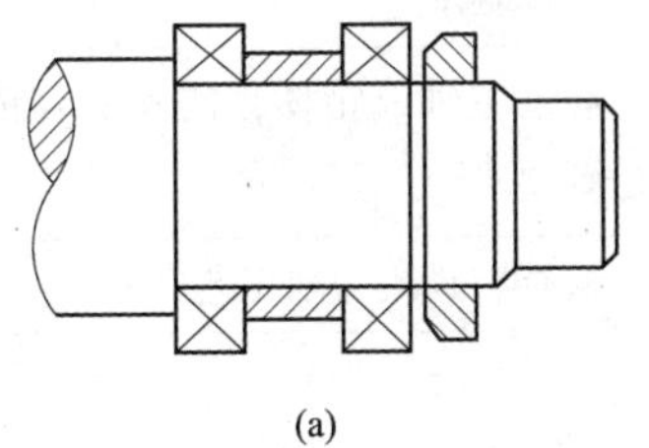
(a)

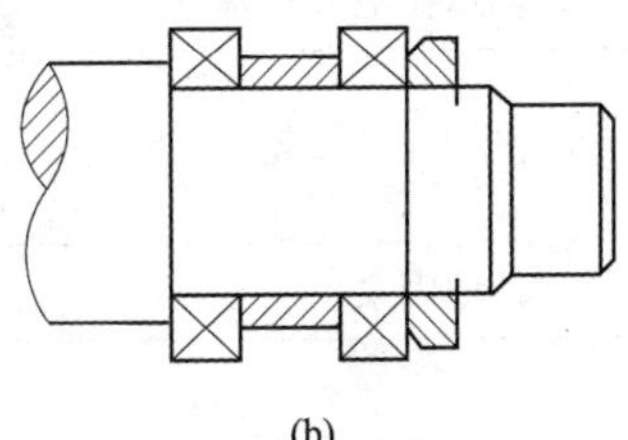
(b)

图4－4　普通螺母锁紧时螺纹偏斜对轴承的影响

（3）主轴轴承的密封和润滑：由于高速机床主轴转速较高，转速达 5 000 r/min 以上时脂润滑已很难达到要求，而稀油润滑在高速运动中会明显影响主轴运行的平稳性。因此在目前多数采用集中定量定时油雾或滴油润滑方式。在高速加工中为了延长主轴轴承的寿命和确保轴承的旋转精度，必须采取严格的密封措施，然而密封效果较好的接触式密封又势必影响到主轴转速的提高，因此目前通用的有主轴吹气、迷宫密封等非接触式密封方式。对于要求不高的可以采用间隙密封，但必须准确地控制间隙的大小，其一般在 0.02～0.04 mm。

3. 主轴拉杆自动装刀系统

在高速数控铣床中刀具安装势必采用自动装刀机构。自动装刀机构是由预紧弹簧控制轴向拉力，再由气压、液压或机械螺杆等执行机构实现松刀和夹刀动作的拉杆机构。自动装刀系统的执行机构包含随动单元和固定单元。随动单元在主轴运转时与主轴同时旋转，固定单元不随主轴旋转，前者结构比较紧凑、复杂程度高，后者结构简单、成本低，但占用空间较大。另外，为了提高刀具重复安装精度，减少刀具锥柄和主轴锥孔非正常接合，在自动装刀系统中设置了主轴准停机构和用以清洁刀具锥柄、主轴锥面的吹气或喷液机构。

在活塞拉动拉杆松开刀柄的过程中，压缩空气由喷气头经过活塞中心孔和拉杆中的孔吹出，将锥孔清理干净，以防主轴锥孔中掉入切屑和灰尘，把主轴锥孔表面和刀杆的锥面划伤，同时保证刀具的正确位置。主轴锥孔的清洁十分重要。

二、主轴部件常见故障及其处理方法

主轴部件常见的故障主要有三个方面，分别是加工精度达不到要求、切削振动大和主轴箱噪声大。具体的故障原因和排除方法见表 4－1。

表 4－1　主轴部件的常见故障现象、具体的故障原因和排除方法

序号	故障现象	故障原因	排除方法
1	加工精度达不到要求	机床在运输过程中受到冲击	检查对机床精度有影响的各部位，特别是导轨副，并按出厂精度要求重新调整或修复
		安装不牢固、安装精度低或有变化	重新安装调平、紧固
2	切削振动大	主轴箱和床身连接螺钉松动	恢复精度后紧固连接螺钉
		轴承预紧力不够，游隙过大	重新调整轴承游隙。但预紧力不宜过大，以免损坏轴承
		轴承预紧螺母松动，使主轴窜动	紧固螺母，确保主轴精度合格
		轴承拉毛或损坏	更换轴承
		主轴与箱体超差	修理主轴或箱体，使其配合精度、位置精度达到要求
		其他因素	检查刀具或切削工艺问题

续表

序号	故障现象	故障原因	排除方法
3	主轴箱噪声大	主轴部件动平衡不好	重做动平衡
		齿轮啮合间隙不均匀或严重损伤	调整间隙或更换齿轮
		轴承损坏或传动轴弯曲	修复或更换轴承，校直传动轴
		传动带长度不一或过松	调整或更换传动带，不能新旧混用
		齿轮精度差	更换齿轮
		润滑不良	调整润滑油量，保持主轴箱的清洁度

4.1.2 数控铣床进给传动系统的维护技术基础

数控铣床的进给运动采用无级调速的伺服驱动方式，伺服电动机经过进给传动系统将动力传动给工作台等运动执行部件。通常进给传动系统是由 1～2 级齿轮或带轮传动副和滚珠丝杠螺母副或齿轮齿条副或蜗杆蜗条副所组成。传动系统的齿轮副或带轮副的作用主要是通过降速来匹配进给系统的惯量和获得所需的输出机械特性，对开环系统还起到匹配控制系统所需的脉冲当量的作用。近年来，由于伺服电动机及其控制单元性能的提高，许多数控机床的进给传动系统去掉了降速齿轮副，直接将伺服电动机与滚珠丝杠连接。滚珠丝杠螺母副的作用是将旋转运动转换为直线运动。数控铣床进给传动系统的基本结构如图 4－5 所示。

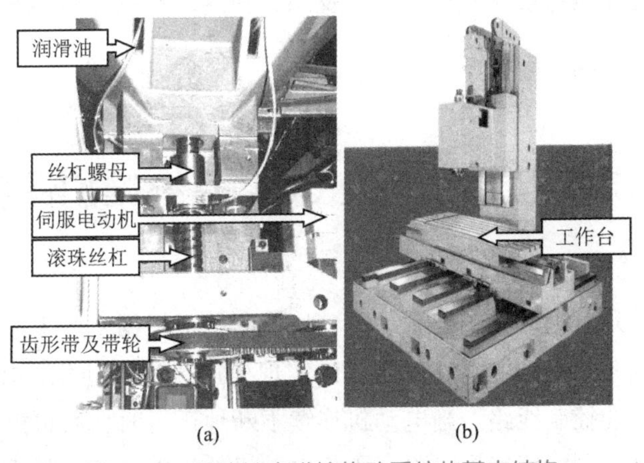

图 4－5　数控铣床进给传动系统的基本结构

立式数控铣床与数控车床相比，在 Z 轴进给传动系统中添加了配重块，如图 4－6 所示。它的作用主要是减小电动机和丝杠的负载，抑制电动机和丝杠的发热，从而保证加工精度，延长电动机和丝杠的寿命。用配重块的重量可抵消主轴单元的重量，从而提高机床的移动速度，降低丝杠上的载荷和减小电动机负载。但速度和加速度较大时配重块的部分重量失重，平衡主轴单元的重量的效果降低，应答特性差，不适合高速切削。

在进给传动系统方面，数控铣床具有以下特点：

(1) 尽量采用低摩擦的传动副，如采用静压导轨、滚动导轨和滚珠丝杠等，以减小摩擦力。

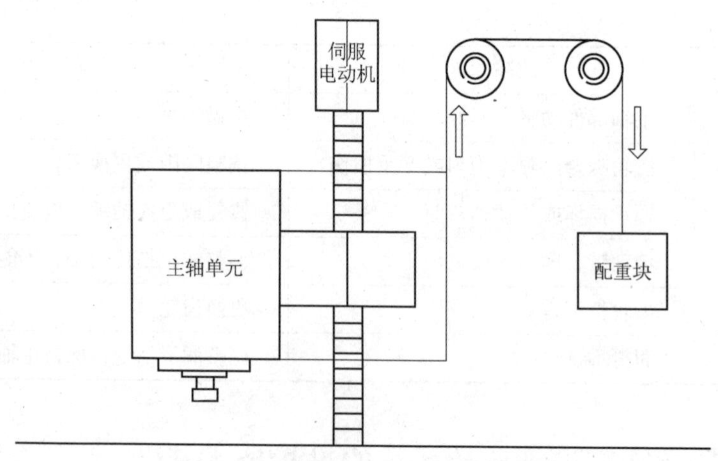

图 4－6　立式数控铣床的配重结构

（2）选用最佳的降速比，以达到提高机床分辨率，使工作台尽可能大地加速以达到跟踪指令、系统折算到驱动轴上的惯量尽量小的要求。

（3）缩短传动链以及用预紧的方法提高传动系统的刚度，如采用大扭矩宽调速的直流电动机与丝杠直接相连，应用预加负载的滚动导轨和滚动丝杠副，将丝杠支承设计成两端轴向固定并可预拉伸的结构等办法来提高传动系统的刚度。

（4）尽量消除传动间隙，减小反向死区误差，如采用消除间隙的联轴节（如用加锥销固定的联轴套、用键加顶丝紧固的联轴套以及用无扭转间隙的挠性联轴器等）、有消除间隙措施的传动副等。

4.2　数控铣床电气控制及 CNC 系统维护保养技术基础

机床电气控制就是对电动机的控制。电动机控制就是根据生产工艺要求，对机床电动机进行启动、反接、调速、制动的电气控制，以实现生产过程自动化。要使电动机正常运转，就必须有正确、合理的控制线路。当电动机连续不断地运行时，有可能产生短路、过载等各种电气事故，所以对控制线路来说，除了承担电动机的供电和断电的重要任务外，还担负着保护电动机的作用。

4.2.1　数控铣床电气回路连接及系统调试

本节主要以数控铣床 XK－L850 为例，介绍它的电气回路连接。XK－L850 型铣床的主轴电动机为三相异步电动机，并且配置有 FANUC 0*i*－MD 控制系统。三相异步电动机的控制线路，一般可以分为主电路和辅助电路两部分。对于流过电气设备负荷电流的电路，我们称为主电路；对于控制主电路通断或监视和保护主电路正常工作的电路，称为辅助电路，也称为控制电路。主电路上流过的电流一般都比较大，而控制电路上流过的电流则都比较小。

这些运动状态的改变最为明显的是电动机转速的变化和旋转方向的改变。

一、电气回路连接

1. 主电路

一个完整的电气电路应该包括主电路和控制电路。主电路在电路中起着非常重要的作用。现将图 4－7 所示主电路的工作原理分析如下。

外接电源由 380 V/ 50 Hz 的交流电源接入，经电源总开关 QF1 进行接通和断开。当开关 QF4 接通时，将 380 V 电源接入控制变压器，经变压器变压输出交流 110 V 和交流 220 V 电源。当开关电源输入交流 220 V 时，经过整流电路整流出直流 24 V 的电压，为控制电路提供直流电源。

当开关 QF2 接通时，将 380 V 交流电源接入伺服变压器，经伺服变压器变压输出交流 220 V 电源，分别供给伺服驱动器电源、主轴电动机风扇和伺服控制电源。

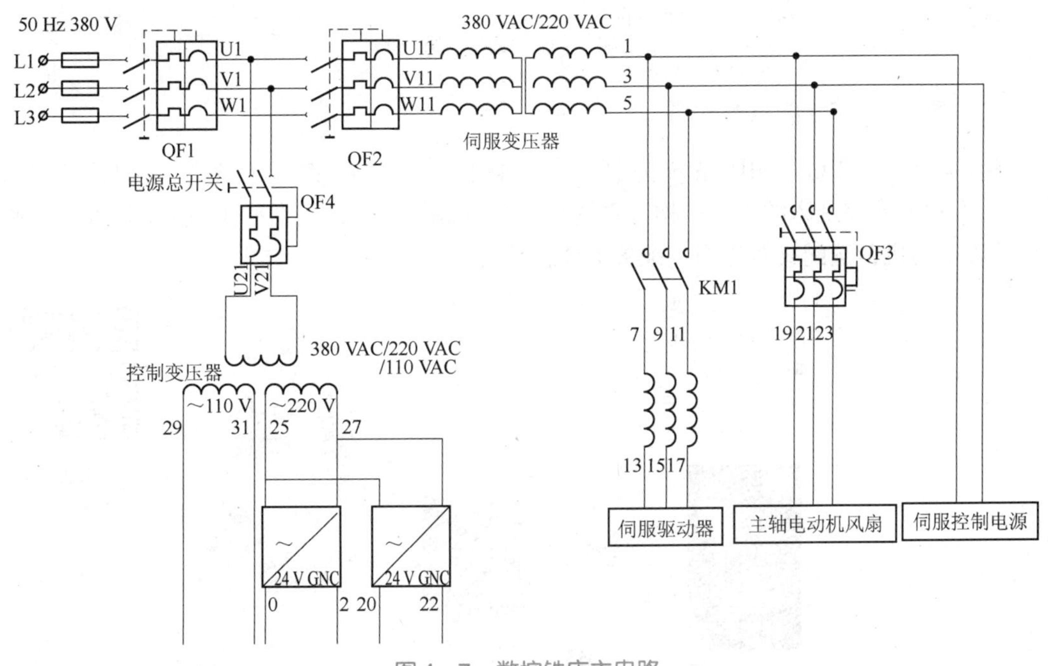

图 4－7　数控铣床主电路

2. 控制电路

控制电路部分主要包括伺服上电、系统上电、急停控制、系统面板电源等，如图 4－8 所示。

（1）伺服上电回路：该回路由 110 V 电压供电，当 CX3 闭合，接触器线圈 KM1 得电，伺服得电。

（2）系统上电回路：按下系统启动按钮 SB1，继电器 KA1 线圈得电，它的辅助常开触点 KA1 闭合，形成自锁，系统实现启动。

（3）急停控制回路：当按下急停按钮时，继电器 KA2 线圈不得电，系统会发出急停报警。

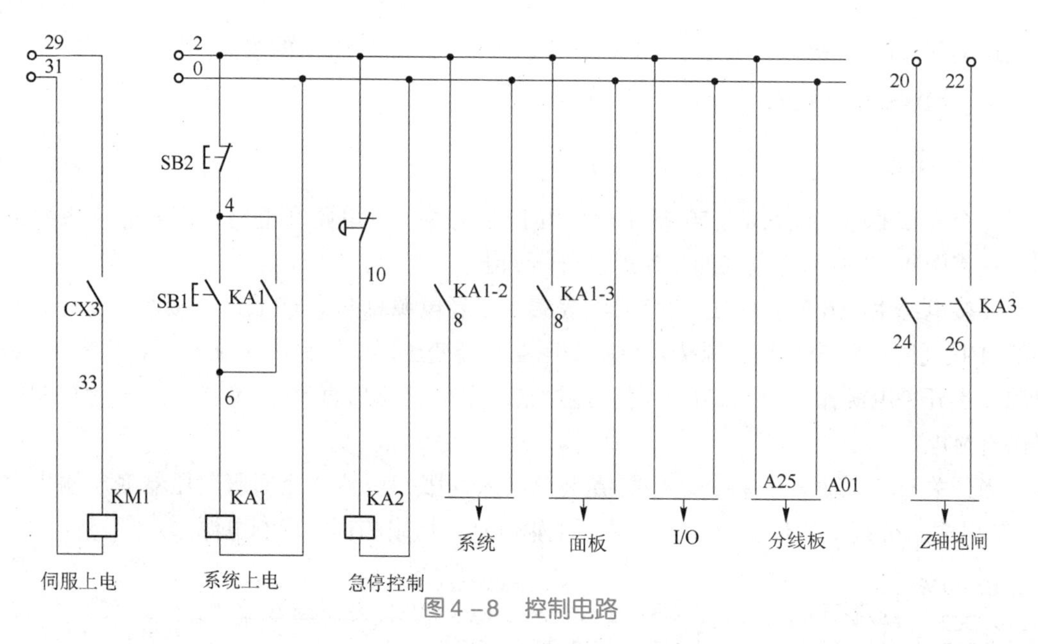

图 4－8　控制电路

二、数控铣床的主体结构

本节以 FANUC 0*i* － MD 系统为例，介绍数控铣床电气控制及系统维护保养技术。图 4－9所示为数控铣床的主体结构。系统选用 0*i* － MD CNC 控制器，配置 α*i* 主轴电动机和 4 个伺服电动机，选配直线光栅，配置 I/O 模块等。

图 4－9　FANUC 0*i* － MD 数控铣床的主体结构

FANUC 0*i* － MD 数控铣床主体结构主要由以下部件组成。

1. CNC 控制器

0*i* － D 系列 CNC 控制器由主 CPU、存储器、数字伺服轴控制卡、主板、显示卡、内置

PMC、LCD 显示器、MDI 键盘等构成，主控制系统已经把显示卡集成在主板上。

（1）主 CPU：负责整个系统的运算、中断控制等。利用数字化信息对机械运动及加工过程进行控制。通过利用数字、文字和符号组成的数字指令来实现一台或多台机械设备动作控制，它所控制的通常是位置、角度、速度等机械量和开关量。

（2）存储器：包括 FLASH ROM、SRAM 和 DRAM。FLASH ROM 存放着 FANUC 公司的系统软件和机床应用软件，主要包括插补控制软件、数字伺服软件、PMC 控制软件、PMC 应用软件（梯形图）、网络通信控制软件、图形显示软件、加工程序等。

SRAM 存放着机床制造商及用户数据，主要包括系统参数、用户宏程序、PMC 参数、刀具补偿及工件坐标系补偿数据、螺距误差补偿数据等。

DRAM 作为工作存储器，在控制系统中起缓存作用。

（3）数字伺服轴控制卡：伺服控制中的全数字的运算以及脉宽调制功能采用应用软件来完成，并打包装入 CNC 系统内（FLASH ROM），支撑伺服软件运行的硬件环境由 DSP 以及周边电路组成，这就是常说的数字伺服轴控制卡（简称轴卡）。轴卡的主要作用是速度控制与位置控制，如图 4－10 所示。

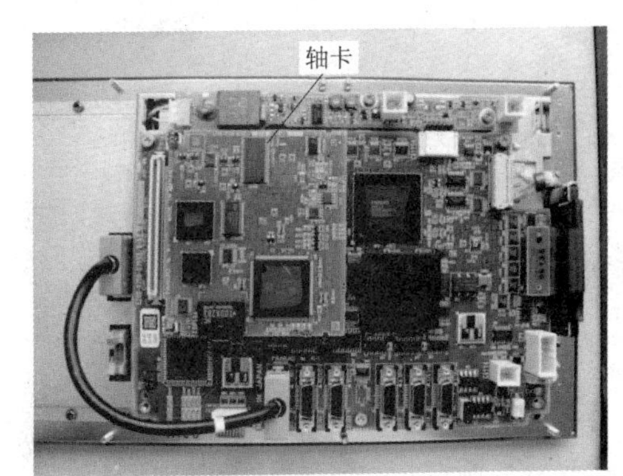

图 4－10 轴卡

（4）主板：主板包括 CPU 外围电路、I/O Link、数字主轴电路、模拟主轴电路、RS－232C 数据输入输出电路、MDI 接口电路、高速输入信号、闪存卡接口电路等。

（5）LCD 与 MDI 键盘：数控系统通过显示装置为操作人员提供必要的信息。根据系统所处的状态和操作命令的不同，显示的信息可以是正在编辑的程序、正在运行的程序、机床的加工状态、机床坐标轴的指令/实际坐标值、加工轨迹的图形仿真、故障报警信号等。

较简单的显示装备只有若干个数码管，只能显示字符，显示信息也有限；较高级的系统一般配有 CRT 显示器或点阵式液晶显示器，一般能显示图形，显示的信息较为丰富。

常见的系统液晶显示器有 8.4 in① 或 10.4 in 的 LCD（液晶）彩色显示器，并可选用触摸屏显示器，LCD 背面安装有 CNC 控制器，如图 4－11 所示。

数控铣床的类型和数控系统的种类很多，各生产厂家设计的操作面板也不尽相同，但操作面板中各种旋钮、按钮和键盘的基本功能与使用方法基本相同。数控机床的 MDI 键盘主要由工作方式选择按键、机床操作按键、计算机键盘按键以及功能软件组成。

2. 进给伺服放大器

FANUC 0*i*－MD 数控系统经 FANUC 串行总线 FSSB 与伺服放大器相连。伺服电动机使用 α*i*S /β*i*S 系列电动机。0*i*－MD 最多可接 7 个进给轴。α*i*S 系列伺服放大器如图 4－12 所示，β*i*S 一体型放大器如图 4－13 所示。

① 1 in＝2.54 cm。

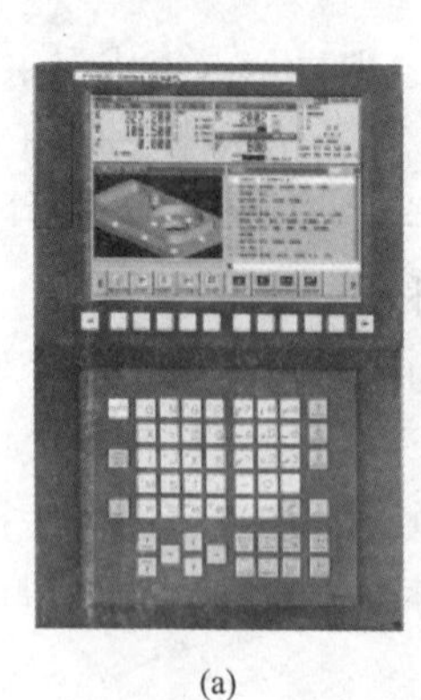

(a) (b)

图4－11 系统显示器

(a) 8.4″水平安装彩色 LCD/MDI；(b) 10.4″垂直安装彩色 LCD/MDI

图4－12 α*i*S 系列伺服放大器

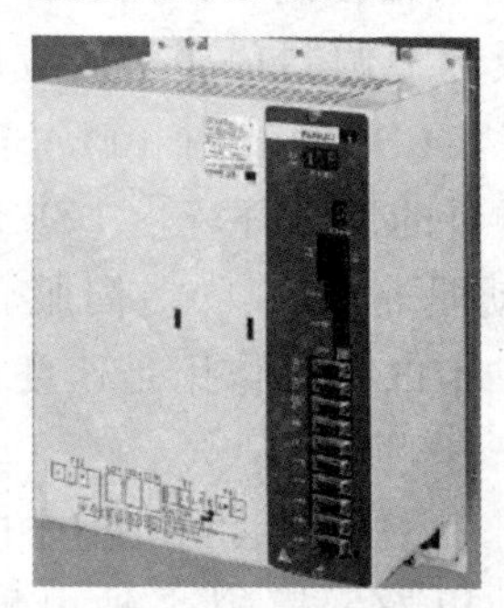

图4－13 β*i*S 一体型放大器（SVPM）

3. 伺服电动机

伺服电动机由放大器输出的驱动电流产生旋转磁场，驱动其转子旋转。FANUC 生产的伺服电动机主要有两类，分别是 α*i* 系列伺服电动机和 β*i* 系列伺服电动机。α*i* 系列伺服电动机属于高性能电动机，β*i* 系列伺服电动机属于经济型电动机，由于两者在使用材料等方面有很大的不同，所以价格与性能有很大的差异，特别是在加减速能力、高速与低速输出特性、调速范围等方面有较大的差别。α*i* 系列伺服电动机的编码器有绝对式与增量式两种，因此在选择时需要综合考虑。伺服电动机的外观如图 4－14 所示。

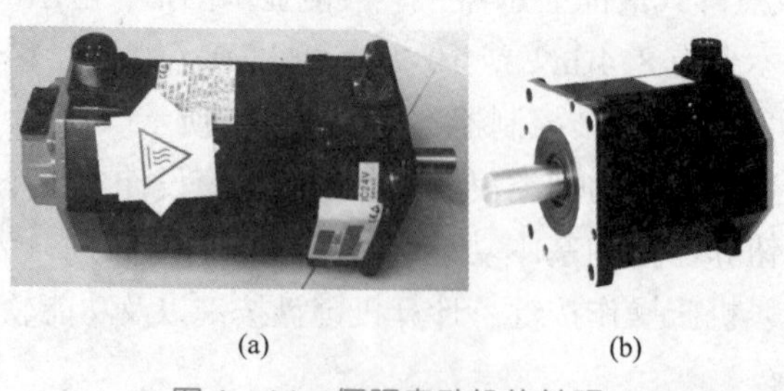

(a) (b)

图4－14 伺服电动机的外观

(a) β*i* 系列伺服电动机；(b) α*i* 系列伺服电动机

4. 主轴电动机

主轴电动机控制有串行接口和模拟接口两种，0*i*－D 有多主轴电动机控制功能，最多可以同时运行 3 个主轴电动机。

为了提高主轴的控制精度与可靠性，适应现代信息技术发展的需要，从 CNC 系统输出

的控制指令也可以通过网络进行传输，在 CNC 系统与主轴驱动装置之间建立通信，这一通信一般使用 CNC 系统的串行接口，称为“串行主轴控制”，它是独立于 CNC FSSB 总线的专用串行总线。

主轴驱动装置的控制信号通过串行总线传送到主轴驱动装置，驱动装置的状态信息同样可通过串行总线传送到 PMC，因此，采用串行主轴后可以省略大量主轴驱动装置与 PMC（CNC）之间的连接线。

而模拟主轴电动机是通过 CNC 系统内部附加的 D/A 转换器，自动将 S 指令转换为 -10 ~ +10 V的模拟电压。CNC 系统所输出的模拟电压可通过主轴速度控制单元实现主轴的闭环速度控制，在调速精度要求不高的场合，也可以使用通用变频器等简单的开环调速装置进行控制。主轴驱动装置总是严格保证速度给定输入与电动机输出转速之间的对应关系，如：当速度给定输入为 10 V 时，如果电动机转速为 6 000 r/min，则在输入 5 V 时，电动机转速必然为 3 000 r/min。

串行数字主轴电动机如图 4 - 15 所示，模拟接口主轴电动机如图 4 - 16 所示。

图 4 - 15　串行数字主轴电动机

图 4 - 16　模拟接口主轴电动机

5. FANUC 的 I/O 单元与 I/O Link 连接

（1）FANUC PMC 的构成：FANUC PMC 由内装 PMC 软件、接口电路、外围设备（接近开关、电磁阀、压力开关等）构成。连接主控系统与从属 I/O 接口设备的电缆为高速串行电缆，被称为 I/O Link，它是 FANUC 专用 I/O 总线，如图 4 - 17 所示。另外，通过 I/O Link 可以连接 FANUC βi 系列伺服驱动模块，作为 I/O Link 轴使用。

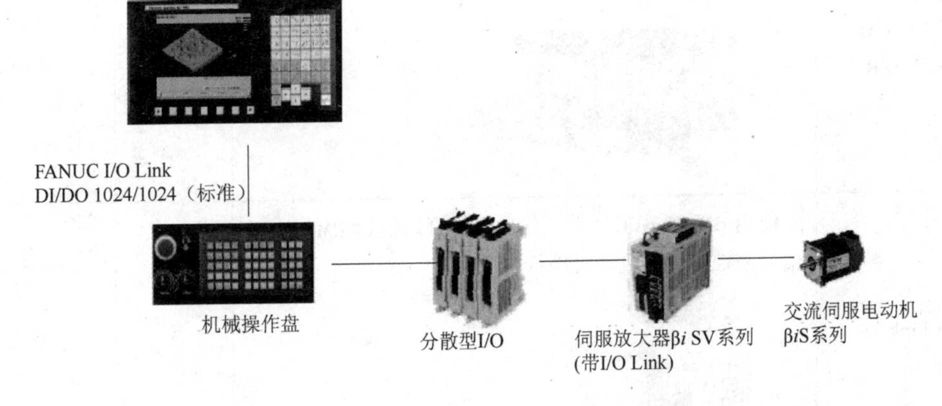

图 4 - 17　典型 I/O Link 连接

（2）常用的 I/O 模块：在 FANUC 系统中 I/O 单元的种类很多，常用的模块见表 4－2。

表 4－2　常用的 I/O 模块

装置名	说明	手轮连接	信号点数 输入/输出
0*i* 用 I/O 单元模块	是最常用的 I/O 模块 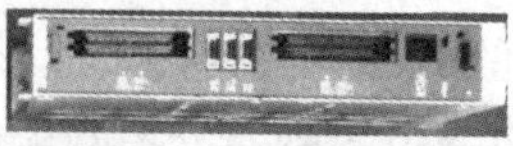	有	96/64
机床操作面板模块	是装在机床操作面板上的矩阵开关和指示灯 	有	96/64
操作盘 I/O 模块	带有机床操作盘接口的装置，0*i* 系统上常见 	有	48/32
分线盘 I/O 模块	是一种分散型的 I/O 模块，能适应机床强电电路输入输出信号的任意组合的要求，由基本单元和至多三块扩展单元组成 	有	96/64
FANUC I/O UNIT A/B	是一种模块结构的 I/O 装置，能适应机床强电输入输出任意组合的要求 	无	最大 256/256
I/O Link 轴	使用 β 系列 SVU（带 I/O Link）可以通过 PMC 外部信号来控制伺服电动机进行定位 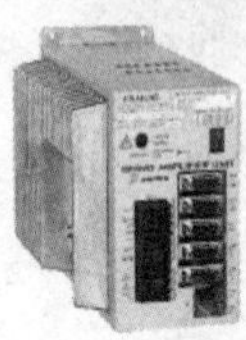	无	128/128

6. 数据输入/输出接口

以太网接口用于主机和 CNC 系统之间的以太网通信，PCMCIA 卡接口可以连接 CF 卡和 PCMCIA 以太网卡。利用 CF 卡可以进行数据备份和恢复以及 CF 卡 DNC 加工。CNC 系统控制器配置了两个 RS－232C 串行通信接口，接口代号分别为 JD36A 和 JD36B。利用 RS－232C 接口可以实现 CNC 系统与计算机之间的串行通信。图 4－18 所示为 RS－232 串行数据传输线，图 4－19 所示为 CF 卡。

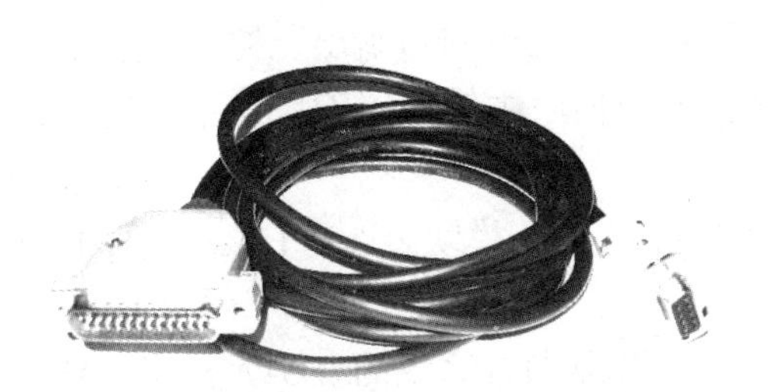

图 4－18　RS－232 串行数据传输线

图 4－19　CF 卡

三、CNC 系统的硬件结构及各接口的作用

1. 0*i*－MD CNC 系统控制面板接口连接

FANUC 0*i*－MD CNC 系统控制面板背面如图 4－20 所示。

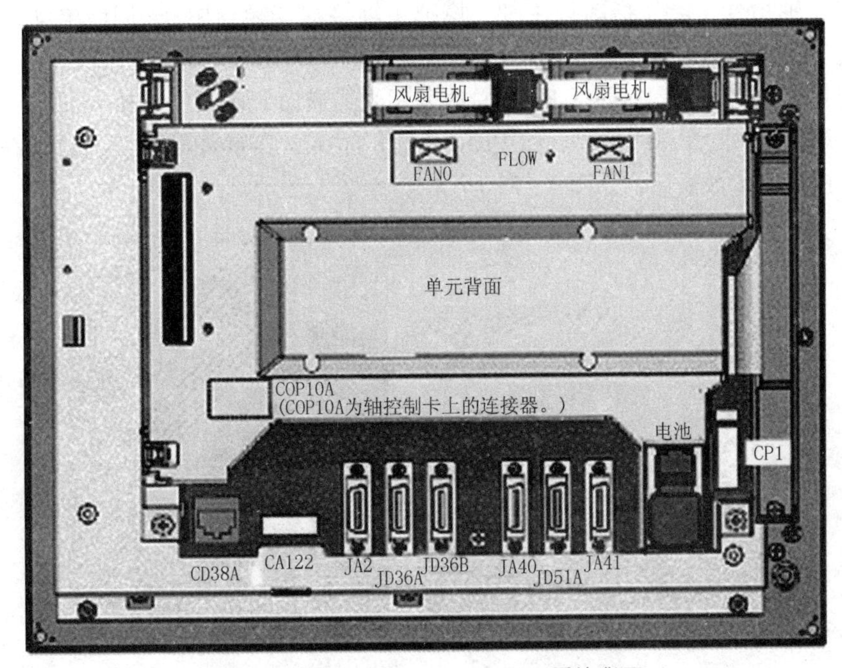

图 4－20　FANUC 0*i*－MD CNC 系统背面

（1）COP10A：FSSB 光缆一般接左边接口（若有两个接口），系统总是从 COP10A 到

COP10B。本系统由 COP10A 连接到第一轴驱动器的 COP10B，再从第一轴的 COP10A 到第二轴的 COP10B，依此类推。

（2）风扇、电池、MDI 键盘连接线在系统出厂时均已连接好，不用改动，但要检查是否在运输的过程中有松动的地方，如果有，则需要重新连接牢固，以免出现异常现象。

（3）CP1：电源线接口。该电源接口有三个管脚，电源的正负不能接反，采用直流 24V 电源供电。

（4）JD36A：系统与电脑通信的连接口，共有两个，一般接左边一个，右边为备用接口，如果不与计算机连接，则不用接此线（推荐使用存储卡代替 RS232 口，其传输速度及安全性都比串口优越）。

（5）JA40：模拟主轴的连接，主轴信号指令由 JA40 接口引出，控制主轴转速。

（6）串行主轴编码器接口 JA41：本装置使用伺服主轴，用于反馈主轴转速，以保证螺纹切削的准确性。

（7）数控系统 JD51A 接口：本接口被连接到 I/O 模块（I/O Link），便于 I/O 信号与 CNC 系统交换数据。

注意：按照从 JD51A 到 JD1B 的顺序连接，即从数控系统的 JD51A 出来，到 I/O Link 的 JD1B 为止，下一个 I/O 设备也是从前一个 I/O Link 的 JD1A 到下一个 I/O Link 的 JD1B，如若不然，则会出现通信错误而检测不到 I/O 设备。

2. FANUC 伺服控制系统的连接

FANUC 伺服控制系统的连接，无论是 α*i* 系列还是 β*i* 系列的伺服，在外围连接电路方面具有很多类似的地方，大致分为光缆连接、控制电源连接、主电源连接、急停信号连接、MCC 连接、主轴指令连接（指串行主轴，模拟主轴接在变频器中）、伺服电动机主电源连接、伺服电动机编码器连接。以 α*i* 系列伺服驱动器为例来说明。

（1）光缆连接（FSSB 总线）：FSSB 总线采用光缆通信，在硬件连接方面，遵循从 A 到 B 的规律，即 COP10A 为总线输出，COP10B 为总线输入。需要注意的是，光缆在任何情况下都不能硬折，以免被损坏，如图 4－21 所示。

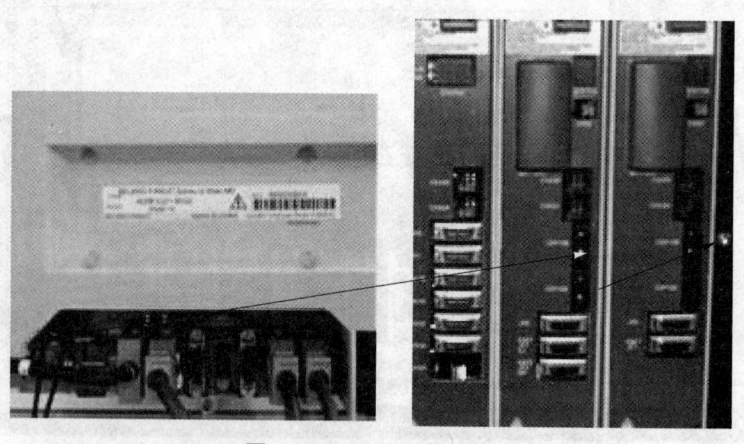

图 4－21　FSSB 的连接

（2）控制电源连接：控制电源采用 AC220V 电源，主要用于伺服控制电路的电源供电。

在上电顺序中，推荐先上伺服控制电，再系统上电，如图 4－22 所示。

图 4－22　控制电源的连接

（3）主电源连接：主电源主要用于伺服电动机和主轴电动机动力电源的变换。图 4－23 所示为 α*i* 系列伺服驱动器动力电源接口。

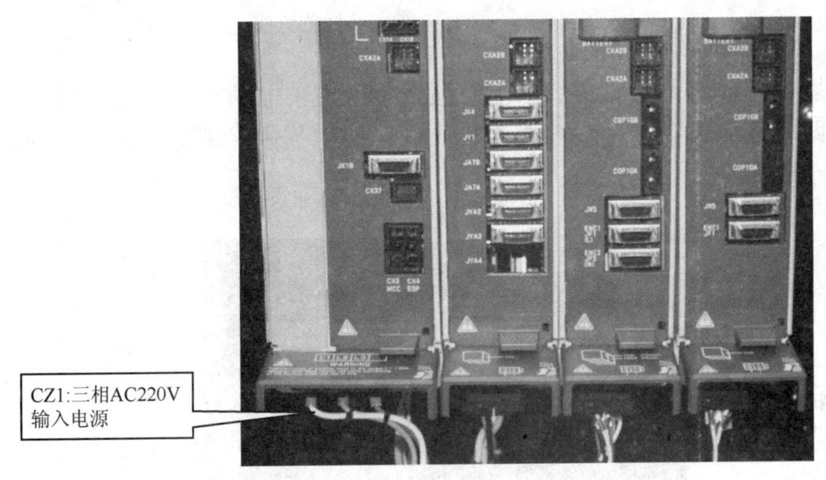

图 4－23　α*i* 系列伺服驱动器动力电源接口

（4）急停与 MCC 连接：该部分主要用于对伺服主电源的控制与伺服放大器的保护，在发生报警、急停等情况下能够切断伺服放大器主电源。图 4－24 所示为 MCC 和急停相对应的接口 CX3、CX4。

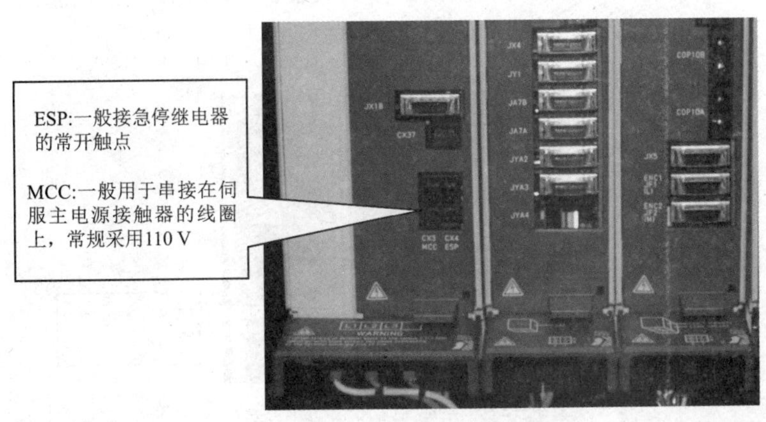

图 4－24　MCC 与急停的连接

（5）主轴指令信号连接：FANUC 的主轴控制采用两种类型，分别是模拟主轴与串行主轴。模拟主轴的控制对象是系统 JA40 口输出 0～±10 V 的电压给变频器，从而控制主轴电动机的转速；另一种是采用串行总线，同样遵循从 A 到 B 的规律，即从系统的 JA41（0*i*－C 系统为 JA7A 口）至伺服放大器的 JA7B 口，如图 4－25 所示。

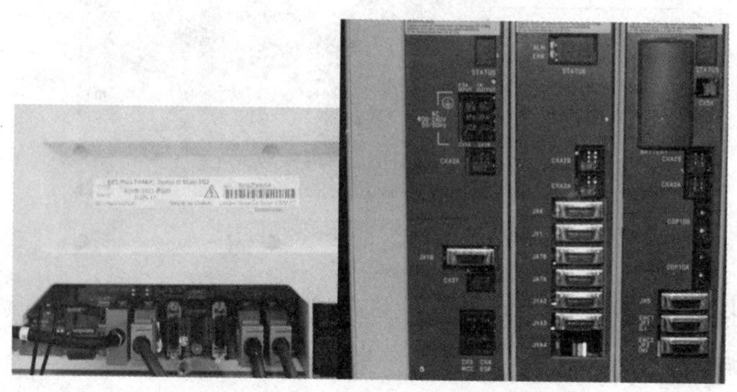

图 4－25　串行主轴指令线的连接

（6）伺服电动机动力电源连接：主要包含串行主轴电动机与伺服进给电动机的动力电源连接，两者都是采用接插件方式连接。在连接过程中，一定要注意相序的正确，如图 4－26 所示。

图 4－26　伺服电动机动力电源的连接

（7）伺服电动机反馈的连接：主要包含串行主轴电动机与伺服进给电动机的反馈连接，一般的串行主轴电动机内置编码器的反馈接口接放大器的 JYA2 接口，伺服进给电动机的反馈接口接 JF1 接口等，如图 4－27 所示。

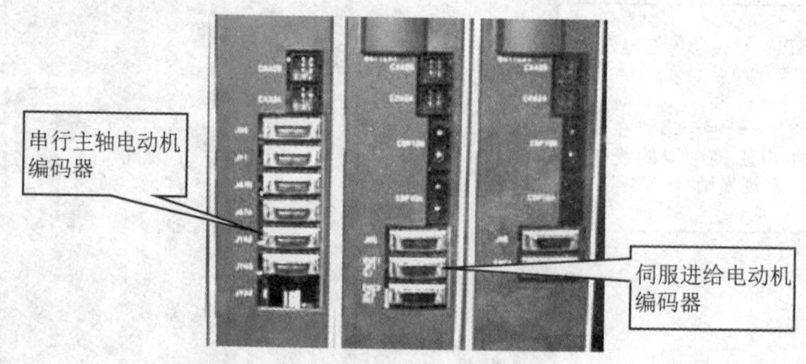

图 4－27　伺服电动机反馈的连接

（8）串行主轴电动机的接线与伺服进给电动机的连接注意：串行主轴电动机接线盒内，不仅含有动力电源端子、编码器接口，还有伺服主轴电动机风扇接口，如图4－28和图4－29所示。

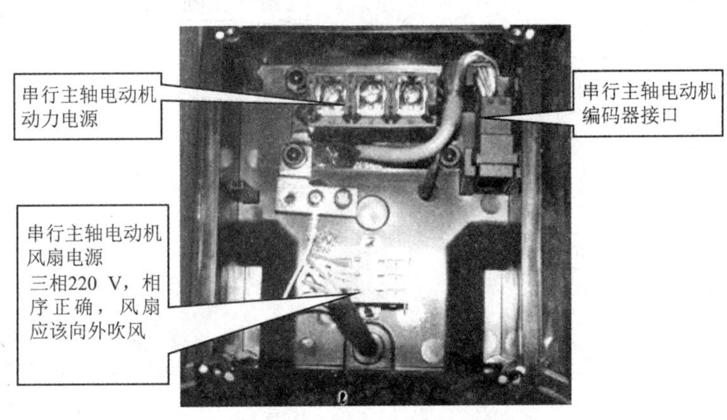

图4－28　串行主轴电动机接线盒

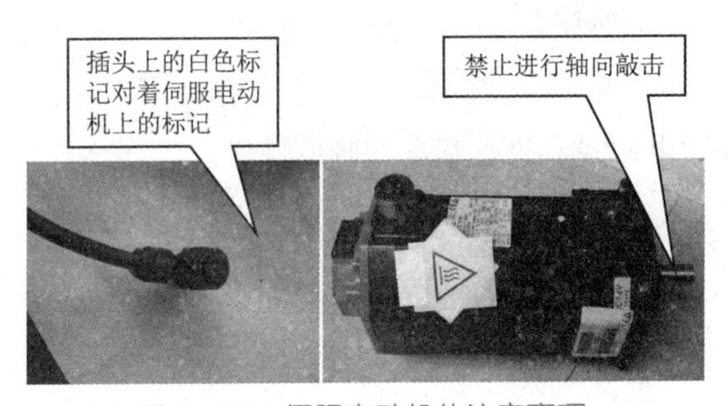

图4－29　伺服电动机的注意事项

3. FANUC CNC 系统的 I/O Link 连接

FANUC CNC 系统的 PMC 是通过专用的 I/O Link 与系统进行通信的，PMC 在进行I/O信号控制的同时，还可以实现手轮与 I/O Link 轴的控制，但外围的连接很简单，且很有规律，同样是从 A 到 B，系统侧的 JD51A（0*i*－C 系统为 JD1A）接到 I/O 模块的 JD1B，JA3 或者 JA58 可以连接手轮。

0*i*－D 用 I/O 模块是配置 FANUC 系统的数控机床使用最为广泛的 I/O 模块。图4－30所示为 I/O 单元实物。它采用 4 个 50 芯插座连接的方式，分别是 CB104/CB105/CB106/CB107。输入点有 96 位，每个 50 芯插座中包含 24 位的输入点，这些输入点被分为 3 字节；输出点有 64 位，每个 50 芯插座中包含 16 位的输出点，这些输出点被分为 2 字节。均为 PMC 输入输出接口，用于和外界进行信号交换。

4. 系统的总体连接

系统的总体连接如图4－31所示，系统主板的 JD36 接口作为系统与计算机或其他外部设备的通信连接口。JD51A 接口通过 I/O Link 总线连接到 I/O 模块，便于 I/O 信号与 CNC 系统交换数据。串行主轴编码器接口 JA41 连接伺服主轴，用于反馈主轴转速，以保证螺纹切削的准确性。COP10A 接口连接伺服驱动器，通过 FSSB 光缆驱动伺服电动机。

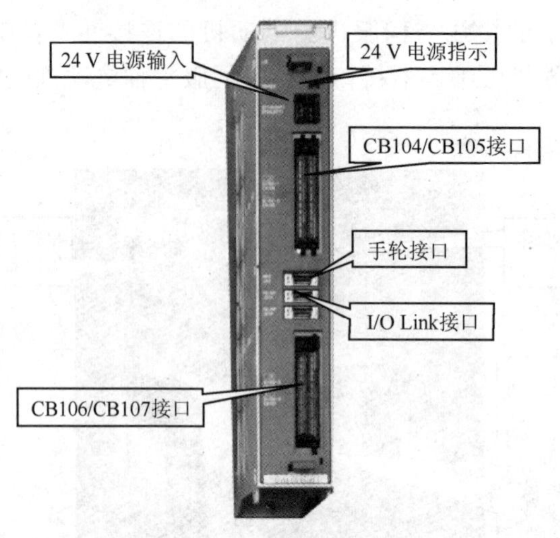

图 4-30 I/O 单元实物

四、系统的调试步骤

数控铣床的调试步骤如下所述。

1. 接上电源

连接 CNC 系统的控制电源线，进行基本的画面操作。

（1）接通控制电源。

（2）连接 MDI 和显示器。

（3）调整触摸面板。

（4）进行基本操作。

2. 连接阅读机/穿孔机接口

连接 RS232-C 接口与穿孔面板间的电缆，使之能够与 I/O 设备进行输入输出。

3. CNC 系统参数的初始设定

设定轴名称和伺服环增益等基本参数。

4. 连接机床接口

连接操作面板和强电回路的接口信号。

5. 编制顺序程序

根据机床的外围硬件以及逻辑关系编写顺序程序，使机床实现相关功能。

6. 连接伺服

对数字伺服参数进行初始设定，连接伺服放大器和伺服电动机。

7. 确认运行动作

确认手动进给和自动运转等动作。

8. 数字伺服的调整

如果要提高加工精度和防止振动，就要调整伺服参数，包括调整反向间隙补偿量、提高加工精度功能 、抑制振动功能。

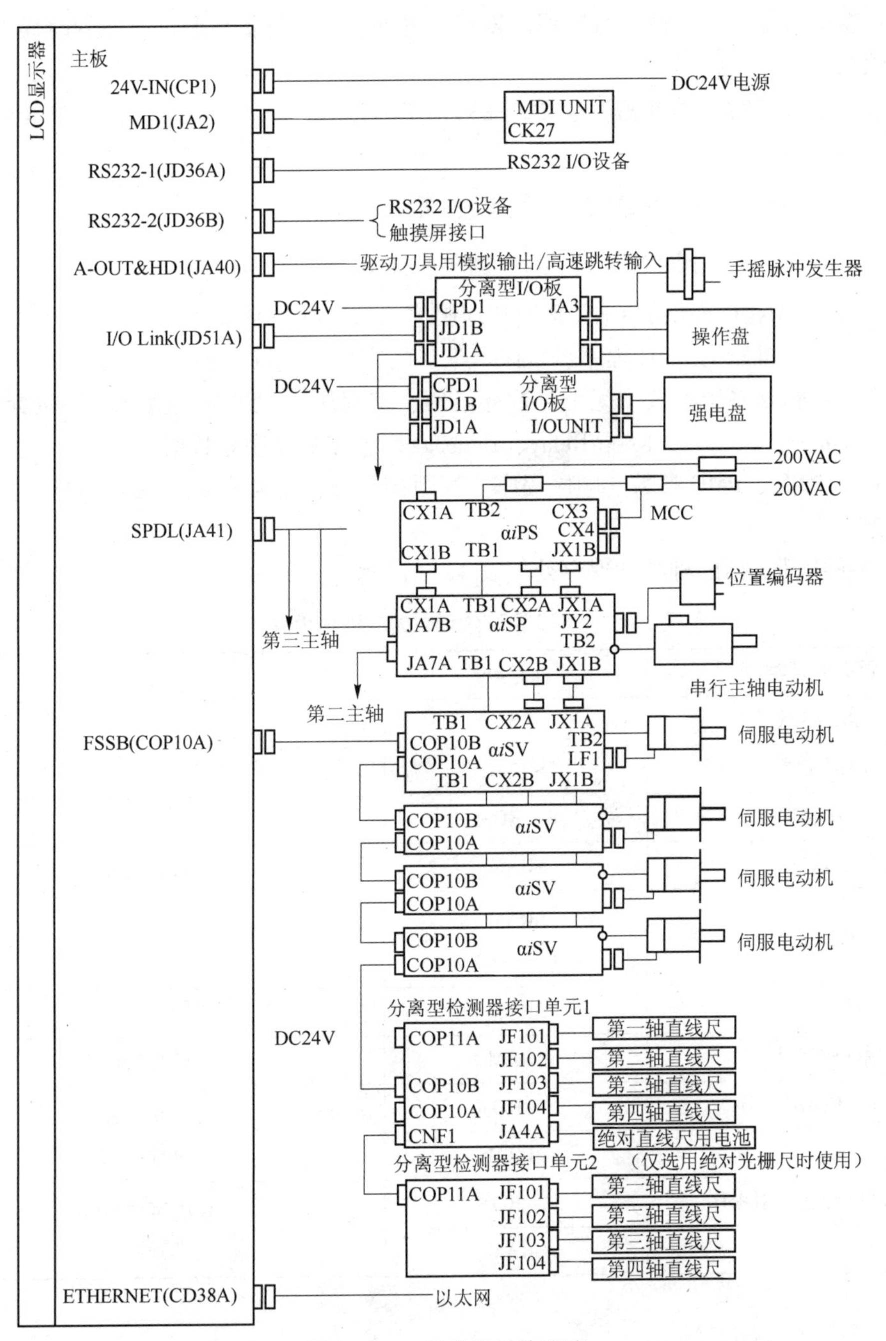

图4－31　系统的总体连接

9. 备份数据

对出厂时的参数设定值和顺序程序等进行备份。

4.2.2　数控铣床数据备份与恢复

数控机床出厂时，CNC 系统内的参数、程序、变量和数据都已经经过调试，并能保证机床的正常使用。但是机床在使用过程中，有可能出现数据丢失、参数紊乱等情况，这就需

要对系统数据进行备份，方便进行数据的恢复。另外，在进行批量调试机床的时候也需要有备份好的数据。

系统数据的备份对初学者尤为重要，在对系统的参数、设置、程序等进行操作前，务必进行数据备份。

一、CNC 系统中保存的数据类型和保存方式

1. FANUC 0*i* – D 系列 CNC 系统的数据文件分类

系统文件：FANUC 提供的 CNC 系统和伺服控制软件称为系统文件。

机床厂文件：机床的 PMC 程序、机床厂编辑的宏程序执行器。

用户文件：包括系统参数、螺距误差补偿值、宏程序、刀具补偿值、工件坐标系数据、PMC 参数（Timer、Counter、Keep Relay、Datasheet）、加工程序等数据。

其中 CNC 参数、PMC 参数、顺序程序、螺距误差补偿值 4 种数据跟随机床出厂，由厂家统一设置。

CNC 系统内部数据的种类和保存处如表 4 – 3 所示。

表 4 – 3　CNC 系统内部数据的种类和保存处

数据的种类	保存处	备注
CNC 参数	SRAM	
PMC 参数	SRAM	
顺序程序	F – ROM	
螺距误差补偿值	SRAM	选择功能
加工程序	SRAM F – ROM	
刀具补偿值	SRAM	
用户宏变量	SRAM	选择功能
宏 P – CODE 程序	F – ROM	宏执行器 （选择功能）
宏 P – CODE 变量	SRAM	
C 语言执行器应用程序	F – ROM	C 语言执行器 （选择功能）
SRAM 变量	SRAM	

2. F – ROM 与 SRAM

FANUC 0*i* – D 系列 CNC 系统利用不同的存储空间存放不同的数据文件。数据文件主要分为系统文件、MTB（机床制造厂）文件和用户文件，而存储空间主要分为以下两类。

（1）F – ROM（只读存储器）：该存储器在数控系统中作为系统存储空间，用于存储系统文件和 MTB（机床制造厂）文件。

F – ROM 中的数据相对稳定，一般情况下不易丢失，但是如果遇到更换主板或存储器板的情况，F – ROM 中的数据也有可能丢失，其中 FANUC 系统文件在购买备件或修复时可以由 FANUC 公司恢复，但是 MTB（机床制造厂）文件也会丢失，因此 MTB（机床制造厂）

文件的备份也是必要的。

（2）SRAM（静态随机存储器）：该存储器在数控系统中用于存储用户文件，断电后需要电池保护，该存储器中的数据易丢失（如电池电压过低、SRAM 损坏等时）。

当系统电池电力不足，需要更换电池时，主板上的储能电容可以保持SRAM 芯片中的数据约 30 min。

二、SRAM 数据的输入输出方法

对存储于 CNC 系统中的数据进行保存恢复的方法，有个别数据输入输出方法（分别备份）和整体数据输入输出方法（整体备份），其区别见表 4－4。

表 4－4　分别备份与整体备份的区别

项目	分别备份	整体备份
输入输出方式	存储卡 RS232－C 以太网	存储卡
数据形式	文本格式 （可利用计算机打开文件）	二进制形式 （不能用计算机打开文件）
操作	多画面操作	简单
用途	设计、调整	维修

三、在 BOOT 画面下对全部数据的备份和恢复

使用 BOOT 功能，把 CNC 参数和 PMC 参数等存储于 SRAM 的数据，通过存储卡一次性全部备份，操作简单。

1. BOOT 的系统监控画面

BOOT 的系统监控画面如图 4－32 所示。

数控铣床数据备份与恢复

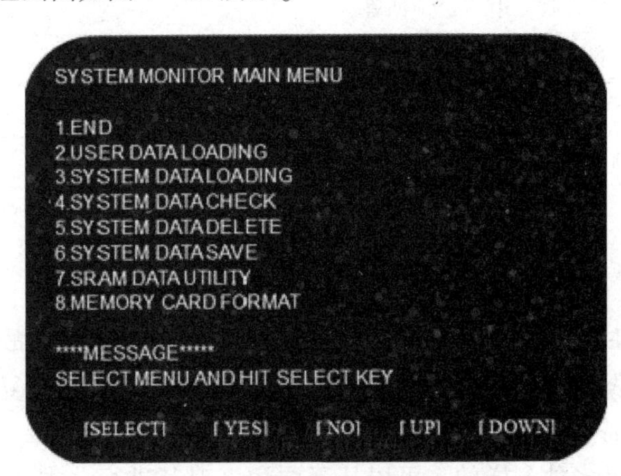

图 4－32　BOOT 的系统监控画面

2. BOOT 的系统监控画面选项含义

BOOT 的系统监控画面选项含义见表 4－5。

表 4－5　BOOT 的系统监控画面选项含义

1	END	结束监控系统
2	USER DATA LOADING	把存储卡中的用户文件读出来，写入 F－ROM 中
3	SYSTEM DATA LOADING	把存储卡中的系统文件读取出来，写入 F－ROM 中
4	SYSTEM DATA CHECK	显示写入 F－ROM 中的文件
5	SYSTEM DATA DELETE	删除 F－ROM 中的顺序程序和用户文件
6	SYSTEM DATA SAVE	把写入 F－ROM 中的顺序程序和用户文件用存储卡一次性备份
7	SRAM DATA UTILITY	把存储于 SRAM 中的 CNC 参数和加工程序用存储卡备份/恢复
8	MEMORY CARD FORMAT	进行存储卡的格式化

“SYSTEM DATA LOADING” 和 “USER DATA LOADING” 的区别在于，选择文件后有无文件内容的确认。

3. 软键具体说明

软键具体说明见表 4－6。

表 4－6　软键具体说明

软　键	动　作
<	在当前画面不能显示时，返回前一画面
SELECT	选择光标位置的功能
YES	确认执行时，用 “是” 回答
NO	不确认执行时，用 “否” 回答
UP	光标上移一行
DOWN	光标下移一行
>	当前画面不能显示时，转向下一画面

4.2.3　数控铣床常见故障诊断与排除

当机床发生故障时，首先需要判断故障发生的部位，即初步确定故障发生在机械部分还是电气部分。当故障发生在机械部分时，一般可根据故障发生位置修复机械故障。当故障发生在电气部分时，还需要判断故障的类型，以便准确高效地排除故障。

数控设备的故障是多种多样的，可以从不同角度对其进行分类。从故障发生的性质上看，CNC 系统故障可分为软件故障、硬件故障和干扰故障三种。其中软件故障是指由程序编制错误、机床操作失误、参数设定不正确等引起的故障。它可通过认真消化、理解随机资

料、掌握正确的操作方法和编程方法加以避免和消除。硬件故障是指由 CNC 电子元器件润滑系统、换刀系统、限位机构、机床本体等硬件因素造成的故障。干扰故障则表现为内部干扰和外部干扰，是指由系统工艺、线路设计、电源地线配置不当等以及工作环境的恶劣变化导致的。从数控机床的结构来看，干扰故障可大体分为机床本体故障、电气故障与数控装置系统故障。

一、机床电气故障维修步骤

1. 确认故障现象，调查故障现场，充分掌握故障信息

当数控机床发生故障时，维护维修人员对故障的确认是很有必要的，特别是在操作使用人员不熟悉机床的情况下尤为重要。此时，不应该也不能让非专业人士随意开动机床，特别是出现故障后的机床，以免故障的范围进一步扩大。

在 CNC 系统出现故障后，维护维修人员也不要急于动手，盲目处理。首先，要查看故障记录，向操作人员询问故障出现的全过程；其次，在确认通电对 CNC 系统无危险的情况下，再通电亲自观察。特别要注意主要故障信息，包括 CNC 系统有何异常、显示的报警履历（图 4－33）等。具体如下所述。

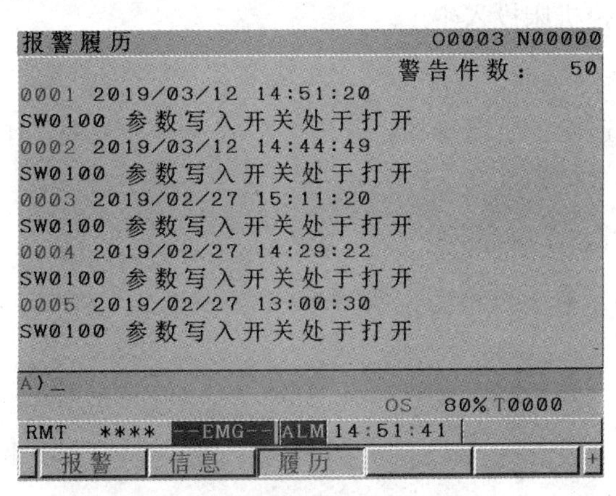

图 4－33　报警履历画面

（1）在故障发生时，报警号和报警提示是什么？有哪些指示灯和发光管报警？

（2）如无报警，CNC 系统处于何种工作状态？CNC 系统的工作方式和诊断结果如何？

（3）故障发生在哪个程序段？执行何种指令？故障发生前进行了何种操作？

（4）故障发生时，进给在何种速度下？机床轴处于什么位置？与指令值的误差量有多大？

（5）以前是否发生过类似故障？现场有无异常现象？故障能否重复发生？

（6）观察 CNC 系统的外观、内部各部分是否有异常之处。

2. 根据所掌握故障信息明确故障的复杂程度，并列出故障部位的全部疑点

在充分调查和现场掌握的第一手材料的基础上，把故障问题正确地罗列出来。这样就可以收到事半功倍的效果。

3. 分析故障原因，制订排除故障的方案

在分析故障时，维修人员不应仅局限于 CNC 系统部分，而要对机床强电、机械、液压

气动等方面都做详细的检查，并进行综合判断，制订出故障排除的方案，达到快速确诊和高效率排除故障的目的。

分析故障原因时应注意以下两个方面。

（1）思路一定要开阔，无论是 CNC 系统、强电部分，还是机械、液压、气压传动等，要将有可能引起故障的原因以及每种解决的方法全部列出来，进行综合判断和筛选。

（2）在对故障进行深入分析的基础上，预测故障原因并拟订检查的内容、步骤和方法，制订故障排除方案。

4. 检测故障，逐级定位故障部位

根据预测的故障原因和预先确定的排除方案，用试验的方法进行验证，逐级定位故障部位，最终找出发生故障的真正部位。为了准确、快速地定位故障，应遵循“先方案后操作”的原则。

5. 故障的排除

根据故障部位及发生故障的准确原因，应采用合理的故障排除方法，高效、高质量地修复数控机床，尽快让数控机床投入生产。

6. 解决故障后资料的整理

故障排除后，应迅速恢复机床现场，并做好相关资料的整理工作，以便提高自己的业务水平，方便机床的后续维护和维修。

二、铣床典型故障分析举例

（1）开机时系统显示有多个报警，如图 4－34 所示。

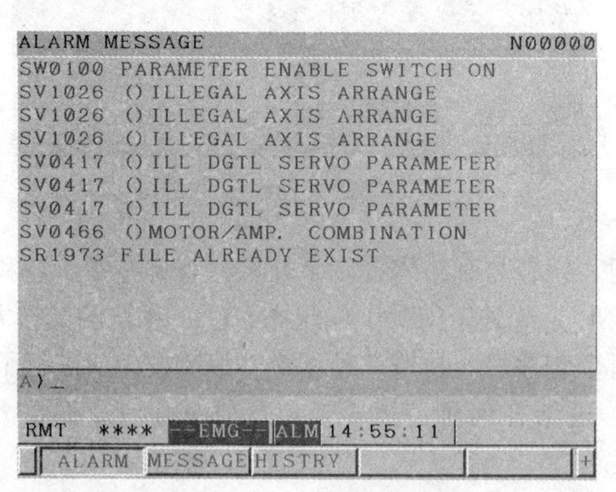

图 4－34　故障报警画面

故障诊断：经检查系统参数丢失。

故障排除：用该系统的参数备份文件，使用存储卡，在 BOOT 画面进行一次性参数恢复后，重启系统，报警消除，铣床恢复正常工作。

（2）一台数控铣床使用 FANUC 0i－MD 系统，开机时系统出现 SV0401 号伺服报警，如图 4－35 所示。

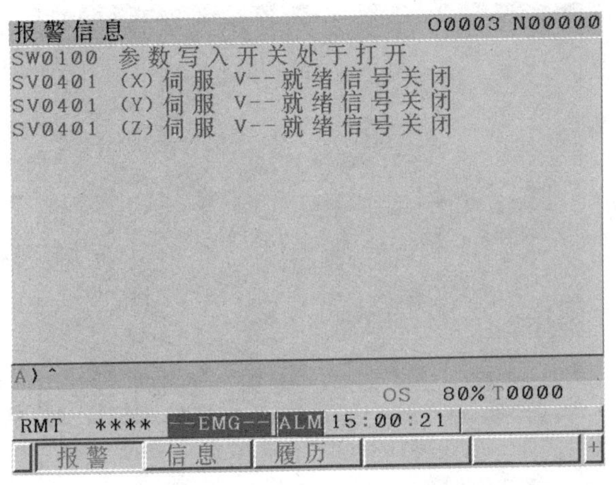

图4-35　SV0401 伺服报警画面

故障诊断：查看数控系统维修说明书，SV0401 报警为就绪信号关闭，位置控制的就绪信号（PRDY）处在接通状态而速度控制的就绪信号（VRDY）被断开。

进入系统诊断画面，查找诊断号 358，诊断号 358 是用一个十进制数表示一个 16 位的二进制数，所以在实际应用中需要换算成二进制。具体信号名称如表 4-7 所示。

表4-7　诊断号 358 具体信号名称

#15	#14	#13	#12	#11	#10	#9	#8
	SRDY	DRDY	INTL	RLY	CRDY	MCOFF	MCONS
#7	#6	#5	#4	#3	#2	#1	#0
MCON	* ESP	HRDY					

#5 HRDY：系统监控程序启动。

#6 * ESP：外部急停信号（从 PSM 的 CX4 输入）。

#7 MCON：MCON 信号（系统给伺服的）。

#8 MCONS：MCON 信号（伺服给系统的）。

#9 MCOFF：MCC 断开信号（PSM 给 SVM）。

#10 CRDY：逆变器准备就绪信号（当 PSM 的 DCLINK 电压约 300 V 时启动，PSM 把该信号传递给 SPM、SVM）。

#11 RLY：动态制动模块继电器吸合反馈信号（DB RL 给 SVM）。

#12 INTL：连锁信号（DB RL 掉电）。

#13 DRDY：PSM、SVM 准备完信号（PSM、SVM 的 LED 均显示“0”）。

#14 SRDY：伺服准备好信号（轴卡给系统的准备完成信号）。机床正常准备好时，诊断 358 号显示：32737（即#5～#14 均为 1）

正常情况下，诊断号 358 应该显示的是“32737”，把 32737 转换为二进制的 0111111111100001，而本机中显示为“1441”，如图 4-36 所示。把 1441 转换为二进制是 0000010110100001，第 6 位 ESP 为“0”，表示无急停信号。

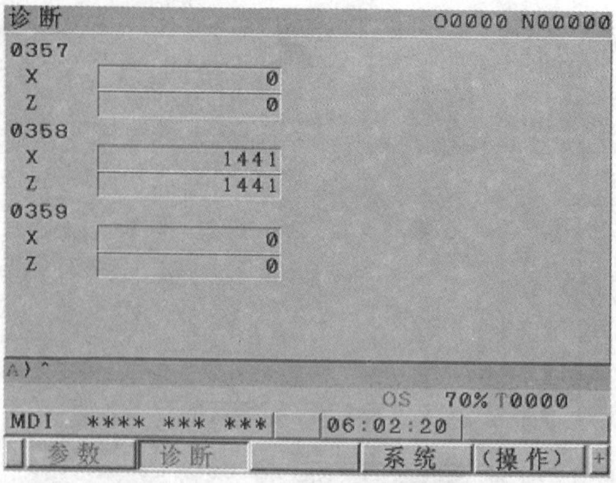

诊断　O0000 N00000
0357
X 0
Z 0
0358
X 1441
Z 1441
0359
X 0
Z 0
A)^
OS 70% T0000
MDI **** *** *** 06:02:20
参数　诊断　系统　(操作)　+

图 4－36　诊断画面

故障排除：经检查是伺服放大器 CX3 接口的转接端子接触不良，将其修复后，故障排除，机床恢复正常。

（3）M08 指令作用是开启主轴切削冷却液，但是发现冷却功能无法正常运行，冷却泵不能运转。

故障诊断：查看设备图纸，其冷却控制回路如图 4－37 所示。检查冷却电动机，发现其不运转、继电器 KA16 吸合、接触器 KM1 不吸合、线圈不得电，所以故障在 KM1 线圈回路中。

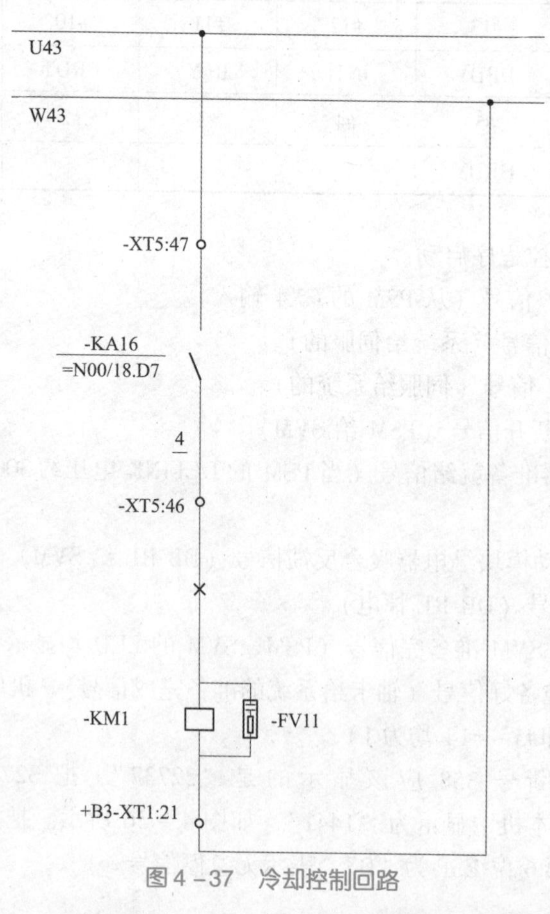

图 4－37　冷却控制回路

故障排除：使用万用表测量 KM1 线圈回路，以 W43 作为参考点，从 U43 逐点往下测量。

检测到 XT5：46 脚时有电，到接触器 KM1 线圈的 46 号线时万用表显示没有电压，因此，故障点位置在 XT5：46 脚和接触器 KM1 线圈的 46 号线之间。

在排故过程中，必要时可根据现场条件使用成熟技术对设备进行改造与改进。最后，对此次维修的故障现象、原因分析、解决过程、更换元件、遗留问题等要做好记录。如果有改造，还应在设备资料中配置符合国家有关标准的完整准确的补充图纸和相关资料。

4.3　数控铣床维护保养技术训练

项目1　数控铣床进给传动系统的基础维护与保养

一、实训目标

（1）了解机床进给传动系统的组成及传动原理。

（2）掌握数控机床滚珠丝杠部件的维护与保养基础技术。

（3）养成规范操作、认真细致、严谨求实的工作态度。

二、实训准备

（1）阅读教材，参考资料，查阅网络。

（2）实验仪器与设备：CNC 系统综合实验台、XK－L850 数控铣床、扳手、螺丝刀等。

三、相关知识

数控铣床的进给运动采用无级调速的伺服驱动方式，伺服电动机经过进给传动系统将动力和运动传递给工作台等运动执行部件。通常进给传动系统是由 1～2 级齿轮或带轮传动副和滚珠丝杠螺母副或齿轮齿条副或蜗杆蜗条副所组成的。传动系统的齿轮副或带轮副的作用主要是通过降速来匹配进给系统的惯量和获得要求的输出机械特性，对开环系统还起匹配所需脉冲当量的作用。近年来，由于伺服电动机及其控制单元性能的提高，许多数控机床的进给传动系统去掉了降速齿轮副，直接将伺服电动机与滚珠丝杠连接。滚珠丝杠螺母副或齿轮齿条副或蜗杆蜗条副的作用是将旋转运动转换为直线运动。

1. 滚珠丝杠部件的润滑

X、Z 轴滚珠丝杠润滑是由安装在床体尾架侧的集中润滑器集中供油的。

集中润滑器每隔 30 min 打出 2.5 mL 油，通过管路及计量件送至各润滑点。集中润滑器中的油液处于低位时，能自动报警，此时须及时添加润滑油。

X、Z 轴轴承采用长效润滑脂润滑，平时不需要添加，待机床大修时再更换。

2. 滚珠丝杠的调整

数控机床是由伺服电动机将动力传递至滚珠丝杠，再由丝杠螺母带动床鞍或滑板实现

纵、横向进给运动。当机床长期工作后，由于种种原因，丝杠的反向间隙、机床的定位精度、重复定位精度超差，此时应该检查滚珠丝杠部件，调整滚珠丝杠轴向间隙；查看丝杠支承轴承与床身的连接是否有松动、支承轴承是否被损坏等。如有以上问题，则要及时紧固松动部位并更换支承轴承。

四、实训内容

（1）认识进给传动系统。

（2）保养滚珠丝杠螺母副。

（3）滚珠丝杠螺母副轴向间隙调整。

数控机床丝杠装配与检测

五、实训步骤

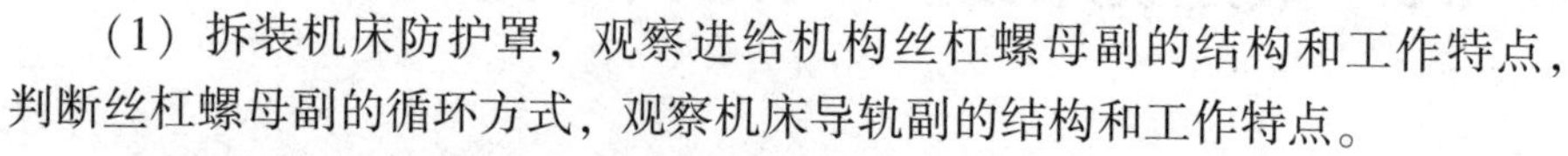

（1）拆装机床防护罩，观察进给机构丝杠螺母副的结构和工作特点，判断丝杠螺母副的循环方式，观察机床导轨副的结构和工作特点。

（2）清洁保养数控机床滚珠丝杠螺母副，如图 4－38 所示。

（3）进行数控机床滚珠丝杠螺母副轴向间隙的机械调整与预紧，如图 4－39 所示。

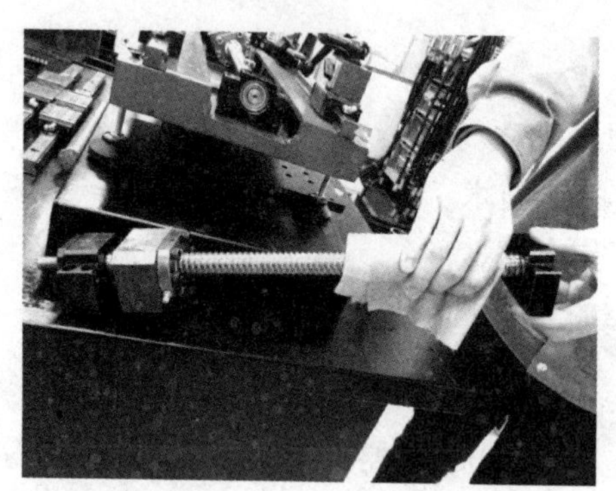

图 4－38　清洁保养滚珠丝杠螺母副

图 4－39　滚珠丝杠轴向间隙的调整

丝杠轴向间隙也可通过数控系统的轴向间隙补偿功能来进行调整，具体的操作方式，请参看各 CNC 系统的操作说明。

（4）通过典型零件加工进行补偿后的检验。

六、注意事项

（1）要注意人身及设备的安全。关闭电源后，方可观察机床的内部结构。

（2）未经指导教师许可，不得擅自任意操作。

（3）操作与保养数控机床要按规定时间完成，使一切动作符合基本操作规范，并注意安全。

（4）调整时要注意使用适当的工具，在正确的部位加力。

（6）实验完毕后，要注意清理现场，清洁机床，对机床及时保养。

七、学习评价

数控机床滚珠丝杠部件的基础维护与保养评价见表 4－8。

表4－8　数控机床滚珠丝杠部件的基础维护与保养评价

指标 评分	结构分析	滚珠丝杠部件的清理与润滑	滚珠丝杠部件轴向间隙的机械调整	调整结果检验	参与态度	动作技能	合计
标准分	20	20	20	10	15	15	100
扣分							
得分							
评价意见							
评价人							

项目2　数控铣床数据备份与恢复

一、实训目标

（1）掌握FANUC CNC系统整体数据备份的方法。

（2）学会FANUC CNC系统参数清空的步骤。

（3）掌握BOOT下备份的系统参数的恢复方法。

二、实训准备

（1）阅读教材，参考资料，查阅网络。

（2）实验仪器与设备：CNC系统综合实验台、存储卡等。

三、相关知识

数控机床是由机床硬件和CNC系统软件组成的，数控机床参数是其系统软件中的一种关键值，它决定着数控机床的功能和控制精度，是机床厂家根据机床特点经过一系列试验、调整而设定的重要数据，是保证数控机床正常工作的关键，某一参数一旦丢失或误被改动，就会使机床的某些功能不能实现或系统混乱甚至陷入瘫痪状态。

根据故障现象和参数说明，找到排除故障的相应参数，进行正确的参数设置。在有针对性地利用机床参数进行设备维修的过程中，这种方法非常实用。利用这种方法可以处理许多常见的机床故障，例如主轴准停位置的调整、机床原点位置的调整、解除软件超程报警、补偿反向间隙、螺距补偿参数设置等。可以说，调整机床参数是修复机床常见故障的重要手段之一。

为防止存储卡内原有数据干扰备份，请进入BOOT画面后，先进入MEMORY CARD FORMAT（存储卡格式化）画面对存储卡进行格式化。

下面以FANUC 0*i*－D系统的参数备份与恢复举例。

（1）对于FANUC 0*i*系统来说，可以和西门子系统一样使用RS232串行接口进行传输数

据，但 FANUC 0i－D 系列的数控系统提供了一种更为简捷的数据传输方法——CF 卡进行数据传输。

（2）CF 卡参数备份步骤。将 CF 卡插入显示器左边的 CF 卡插槽中。插卡时注意卡的方向，不能用太大的力。在 EDIT 方式下，按 SETTING/OFFSET 功能键，按软键 SETTING，在 SETTING 画面中，将 PWE 设为 1，机床出现 P/S100 报警。按 SETTING/OFFSET 软键 3 次，会出现 I/O 通道设定画面，设定 I/O＝4。按下功能键 SYSTEM，按软键 PARAM，按软键操作，按操作扩展键，再按软键输出，按下软键 ALL，然后按执行。所有参数以指定格式输出。

（3）CF 卡参数恢复步骤。将 CF 卡插入显示器左边的 CF 卡插槽中。插卡时注意卡的方向，不能用太大的力。在 EDIT 方式下，按 SETTING/OFFSET 功能键，按软键 SETTING，在 SETTING 画面中，将 PWE 设为 1，机床出现 P/S100 报警。按 SETTING/OFFSET 软键 3 次，会出现 I/O 通道设定画面，设定 I/O＝4。按下功能键 SYSTEM，按软键 PARAM，按软键操作，按操作扩展键，再按软键读入，然后按执行。参数就被读到内存中了。画面右下角的 INPUT 字样消失，说明参数输入完成。

（4）利用 CF 卡在 BOOT 画面下备份与恢复。将 CF 卡插入显示器左边的 CF 卡插槽中。同时按住显示器下方的最右端的两个软体键，然后按机床电源启动键进入 BOOT 画面。

四、实训内容

（1）完成 CNC 系统数据的整体备份。

（2）清空 CNC 系统原有数据。

（3）完成 CNC 系统数据恢复，使设备正常工作。

五、实训步骤

1. 在 BOOT 画面下进行系统 SRAM 数据备份

（1）按住图 4－40 所示最右端两个软键接通电源，直至显示 BOOT 画面。

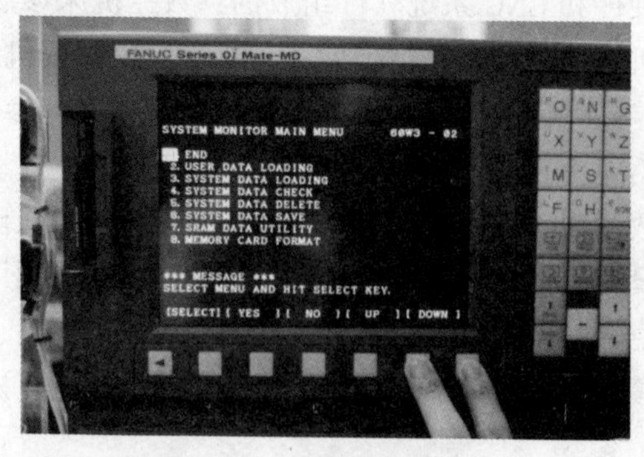

图 4－40　BOOT 画面启动

（2）插入存储卡：插入存储卡时，注意单边朝上，如图 4－41 所示。

对准插槽轻插至底，如图 4－42 所示。

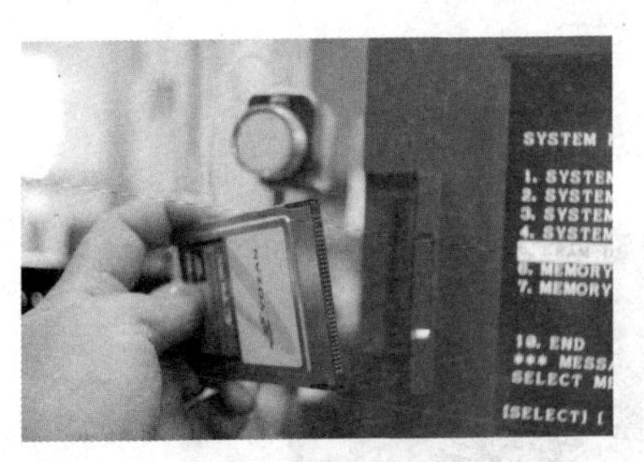

图 4－41　存储卡

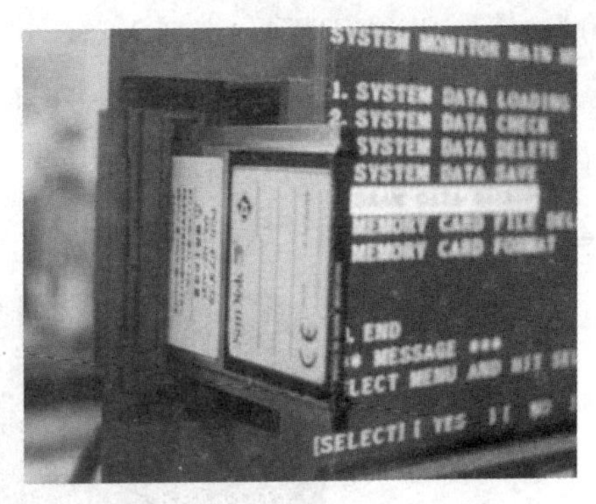

图 4－42　存储卡插入插槽

（3）按下软键 UP 或 DOWN，把光标移动到“7. SRAM DATA UTILITY”，该项功能可以将 CNC 系统（随机存储器 SRAM）中的用户数据全部储存到 CF 卡中做备份用，或将 CF 卡中的数据恢复到 CNC 系统中，如图 4－43 所示。

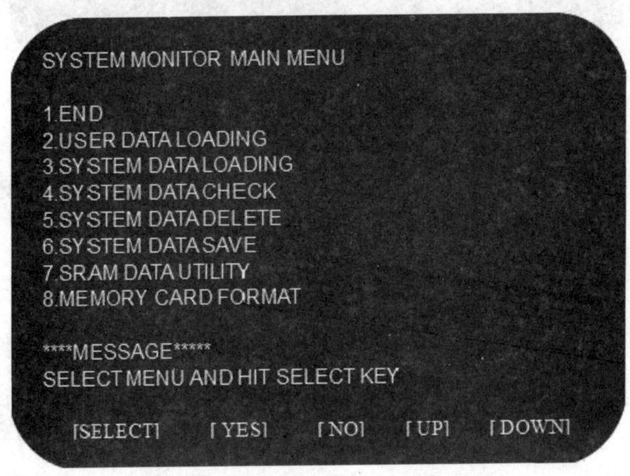

图 4－43　BOOT 画面一

（4）按下“SELECT”键，显示 SRAM DATA UTILITY 子菜单画面，如图 4－44 所示。

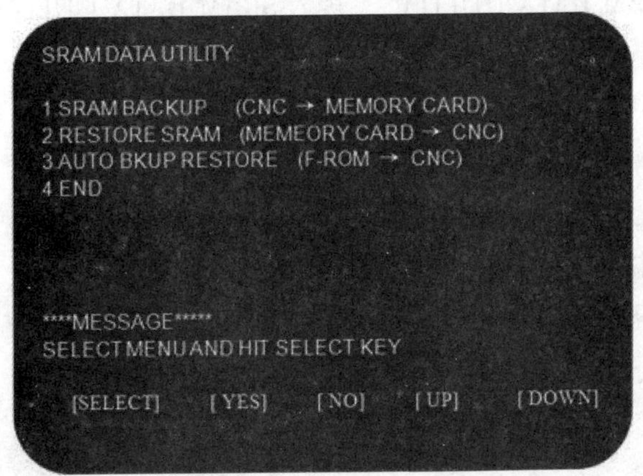

图 4－44　BOOT 画面二

（5）按下软键 UP 或 DOWN，把光标移动到“1. SRAM BACKUP　（CNC → MEMORY

CARD)”，按下 SELECT 键，选择 YES，进行 SRAM 数据备份。

2. 在 BOOT 画面下进行系统 F－ROM 数据备份

（1）进入图 4－43 所示引导画面。

（2）选择菜单选项“6. SYSTEM DATA SAVE”进入图 4－45 所示页面。

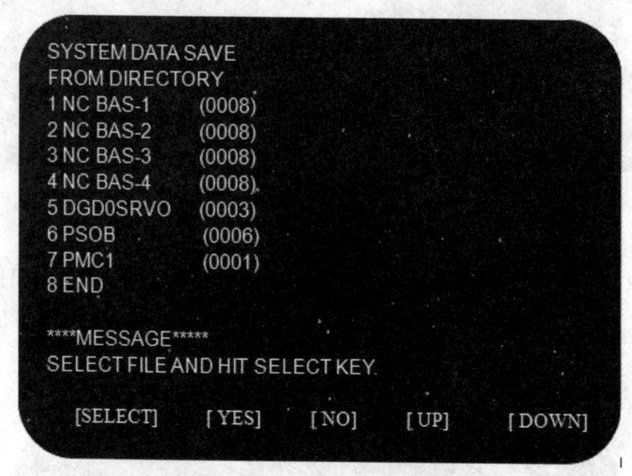

图 4－45 SYSTEM DATA SAVE 菜单画面

（3）把光标移到需要存储文件的名字上，单击 SELECT。存储结束时，系统会显示存储卡上写入的文件名。

3. 全清数据

在进行数据恢复前，先人为全清数据，以便完成恢复数据后的系统验证。全清数据的方法是：在上电时，同时按住 MDI 面板上的 RESET 键和 DELETE 键，直到 CNC 系统显示 IPL 初始程序加载页面。

4. 在 BOOT 画面下进行系统 SRAM 数据恢复

（1）插入存有备份数据的存储卡，进入 BOOT 画面。

（2）选择“7. SRAM DATA UTILITY”，进入 SRAM DATA UTILITY 画面。

（3）选择“RESTORE SRAM （MEMORY CARD → CNC）”，执行数据恢复。

5. 在 BOOT 画面下进行系统 FLASH－ROM 数据恢复

（1）插入存有备份数据的存储卡，进入 BOOT 画面。

（2）选择“3. SYSTEM DATA LOADING”，画面显示存储卡内的文件，把光标移动到需要恢复的文件上，单击 SELECT。

（3）文件加载结束时，系统显示 LOADING COMPLETE 信息。

6. 恢复结束以后，重启系统，检查系统各功能是否正常

六、注意事项

（1）要注意人身及设备的安全。

（2）进行全清系统前确认备份数据是否完整。

（3）实验完毕后，要注意清理现场，清洁机床，对机床及时保养。

七、学习评价

数控铣床数据备份与恢复评价见表4-9。

表4-9　数控铣床数据备份与恢复评价

指标 评分	任务分析能力	BOOT画面数据备份	全清系统	BOOT画面数据恢复	参与态度	动作技能	合计
标准分	10	20	20	20	15	15	100
扣分							
得分							
评价意见							
评价人							

项目3　数控铣床伺服及急停故障诊断与处理

一、实训目标

（1）掌握数控铣床故障诊断的步骤和方法。

（2）学会解决伺服参数故障的方法。

（3）学会急停故障的排除方法。

二、实训准备

（1）阅读教材，参考资料，查阅网络。

（2）实验仪器与设备：XK-L850数控铣床、FANUC 0*i*-MD CNC系统、万用表等。

三、相关知识

1. 伺服系统的构成分析

FANUC伺服系统是一个全数字的伺服系统，系统中的轴卡是一个子CPU系统，由它完成用于伺服控制的位置、速度、电流三环的运算控制，并将PWM控制信号传给伺服放大器，用于控制伺服电动机的变频。

（1）位置控制部分：位置控制部分是伺服系统的核心部分；它包括插补器、位置误差寄存器和参考计数器三部分。插补器完成坐标轴的插补运算，将系统给定的运动指令转换成以一定规律输出的脉冲串，该脉冲串和来自电动机反馈的脉冲都被输入位置误差寄存器中，两者的脉冲相位是相反的，位置误差寄存器的值即为指令位置与电动机实际位置的位置差，该值的大小直接影响电动机的速度。参考计数器用于回零控制，由它和机床的减速开关来确定机床的零点位置。

（2）速度控制部分：速度控制是三环控制的中间环，用于实现电动机的速度控制，它的指令来自位置指令的输出，反馈来自电动机的实际速度。

（3）电流控制部分：电流控制是伺服控制的内环，用于稳定电动机的电流，它的输入是速度控制的输出，反馈来自电动机电流。除此以外，电流控制完成交流电动机的三相电流的转换控制。伺服参数的作用就在于调整出合理的三环控制参数，达到最优的控制性能。

针对半闭环系统，在伺服调试的初步阶段，需要进入“参数设定支援”页面的“伺服设定”菜单中进行伺服设定，以确定这些参数的设定值。

2. 伺服参数设置的作用

FANUC 数控系统适合控制多种规格的伺服电动机，伺服电动机转矩不同，机床规格不同，伺服电动机的参数也不同。为了使 FANUC 数控系统适应具体的伺服电动机控制，机床制造商必须进行伺服电动机参数设置。

伺服参数涉及大量的现代控制理论。伺服驱动器和伺服电动机制造厂家通过大量实验和测试获得伺服参数，并将其存放在 FLASH ROM 中，通过伺服参数设定的引导，把 FLASH ROM 中的参数传送到伺服放大器中，这就是伺服参数初始化。可以通过伺服参数初始化和调整，把机床信息和伺服电动机信息提供给数控系统，数控系统才能“个性化”地更好地控制伺服电动机，满足机床制造商的设计要求。

3. 参数设定页面的进入

急停/MDI 方式→SYSTEM 键数次→伺服设定→操作→选择→切换，进入图 4－46 所示页面。

伺服设定	O0000 N00000	
	X 轴	Y 轴
初始化设定位	00000010	00000010
电机代码.	256	256
AMR	00000000	00000000
指令倍乘比	2	2
柔性齿轮比	1	1
(N/M) M	250	250
方向设定	-111	-111
速度反馈脉冲数.	8192	8192
位置反馈脉冲数.	12500	12500
参考计数器容量	4000	4000

A)^

OS 120% T0000

MDI **** *** *** | 15:00:54

菜单 | 切换

图 4－46　伺服设定画面

4. 案例分析

案例：以 XK－L850 型数控铣床为例，具体机床参数如表 4－10 所示，试完成伺服参数的设置。

表 4－10　XK－L850 型数控铣床相关参数

项　　目	单位	主要参数
X、*Y*、*Z* 轴伺服电动机型号		α*i*S22/4 000
X、*Y*、*Z* 轴伺服电动机扭矩	N·m	22
X、*Y*、*Z* 轴丝杠螺距	mm	10
电动机与丝杠齿轮比		1:1
检测单位	mm	0.001

（1）初始化设定位：初始化时设为00000000，下一次CNC系统重新上电时，就可以把伺服参数初始化页面中设置的参数进行初始化，即把伺服电动机代码相应的基本参数从FLASH ROM传给SRAM。

若初始化成功，将自动设定DGPR（#1）＝1，00000010。

（2）电动机代码：FANUC CNC系统FLASH ROM中存放有很多种伺服电动机数据，要想从CNC系统FLASH ROM中找出一种适合具体情况的伺服电动机参数写到SRAM中，只有机床制造商在调试时把具体的伺服电动机规格相应的代码设置到SRAM中，在每次系统上电时，CNC系统自动把FLASH ROM中对应的伺服电动机参数写到SRAM中来控制伺服电动机。常见伺服电动机规格如表4－11所示，其余伺服电动机代码可以参阅α*i*和β*i*伺服放大器手册。

图4－47所示为XK－L850型数控铣床伺服电动机铭牌。

图4－47　XK－L850型数控铣床伺服电动机铭牌

表4－11　常见伺服电动机规格

电动机型号	β4/4000s	β8/3000s	β12/3000s	β22/3000s	α04/3000
电动机代码	156（256）	158（258）	172（272）	174（274）	171（271）
电动机型号	α08/2000	αc12/2000	αc22/2000	αc30/1500	α2/5000
电动机代码	176（286）	191（291）	196（296）	201（301）	155（255）
电动机型号	α4/3000	α8/3000	α12/3000	α22/3000	α30/3000
电动机代码	173（273）	177（277）	193（293）	197（297）	203（303）
电动机型号	α40/3000	α4/5000s	α8/4000s	α12/4000s	α22/4000s
电动机代码	207（307）	165（265）	185（285）	188（288）	215（315）
电动机型号	α30/4000s	α40/4000s		β05/5000s	β1/5000s
电动机代码	218（318）	222（322）		151	152

（3）AMR：此系数相当于伺服电动机的级数的参数。若是 αiS/βiS/αiF 电动机，务必将其设为 00000000。

（4）指令倍乘比（CMR）：此系数设定指令单位和检测单位之比的指令倍乘比。通常，指令单位 = 检测单位，即指令倍乘比为 1。

当指令倍乘比为 0.5 ~48 时，设定值 =2 × 指令倍乘比。

（5）柔性齿轮比（N/M）：柔性齿轮比（N/M）用于确定机床的检测单位，即反馈给位置误差寄存器的一个脉冲所代表的机床位移量。根据螺距和传动比设定。系统最小指令脉冲为 0.001 mm/脉冲，且系统计算电动机一转时的计数脉冲为 1 000 000 个。

$$\text{柔性齿轮比}(N/M) = \frac{\text{检测器每转所需的位置反馈脉冲数}}{1\ 000\ 000}$$

$$\begin{aligned} N/M &= \text{电动机每转所需位置反馈脉冲数}/1\ 000\ 000 \\ &= \text{电动机每转一圈工作台的位移量}/0.001\ \text{mm}/1\ 000\ 000 = 1/100 \end{aligned}$$

（6）方向设定：将伺服电动机安装在机床上，运行伺服电动机，如果发现伺服电动机通过滚珠丝杠带动滑台移动的方向不符合设计需求，则可以通过改变“方向设定”栏的设定来达到改变伺服电动机运行方向的目的。正方向为 111，反方向为 -111。伺服电动机不能通过改变任意两根导线的相序来达到改变伺服电动机运行方向的目的，必须通过改变伺服参数才能达到改变方向的目的。若该参数设置的不是 111 和 -111，则 CNC 系统产生报警 SV417。

（7）速度反馈脉冲数、位置反馈脉冲数：对于半闭环伺服控制的检测反馈结构，速度反馈脉冲数、位置反馈脉冲数的设定分别为固定值 8 192 和 12 500。

（8）参考计数器容量：参考计数器容量主要用于基于栅格方式返回参考点，其值的设置对于回零精度的影响至关重要。可将参考计数器容量设定为电动机每转的位置反馈脉冲数（或者其整数分之一），该值同螺距、传动比和检测单位有关。

5. 急停线路的控制原理

数控机床中急停功能用于对人或者设备进行保护，急停信号发生以后，机床各进给轴、主轴都会快速进入制动状态，有的机床主轴和进给伺服动力电源也会被切断。所以数控机床出现急停问题后，必须排除，机床才能正常工作。

数控机床急停报警不能解除的故障比较常见。当故障发生时显示器下方显示“紧急停止”（EMG），这时，机床操作面板方式开关不能切换，主接触器 MCC 不吸合，无动力电供电，伺服、主轴放大器不能工作。

（1）急停的控制过程。如果按下机床操作面板上的紧急停止按钮，则机床立即停止移动。紧急停止按钮被按下时即被锁定。解除锁定的方法随机床制造商的不同而有差异，但通常扭转急停按钮可解除锁定。常用的急停功能电路连接如图 4 -48 所示。

XK -L850 型数控铣床紧急停止按钮使用的双回路或辅助继电器如图 4 -49（a）所示。一支回路与 CNC 系统连接，如图 4 -49（b）所示；另一支回路与伺服放大器连接，如图 4 -49（c）所示。

（2）急停故障产生的原因及排除方法。如图 4 -49 所示，若继电器 KA2 线圈不吸合，触点 KA2 -1 断开，急停信号 X8.4 高电平，系统就会出现急停报警。KA2 -2 断开，CX4 断开，伺服处于急停状态。

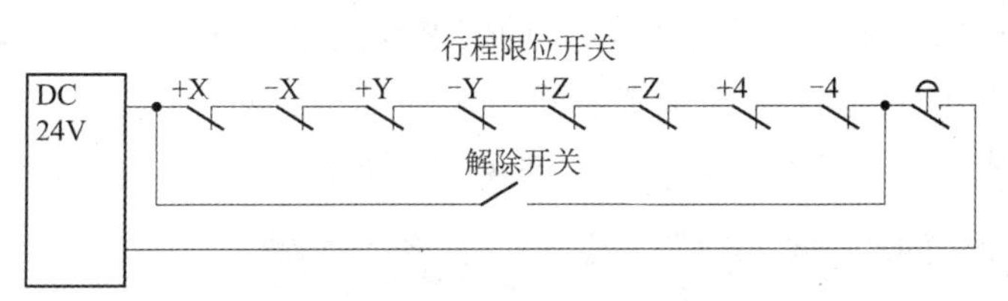

图 4-48 常用的急停功能电路连接

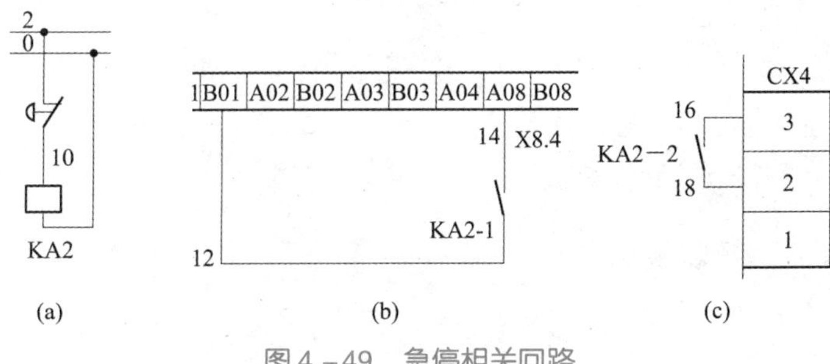

数控铣床急停故障分析与排除

图 4-49 急停相关回路

首先判断继电器 KA2 线圈回路是否有故障存在，若无故障，再检查 X8.4 信号的状态，然后再检查继电器 KA2-2 触点回路。使用万用表电压挡测量电路中各点间电压值，并根据电压值变化，分析和诊断故障点。

四、实训内容

（1）FANUC 0*i*-D 系统数控铣床，出现 SV0417（Z）、SV0466（Z）报警无法解除。

已知 *Z* 轴滚珠丝杠螺距为 4 mm，伺服电动机与丝杠直连，伺服电动机规格见具体铭牌标示，机床检测单位为 0.001 mm，数控指令单位为 0.001 mm。

对 *Z* 轴重新进行伺服参数设置，解除报警。

（2）完成急停控制线路故障的排除，使设备正常工作。

五、实训步骤

1. 伺服 SV0417 报警、SV0466 报警

伺服报警画面如图 4-50。

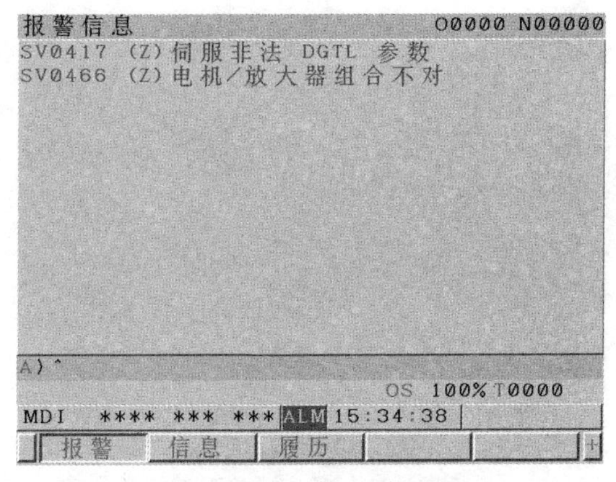

数控铣床伺服故障分析与排除

图 4-50 伺服报警画面

（1）查阅维修说明书可知，SV0417 报警：数字伺服参数的设定不正确。SV0466 报警：伺服放大器的最大电流值和电动机的最大电流值不同。

（2）根据设备参数完成 *Z* 轴伺服参数设定，如图 4－51 所示。

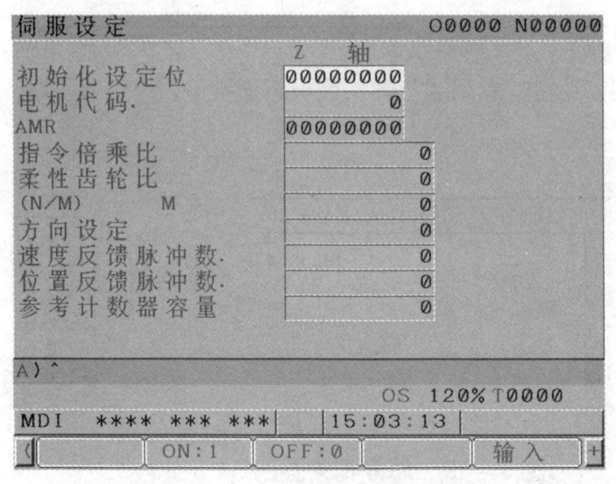

图 4－51　*Z* 轴伺服设定画面

（3）验证伺服参数设定的正确性：按照图 4－52 所示流程，完成伺服参数设定正确性验证。

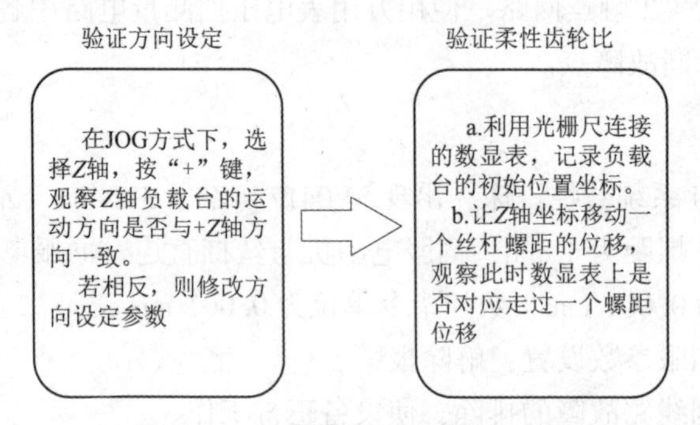

图 4－52　伺服参数设定正确性验证

2. 急停控制线路故障的诊断和维修

系统出现如图 4－53 所示的急停报警画面，经初步检查，继电器 KA2 指示灯亮，参考图 4－49 所示急停相关回路，完成急停故障的诊断和排除。

图 4－53　急停报警画面

六、注意事项

（1）要注意人身及设备的安全。

（2）正确使用万用表。

（3）实验完毕后，要注意清理现场，清洁机床，对机床及时保养。

七、学习评价

数控铣床伺服、急停常见故障处理评价见表4－12。

表4－12　数控铣床伺服、急停常见故障处理评价

指标 评分	任务分析能力	伺服故障处理	急停故障处理	参与态度	动作技能	合计
标准分	10	30	30	15	15	100
扣分						
得分						
评价意见						
评价人						

本章小结

本章主要介绍了数控铣床机械部件维护保养的基础知识、电气控制方式及CNC系统维护保养技术；详细讲解了数控铣床主传动系统的维护和保养、系统调试、数据的备份和恢复以及常见故障的诊断与排除，并通过三个项目训练，进一步巩固和加强了对本章知识的掌握。

练习

1. 数控铣床主传动系统由哪些部分组成？
2. 数控铣床进给传动系统由哪些部分组成？
3. 滚珠丝杠的维护与保养应考虑哪些方面？
4. 滚珠丝杠轴向间隙超差，会对加工产生什么样的影响？
5. FANUC 0i－MD数控铣床系统主要由哪些部件组成？
6. 在哪些情况下，需要做参数的备份？
7. 什么情况下需要进行参数的恢复？
8. 机床电气故障维修步骤是什么？
9. 故障诊断与排除的常用方法有哪些？

第 5 章　加工中心维护保养技术

学习目标

◇掌握加工中心精度检验的基本方法
◇了解加工中心刀库的基本结构和维护保养方法
◇掌握加工中心换刀装置的电气回路连接及系统调试
◇了解加工中心系统常见故障的诊断与排除方法
◇掌握加工中心刀库常见故障的诊断与排除方法
◇了解加工中心气压控制系统维护保养的方法

实践活动

项目 1　加工中心机械精度检验
项目 2　加工中心伺服系统的日常维护
项目 3　加工中心气压传动系统的日常维护

5.1　加工中心机械部件的维护保养技术基础

5.1.1　加工中心精度及检验

加工中心的精度是衡量机床性能的一项重要指标，也是加工中心在安装完成后必经的检验过程。精度检验内容主要包括数控机床的几何精度、定位精度和加工精度等，不同类型的机床对这些方面的要求也不尽相同。数控机床种类繁多，因此，对不同的机床进行检验时需要有一个统一的标准和方法。本章以《精密加工中心检验条件》（GB/T20957.2—2007）为标准，具体介绍加工中心常用几何精度检验方法。

加工中心几何精度检验常用的检验工具有：精密水平仪、平尺、角尺、检验棒、等高垫块、千分表等。检验工具的精度必须比所测几何精度高一个等级。精度检验常用的工具、量

具、检具如表5－1所示。

表5－1　精度检验常用的工具、量具、检具

工具、量具、检具的名称	实物图
精密水平仪	
平尺	
角尺	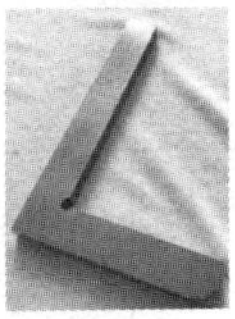
检验棒	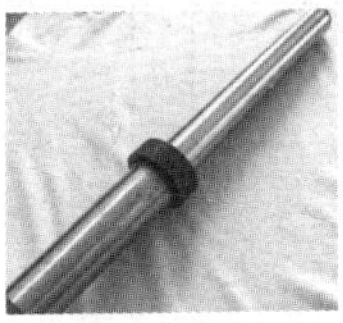
等高垫块	
千分表	
塞尺	

一、加工中心几何精度的概念

加工中心几何精度是指机床某些基础零件工作面的几何精度。它是指加工中心在不运动的情况下检测的精度，也称为静态精度。几何精度检验必须在地基完全稳定、地脚螺栓处于压紧的状态下进行。考虑到地基可能随时间而变化，一般要求机床使用半年后，再复校一次几何精度。

机床几何精度还决定了加工过程中各主要零部件之间以及这些零部件运动轨迹之间的相对位置容差。几何精度直接影响机床的加工精度。

二、常见几何精度检验项目

加工中心常见的几何精度检验项目主要有：工作台面的平面度、线性运动的直线度、线性运动的垂直度、主轴轴向窜动、主轴端面跳动、主轴锥孔径向跳动、主轴轴线与 Z 轴线运动间的平行度等二十多项，表 5－2 所示为其中部分检验项目。

表 5－2　加工中心部分典型几何精度检验项目

序号	项目	图示	要求	主要工具
1	机床水平调整	机床水平调整	X 方向：≤0.04。 Y 方向：≤0.04	精密水平仪、调整扳手
2	工作台面的平面度			水平仪或平尺、量块、指示器
3	X 轴线运动的直线度	(a)　(b)	（a）在 ZX 垂直平面内。 （b）在 XY 水平平面内	平尺、磁性表座、千分表
4	Z 轴线运动和 X 轴线运动间的垂直度	步骤1　步骤2	0.012	千分表、磁性表座、平尺、角尺

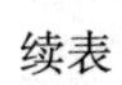

续表

序号	项目	图示	要求	主要工具
5	Y 轴线运动和 X 轴线运动间的垂直度	Z Y' Y Z' Y X' X Y' Y X' α X α Y'	0.012	平尺、指示器
6	主轴轴线和 Z 轴线运动间的平行度	Z Y' Y Z' Z X' X Z' (a) (b)	(a) 平行于 Y 轴线的 YZ 垂直平面内。 (b) 平行于 X 轴线的 ZX 垂直平面内	检验棒、指示器
7	主轴轴线和 X 轴线运动间的垂直度	S X' α X α S α	0.01	平尺、指示器
8	工作台面和 X 轴线运动间的平行度	Z X' X Z'	0.016	平尺、指示器

续表

序号	项目	图示	要求	主要工具
9	主轴周期性轴向窜动/主轴端面跳动	A (a) (b)	(a) 主轴轴向窜动。 (b) 主轴端面跳动	指示器
10	主轴锥孔的径向跳动	(a) (b)	(a) 靠近主轴端。 (b) 距离主轴端部 300 mm 处	检验棒、指示器

三、常见几何精度的检验方法

下面以 VMC600 立式加工中心为例，简要地介绍加工中心部分典型项目几何精度的检验方法。

1. 机床水平调整

检验工具：水平仪、调整扳手。

检验方法：将机床工作台移动至中间位置，将 2 个水平仪分别横向、纵向放在工作台上，目测分别与 X 轴、Y 轴平行，调整机床的 4 个地脚，同时查看水平仪的读数，确保调整后的水平仪 2 个方向的读数在 0.04 mm 范围以内，至此机床水平调整完成（图 5 - 1），水平仪的读数即为机床的水平。

2. X 轴线运动的直线度

检验工具：等高垫块、平尺、磁性表座、千分表、塞尺。

检验方法：

（1）在 XY 平面内的直线度如图 5 - 2 所示。

将等高垫块放置在工作台上，平尺沿着 X 轴水平放置在等高垫块上，目测平尺测量面与 X 轴平行。将磁性表座吸附在主轴上，千分表触头触及平尺测量面，移动 X 轴，用橡皮锤调整平尺，使平尺两端读数基本一致。重新打表，移动 X 轴，使触头从平尺测量面一端移动至另一端，读数的最大误差就是 X 轴线在 XY 平面内运动的直线度。

图5-1 机床水平调整

图5-2 X轴线运动的直线度（XY平面）

（2）在 XZ 平面内的直线度如图5-3所示。

将等高垫块放置在工作台上，平尺沿着 X 轴竖直放置在等高垫块上，目测平尺测量面与 X 轴平行。将磁性表座吸附在主轴上，千分表触头触及平尺测量面，移动 X 轴，用塞尺垫入平尺下方，使平尺两端读数基本一致。重新打表，移动 X 轴，使触头从平尺测量面一端移动至另一端，读数的最大误差就是 X 轴线在 XZ 平面内运动的直线度。

3. Z 轴线运动和 X 轴线运动间的垂直度（图5-4）

检验工具：等高垫块、千分表、磁性表座、方尺。

检验方法：将等高垫块放置在工作台上，方尺沿着 X 轴竖直放置在等高垫块上，目测平尺测量面与 X 轴平行。将磁性表座吸附在主轴上，固定主轴，千分表触头触及平尺测量面，移动 X 轴，用塞尺垫入方尺下方，使方尺两端读数基本一致。千分表触头触及方尺垂直方向的测量面，移动 Z 轴，使触头从角尺测量面一端移动至另一端，读数的最大误差就是 Z 轴线运动和 X 轴线运动间的垂直度。

图5-3 X轴线运动的直线度（XZ平面）

图5-4 Z轴线运动和X轴线运动间的垂直度

4. 主轴轴线和 Z 轴线运动间的平行度

检验工具：检验棒、千分表、磁性表座。

检验方法：

（1）平行于 X 轴线的 ZX 垂直平面内的平行度。

将 X 轴线置于行程的中间位置，将检验棒插入主轴，将磁性表座吸附在工作台上，使千分表触头沿 X 方向触及检验棒，移动 Y 轴寻找最高点。然后移动 Z 轴，使触头从检验棒一端移动至另一端，读取最大差值，旋转主轴180°；重复上述步骤，两次测量得到的最大

差值的平均值就是 ZX 垂直平面内主轴轴线和 Z 轴线运动间的平行度。

（2）平行于 Y 轴线的 ZY 垂直平面内的平行度。

将 X 轴线置于行程的中间位置，将检验棒插入主轴，将磁性表座吸附在工作台上，使千分表触头沿 Y 方向触及检验棒，移动 X 轴寻找最高点。然后移动 Z 轴，使触头从检验棒一端移动至另一端，读取最大差值，旋转主轴 180°。重复上述步骤，两次测量得到的最大差值的平均值就是 ZY 垂直平面内主轴轴线和 Z 轴线运动间的平行度。

5. 主轴周期性轴向窜动/主轴端面跳动

检验工具：主轴检验棒、磁性表座、千分表。

检验方法：将磁性表座吸附在工作台上，千分表触头触及主轴端面，旋转主轴 2 圈以上，读数的最大误差就是主轴端面跳动。

将检验棒插入主轴，检验用的钢珠用润滑脂吸附在检验棒下端，磁性表座吸附在工作台上，千分表表头换平表头，平表头触及钢珠，旋转主轴 2 圈以上，读数的最大差值就是主轴的轴向窜动。

6. 主轴锥孔的径向跳动

检验工具：主轴检验棒、磁性表座、千分表。

检验方法：靠近主轴端，将主轴检验棒插入主轴锥孔内，将磁性表座吸附在工作台上，千分表触头触及检验棒，旋转主轴 2 圈以上，读取最大差值。拔出主轴检验棒，旋转 90°，重新插入主轴，测量并读取最大差值。重复一次上述步骤。4 次最大差值的平均值即为主轴锥孔的径向跳动。移动 Z 轴使千分表触头触及距主轴端部 300 mm 处，按靠近主轴端相同的方式测量。

5.1.2 加工中心刀库维护技术基础

加工中心中的自动换刀装置由刀库和刀具交换装置组成，用于交换主轴与刀库中的刀具或工具。加工中心的刀库和刀具交换装置，能够使工件一次装夹后不用再拆卸工件就可完成多工序的加工。

一、加工中心刀库的工作要求

（1）刀库容量适当。

（2）换刀时间短。

（3）换刀空间小。

（4）动作可靠、使用稳定。

（5）刀具重复定位精度高。

（6）刀具识别准确。

二、加工中心常用刀库类型

数控机床的自动换刀系统中，实现刀库与机床主轴之间刀具传递和刀具装卸的装置称为刀具交换装置。刀具的交换方式一般有：机械手臂换刀和斗笠式换刀两种。其中斗笠式刀库是加工中心比较常见的一种换刀装置。一般存储刀具数量不能太多，10 ~ 24 把刀具为宜，具有体积小、安装方便等特点。一般加工中心采用的换刀系统由刀具、主轴部件、换刀机构

(ATC 机构) 等部件组成。

1. 机械手臂换刀

加工中心普遍采用的形式是首先由刀库选刀，再由机械手臂完成换刀动作。机床结构不同，机械手臂的形式及动作均不一样。下面以 VMC850 加工中心为例介绍机械手臂换刀的工作原理。

该机床采用的是圆盘式刀库，位于机床立柱左侧。其机械结构如图 5 -5 所示。

图 5 -5 圆盘式刀库结构

由于刀库中存放刀具的轴线与主轴的轴线垂直，故而机械手臂需要三个自由度。机械手臂沿主轴轴线的插拔刀动作，由液压缸来实现。绕竖直轴 90°的摆动进行刀库与主轴间刀具的传送，由液压马达实现。绕水平轴旋转 180°完成刀库与主轴上的刀具交换的动作，也由液压马达实现。其换刀分解动作如图 5 -6 所示。

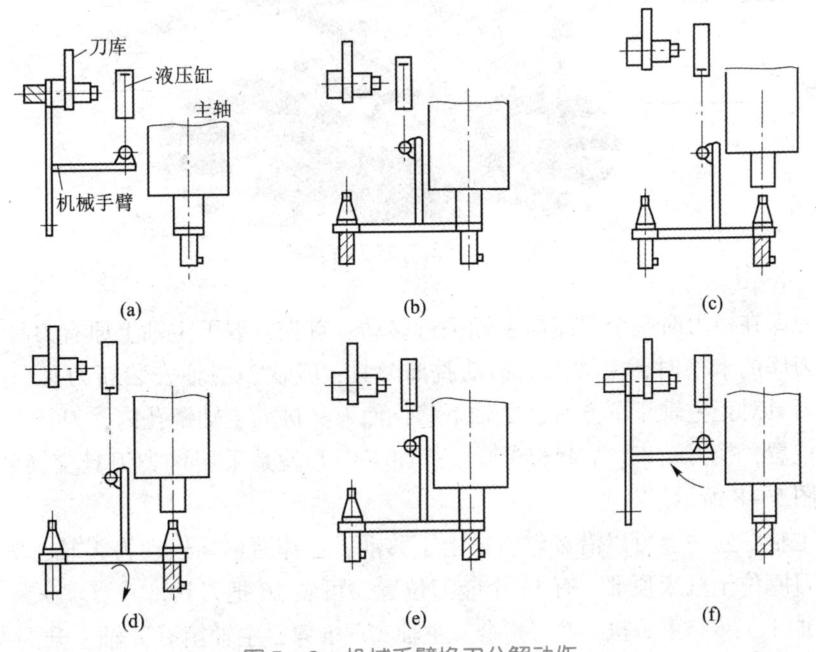

图 5 -6 机械手臂换刀分解动作

（1）扣刀爪伸出，抓住刀库上的待换刀具，将刀库刀座上的锁板拉开，如图5－6（a）所示。

（2）机械手臂带着待换刀具绕竖直轴逆时针方向转90°，与主轴轴线平行，另一个扣刀爪抓住主轴上的刀具，主轴将刀杆松开，如图5－6（b）所示。

（3）主轴松刀，机械手臂下移，将刀具从主轴锥孔内拔出，如图5－6（c）所示。

（4）机械手臂绕自身水平轴转180°，将两把刀具交换位置，如图5－6（d）所示。

（5）机械手臂上移，将新刀具装入主轴，主轴将刀具锁住，如图5－6（e）所示。

（6）扣刀爪缩回，松开主轴上的刀具。机械手臂竖直轴顺时针转90°，将刀具放回刀库的相应刀座上，刀库上的锁板合上，如图5－6（f）所示。

最后，扣刀爪缩回，松开刀库上的刀具，恢复到原始位置。

2. 斗笠式换刀

加工中心的一个很大优势在于它有自动换刀装置（ATC），使加工变得更具有柔性化。加工中心常用的刀库有斗笠式、凸轮式、链条式等，其中斗笠式刀库由于其形状像个大斗笠而得名，一般存储刀具数量不能太多，10～24把刀具为宜，具有体积小、安装方便等特点，在立式加工中心中应用较多，其机械结构如图5－7所示。

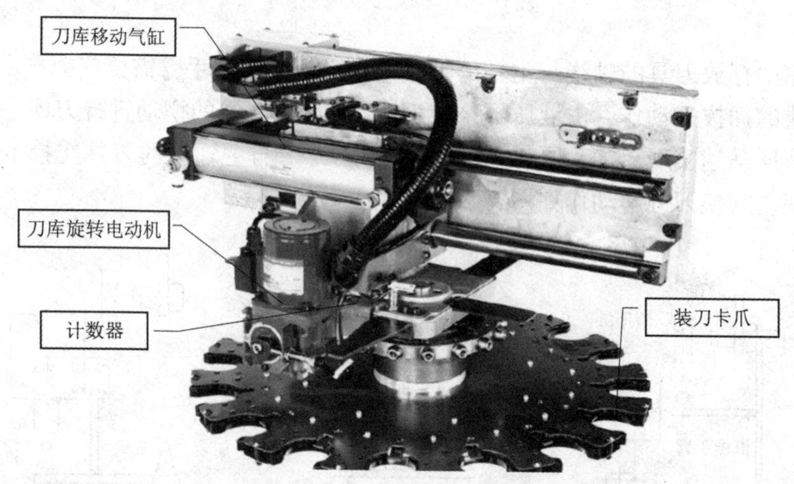

图5－7 斗笠式刀库结构

斗笠式刀库在换刀时整个刀库向主轴平行移动。首先，取下主轴上原有刀具，当主轴上的刀具进入刀库的卡槽时，主轴向上移动脱离刀具；其次，主轴安装新刀具，这时刀库转动，当目标刀具对正主轴正下方时，主轴下移，使刀具进入主轴锥孔内，刀具夹紧后，刀库退回原来的位置，换刀结束。VMC650型立式加工中心就是采用这类刀具交换装置的实例，换刀流程如图5－8所示。

该机床主轴在立柱上可以沿Z轴方向上下移动，工作台横向运动为X轴，纵向移动为Y轴。斗笠式刀库位于机床顶部，有16个装刀位置，可装16把刀具。

（1）当加工工步结束后执行换刀指令，主轴实现准停，主轴箱沿Z轴上升到参考点位置。这时机床上方刀库的空挡刀位正好处在交换位置，装夹刀具的卡爪打开，如图5－8（a）所示。

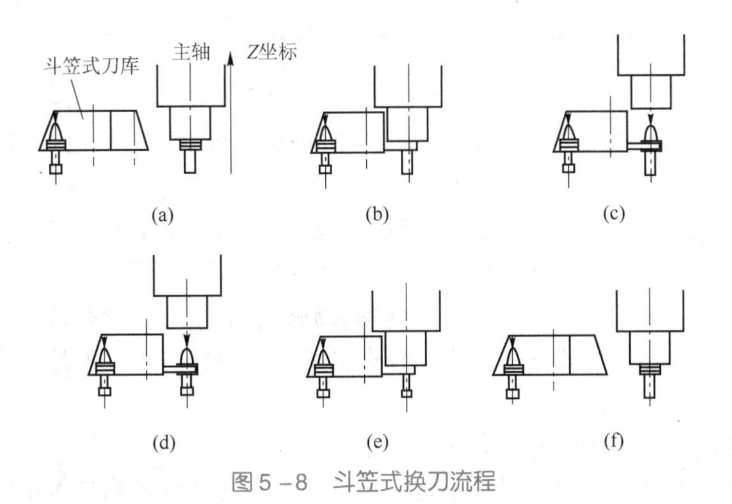

图5－8　斗笠式换刀流程

（2）主轴箱下降到固定位置，被更换刀具的刀杆进入刀库空刀位，即被刀具定位卡爪钳住，与此同时，主轴内刀杆自动夹紧装置放松刀具，如图5－8（b）所示。

（3）主轴上升，从主轴锥孔中将刀具拔出，如图5－8（c）所示。

（4）刀库旋转，按照程序指令要求将选好的刀具转到主轴位置，同时，压缩空气将主轴锥孔吹净，如图5－8（d）所示。

（5）主轴下降，主轴内有夹紧装置将刀杆拉紧，将新刀具插入主轴锥孔，如图5－8（e）所示。

（6）刀库退回到原始位置，换刀完成，开始下一工步的加工，如图5－8（f）所示。

这种换刀机构不需要机械手臂，结构简单、紧凑。由于交换刀具时机床不工作，所以不会影响加工精度。因刀库尺寸限制，装刀数量不能太多。这种换刀方式多用于采用40号以下刀柄的中小型加工中心。

三、刀具识别方法

加工中心刀库中有多把刀具，要想从刀库中调出所需刀具，就必须对刀具进行识别，刀具识别的方法有两种。

1. 刀座编码

在刀库的刀座上编有号码，在装刀之前，首先对刀库进行重整设定，设定完后，就得到了刀具号和刀座号一致的情况，此时一号刀座对应的就是一号刀具。经过换刀之后，一号刀具并不一定放到一号刀座中（刀库采用“就近选刀”原则），此时CNC系统会自动记忆一号刀具放到了几号刀座中，因为CNC系统采用的是循环记忆方式。

2. 刀柄编码

识别传感器在刀柄上编有号码，将刀具号首先与刀柄号对应起来，把刀具装在刀柄上，再装入刀库，在刀库上有刀柄感应器，需要的刀具从刀库中转到装有感应器的位置并被感应到时，就会被从刀库中调出而交换到主轴上。

四、加工中心换刀装置的基础维护与常见故障处理

1. 维护要点

（1）严禁把超重、超长的刀具装入刀库，防止在机械手臂换刀时掉刀或刀具与工件、夹具等发生碰撞。

（2）用顺序选刀方式选刀时，必须注意刀具放置在刀库上的顺序要正确。其他选刀方式也要注意所换刀具号是否与所需刀具一致，防止换错刀具而导致事故发生。

（3）用手动方式往刀库上装刀时，要确保装到位、装牢靠。检查刀座上的锁紧是否可靠；经常检查刀库的回零位置是否正确，检查机床主轴回换刀点位置是否到位，并及时调整，否则不能完成换刀动作。

（4）要注意保持刀具刀柄和刀套的清洁。

（5）开机时，应先使刀库和机械手臂空运行，检查各部分工作是否正常，特别是各行程开关和电磁阀能否正常动作。检查机械手臂液压系统的压力是否正常，刀具在机械手臂上锁紧是否可靠。发现不正常时要及时处理。

2. 常见故障及其处理方法

加工中心常见故障及其处理方法见表 5－3。

表 5－3　加工中心常见故障及其处理方法

序　号	故障现象	故障原因	处理方法
1	刀库不能转动	刀库缩回不到位	检查刀库控制电路，查看刀库行程检测开关是否吸合，若未吸合，则使用万用表测量开关性能
2	刀库不能转动	主轴松/紧刀接触不良	检查加工中心主轴松刀到位信号和紧刀到位信号，如果信号不正常，则更换开关
3	刀库旋转不停止	刀库计数器故障	刀库计数器是用来控制刀库到位停止。当计数器失效时，程序中目标刀号将始终保持寻找刀位状态，刀库会连续运转。检查刀库计数器
4	加工过程中掉刀	刀库圆盘锁紧弹簧失效	1. 刀库中某刀位所装刀具超重，造成弹簧夹紧力不足。 2. 在刀库移动过程中气缸内压力过大，造成刀库掉刀
5	刀具交换时掉刀	Z 轴第二参考点漂移	换刀时主轴箱没有回到换刀点或换刀点漂移，机械手臂抓刀时没有到位就开始拔刀，会导致换刀时掉刀。这时应重新移动主轴箱，使其回到换刀点位置，重新设定换刀点
6	主轴拔刀过程中有明显声响	刀库机构磨损	1. 主轴上移至刀爪时，刀库刀爪有错动，说明刀库零点可能偏移，或是刀库传动存在间隙。 2. 刀库上刀具质量不平衡而偏向一边。若插拔刀费劲，则估计是刀库零点偏移；将刀库刀具全部卸下，用塞尺测量刀库刀爪与主轴传动键之间间隙，证实有偏移；调整参数 1241 直至刀库刀爪与主轴传动键之间间隙基本相等。开机后执行换刀，一切正常

5.2　加工中心电气控制及CNC系统维护保养技术基础

数控铣床配置了ATC自动换刀机构和刀库后，就升级成为数控加工中心，不同厂家机床的维护保养内容和规则也各有不同，尤其是加工中心自动换刀系统的具体维护内容应根据机床种类、型号及实际使用情况，并参照机床使用说明书要求，制定和建立必要的定期、定级维护保养制度。

5.2.1　加工中心电气回路连接及故障处理

一台加工中心可完成由几台普通数控机床才能完成的工作。加工中心配置了刀库和自动换刀装置，在加工过程中能自动地进行刀具更换工作，以满足不同工序加工的需要。数控加工中心电气控制回路主要由控制器（CNC），机床控制电器，主轴无级调速，*X*、*Y*、*Z* 轴进给驱动，刀库旋转，排屑、冷却及其他控制电路等组成，如图5－9所示。

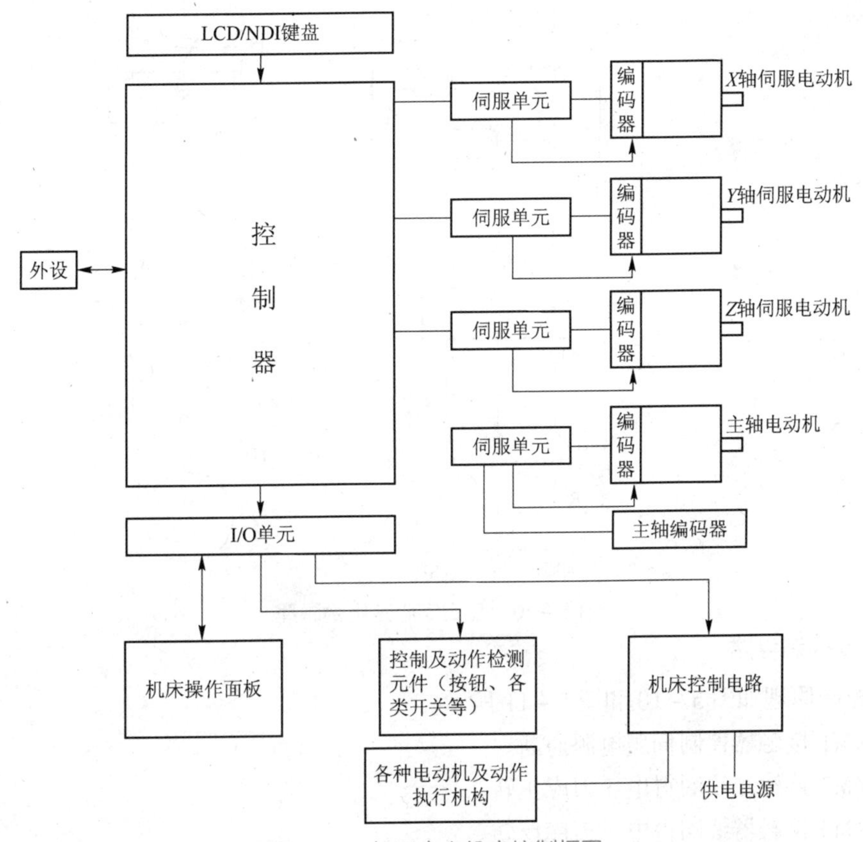

图5－9　加工中心机床控制框图

一、加工中心电气回路连接

本节以VMC600加工中心的电气回路连接为例，其数控系统配置FANUC 0*i*－MD系统，

刀库类型为斗笠式刀库，主要介绍加工中心主电路和刀库控制电路，以及加工中心电气控制线路中 CNC 系统、驱动、I/O 接口与电气控制线路之间的关系。

1. 主电路

加工中心主电路原理如图 5－10 所示，电源空气开关 QF1 控制机床总电源的通断。机床通电后，操作面板上机床电源指示灯亮。

（1）主电路中 QS1 开关为伺服变压器 TC1 以及直接使用三相 380 V 交流电源的电气部件供电。TC1 输出三相 200 V 通过 QF2 开关、KM1 接触器给伺服电源单元 SVSP 供电。

（2）主电路还为主轴电动机、冷却电动机、风扇、冲屑电动机等供电。

（3）QS3 开关为刀库电动机供电，通过正转接触器 KM2、反转接触器 KM3 实现刀库正、反转。

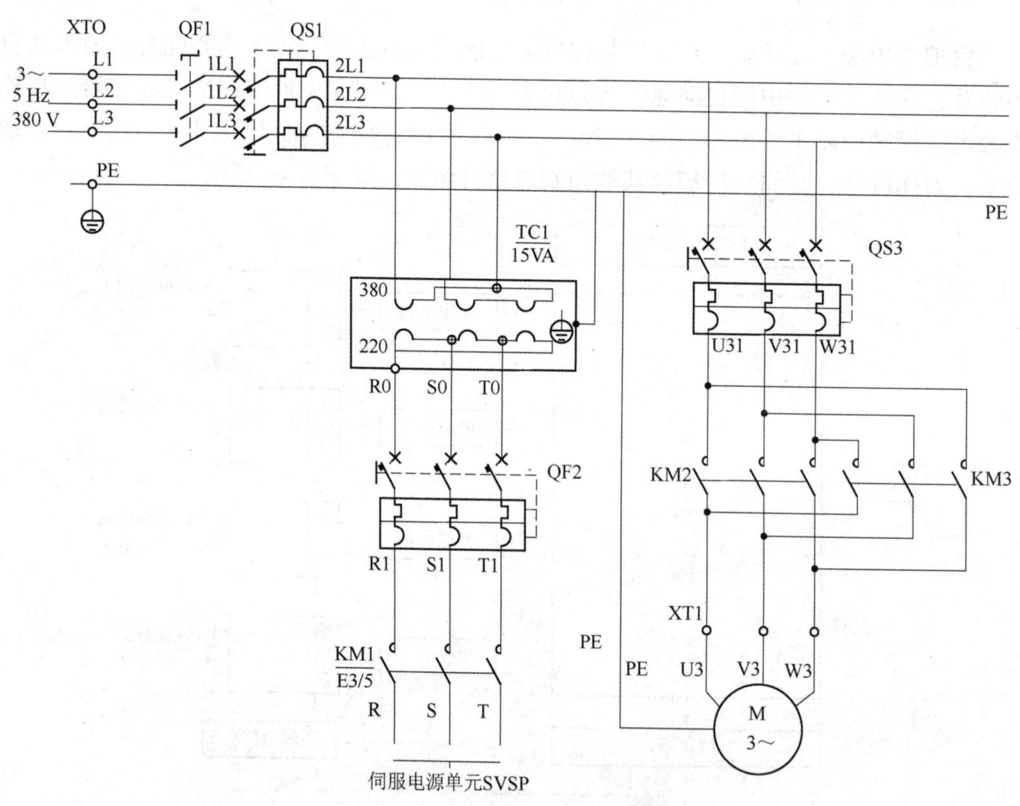

图 5－10　加工中心主电路原理

2. 交流控制电路

交流控制原理如图 5－10 和图 5－11 所示。

（1）KM1 接触器控制伺服电源通断。

（2）KM2 接触器线圈得电，刀库正转。

（3）KM3 接触器线圈得电，刀库反转。

二、加工中心刀库电气控制电路

（1）加工中心刀库电气控制电路电源如图 5－12 所示，主要包括电源变压器 TC2、开关电源等。

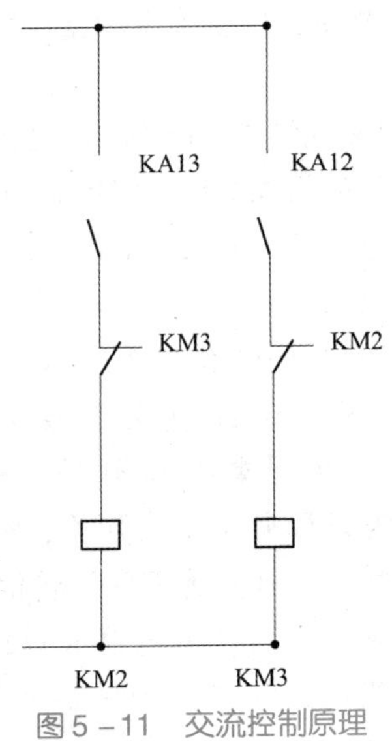

图5－11 交流控制原理

①控制电路由TC2电源变压器供电。TC2变压器的输出电压分别为交流220 V、110 V、22 V（或24 V）的三组电源。220 V为24 V直流稳压电源以及部分220 V用电器供电。110 V为自动润滑、热交换器、电磁阀等电气部件提供电源，并作为交流控制回路的控制电源。

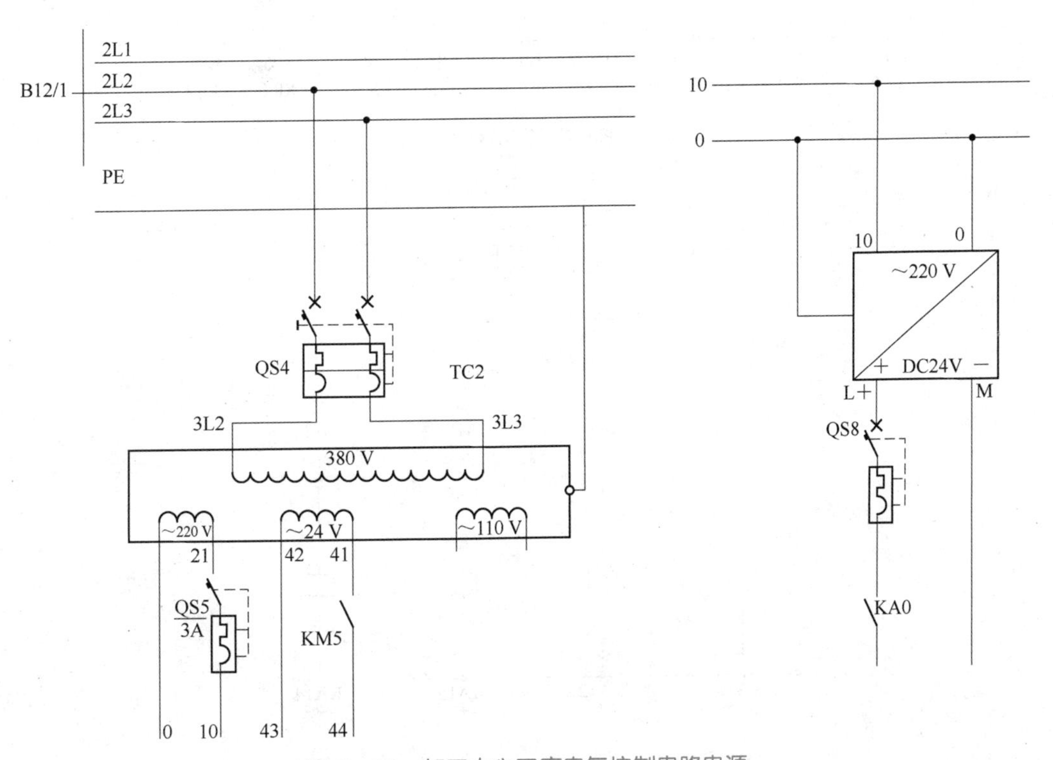

图5－12 加工中心刀库电气控制电路电源

②开关电源给CNC系统提供直流24 V，直流电源直接影响系统的稳定运行。开关电源

的220 V从变压器TC2的输出端取得，DC24V电压经继电器KA0的常开触点送给CNC系统。

（2）加工中心刀库交流控制原理如图5－11所示。当继电器KA12线圈得电时，KA12常开触点闭合，KM3得电，刀库反转，KM3常闭辅助触点断开；当继电器KA13线圈得电时，KA13常开触点闭合，KM2得电，刀库正转，KM2常闭辅助触点断开；KM2和KM3保证正转和反转不同时工作，实现互锁。

（3）加工中心刀库PMC输入原理如图5－13所示。加工中心刀库PMC输出I/O板如图5－14所示。PMC输入原理图中SB26为刀具放松按钮，SB44为刀库正转按钮，SB45为刀库反转按钮，SQ11为刀库计数行程开关，SQ12为空刀座到位确认开关，SQ5为刀具放松确认开关，SQ6为刀具夹紧确认开关，SQ7为刀库退出到位开关，SQ8为刀库进入到位开关。PMC输出原理图中Y6.6为刀库正转信号，其得电后使继电器KA13线圈得电；Y6.7为刀库反转信号，其得电后使继电器KA12线圈得电；Y6.4为刀库进入信号，其得电后使继电器KA15线圈得电；Y6.5为刀具放松信号，其得电后使继电器KA14线圈得电。

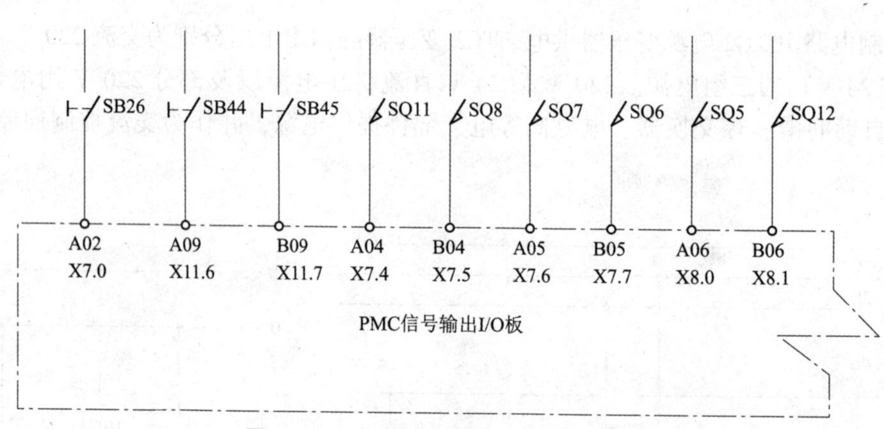

图5－13　加工中心刀库PMC输入原理

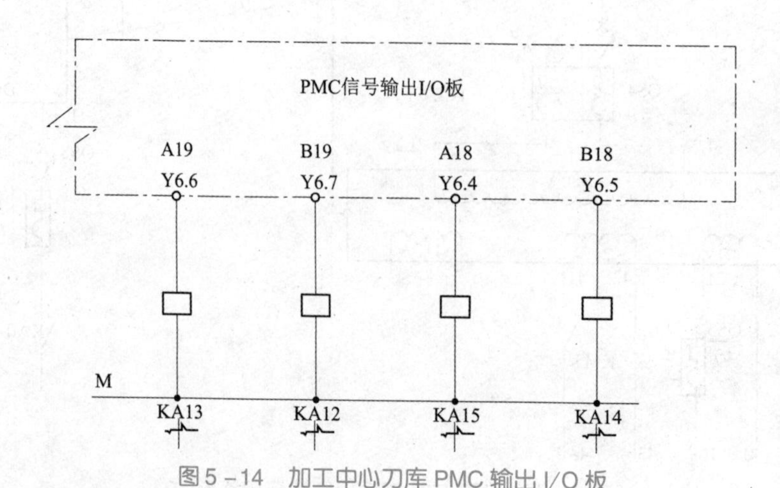

图5－14　加工中心刀库PMC输出I/O板

（4）系统信号控制。CNC系统接收到换刀指令后，CNC系统将信号指令通过信号传输线送达I/O板、操作面板、伺服器等控制器，如图5－15所示。I/O板接收到信号后进行分

配，触发刀库 PMC 输入信号，从而控制继电器动作，最终实现加工中心自动换刀。

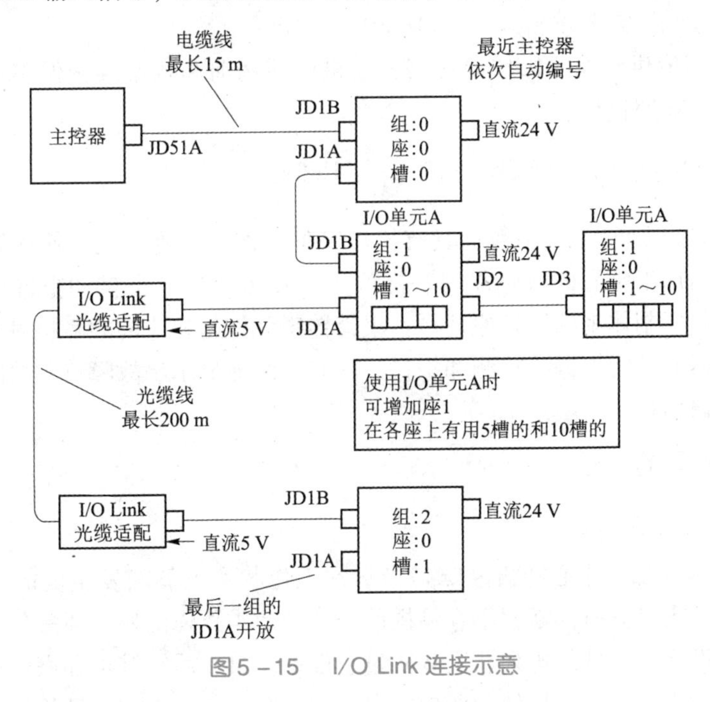

图5－15 I/O Link 连接示意

三、加工中心斗笠式刀库常见故障处理

斗笠式刀库属无机械手臂类自动换刀装置，依靠进给轴（*Z* 轴）和刀库运动（平移与转动）的组合，实现自动换刀操作。该类刀库中刀具存放位置是固定的，从刀库中取出的刀具，使用后仍回到原来刀座，刀具号与刀座号始终一致，操作者可随时了解刀库中的装刀情况，根据刀具在刀库中的分布直接编写加工程序中的 T 指令。斗笠式刀库的故障概率比机械手臂刀库高，下面列举几种加工中心换刀常见故障以及处理方法。

1. 换刀过程中出现气压报警的处理方法

换刀过程中供气压力低于设定值，机床操作面板上气压警报灯会点亮，屏幕上也会出现空气压力低报警提示：AIR PRESSURE ALARM。此时系统自动转为单段执行方式，执行当前程序段。机床配有储气罐，气压刚报警时，储存气压如能维持本步动作执行，则当前程序段执行结束程序暂停在单步状态；储存气压如不能维持单步程序段执行，则此步的动作不能完成，单步程序段执行不能结束，程序启动灯继续点亮，屏幕上会再次出现未完成的动作报警。遇到上述情况时，不需要采取任何操作，只需要保留当前状态不变，等待气源恢复供气压力。

供气压力超过设定值后，气压报警灯自动熄灭。此时，必须按报警复位键使气压报警复位以消除屏幕报警信息，再按程序启动键，程序即单段执行；消除单段执行方式后，再按程序启动键，程序就可以自动连续执行，气压报警引起的换刀过程中断可完全得以恢复。

2. 加工中心换刀操作注意事项

（1）供气压力不低于 6 kg/cm。

（2）机床已执行过回零操作。

（3）换刀子程序中需要使用增量移动 G91 指令。每次换刀后所执行的程序应考虑是采用绝对制还是增量制。需要重新设定 G90/G91 模式指令。

（4）保存好刀库供应商的操作说明书，在机床使用前和日常维护保养过程中，必须仔细阅读注意事项，参照执行。

5.2.2 加工中心系统报警诊断与排除

数控加工中心的 CNC 系统一般都具有比较完整的诊断报警系统，使用系统的自诊断功能可以较快地判断加工中心的故障原因和部位。CNC 系统均具备自动报警功能和故障自检功能，也就是说其控制体系的运行原理是：报警传感元件与相应的故障检测程序相连，当加工中心出现故障时能及时地进行检测和报警，同时详细地显示出故障点和故障的类型，以向技术人员提供维修信息。

一、系统报警的概述

1. 加工中心常见的故障

（1）随机故障：加工中心随机故障是指日常工作状态下偶然发生的故障，此类故障的发生具有随机性，难以分析诊断，不容易提前预防。此类故障的发生通常与以下几种因素相关：系统参数的设定、组件的排列、安装质量、设备质量、后续维护和操作技术。例如：未对产生污染锈渍的钢件进行维护处理而导致电阻间接触不良，影响电动机的启动功能。

（2）系统故障：加工中心系统故障是当系统参数超过设定限度以及达到临界条件时出现的故障。这类故障在日常的数控机床操作工作中时常发生，如：当液压系统中的管路泄漏使油面低于最低刻度线时，系统停止运行。

CNC 系统在检测出不能维持系统正常动作的状态时，就会转移到系统报警状态。进入系统报警状态时（图 5－16），加工中心在切换 CNC 系统报警画面的同时，系统断开伺服和主轴放大器的励磁，切断 I/O Link 的通信。

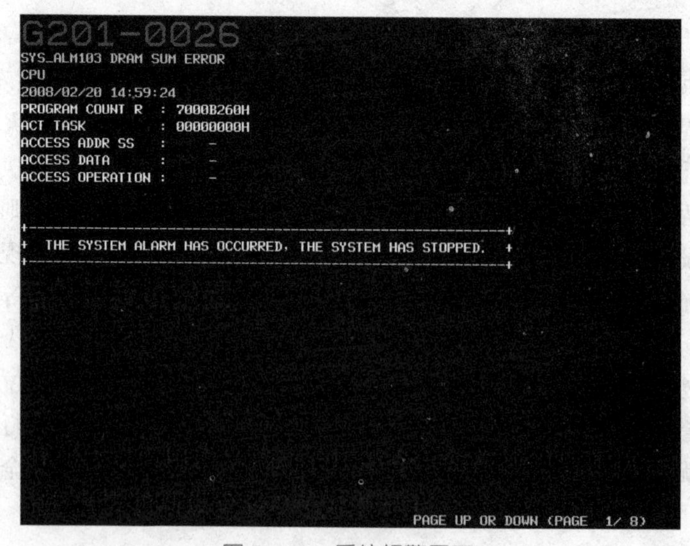

图 5－16 系统报警界面

2. 系统报警的种类

系统报警主要分为以下 3 种：

（1）由软件检测的报警：主要由 CNC 系统软件来检测软件的异常。

典型的异常原因为：检测基于内部状态监视软件的处理/数据的矛盾；数据/命令范围外的存取；除以零；堆栈上溢；堆栈下溢；DRAM 和数据校验错误。

（2）由硬件检测的报警：主要由硬件来检测硬件的异常。

典型的异常原因为：奇偶校验错误（DRAM、SRAM、超高速缓存）；总线错误；电源报警；FSSB 电缆断线。

（3）其他报警：由周边软件检测的报警，如伺服软件（看门狗等）、PMC 软件（I/O Link 通信异常等）。

二、加工中心的常见系统报警与排除

1. 系统控制单元电池报警

偏置数据和系统参数都被存储在控制单元的 SRAM 存储器中。SRAM 的电源由安装在控制单元上的锂电池供电。因此，即使主电源断开，上述数据也不会丢失。电池是机床制造商在发货之前安装的。该电池可将存储器内保存的数据保持一年。当电池的电压下降时，在 LCD 画面上则闪烁显示警告信息“BAT”，同时向 PMC 输出电池报警信号。报警信号显示后，应尽快更换电池。1～2 周只是一个大致标准，实际能够使用多久则因不同的系统配置而有所差异。当电池的电压进一步下降，直至不能对存储器提供电源时，接通控制单元的外部电源就会导致存储器中保存的数据丢失，系统警报器将发出报警。在更换完电池后，就需要清除存储器的全部内容，然后重新输入数据。因此，在加工中心维护中不管是否产生电池报警，都需要每年定期更换一次电池。

更换方法（图 5－17）：

（1）接通机床 CNC 系统的电源大约 30 s，然后断开电源。

（2）拉出 CNC 单元背面右下方的电池单元（抓住电池单元的闩锁部分，一边拆除壳体上附带的卡爪，一边将其向上拉出）。

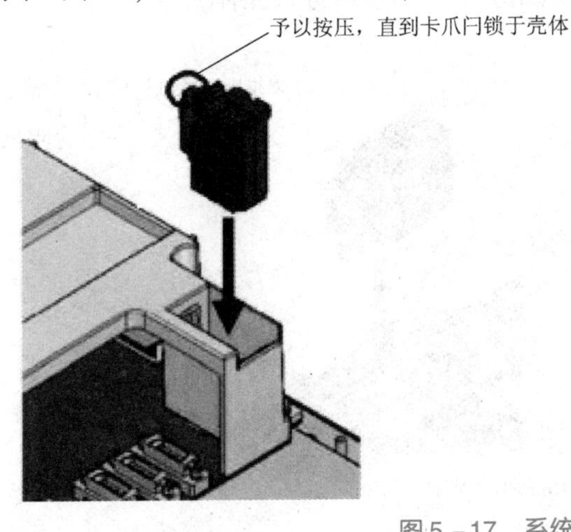

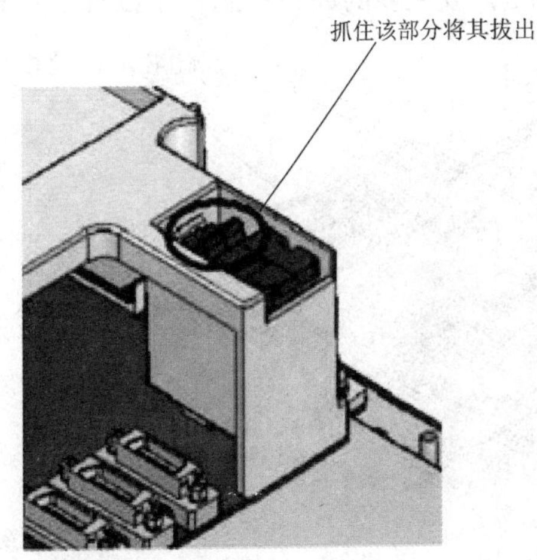

图 5－17 系统电池的更换

2. 系统报警 455（风扇异常）（图 5－18）

```
D4F1 - 1.0
SYS_ALM455 FAN MOTOR STOP AND SHUTDOWN FAN
2008/04/21 21:24:12

PROGRAM COUNTER : 100181E0H ACT
TASK       :  0100000AH  ACCESS
ADDRESS  :                -
ACCESS DATA          :    -
ACCESS OPERATION :        -

                                    PAGE UP OR DOWN (PAGE 1/4)
```

图 5－18　系统报警 455

报警的说明：表示 CNC 系统控制部的风扇发生了异常。

原因：可能是由于风扇不良所致。

处理办法：请更换风扇（图 5－19）。

（1）更换风扇电动机时，务必切断机床 CNC 系统的电源。

（2）拉出要更换的风扇电动机（抓住风扇单元的闩锁部分，一边拆除壳体上附带的卡爪，一边将其向上拉出）。

（3）安装新的风扇单元（予以推压，直到风扇单元的卡爪进入壳体）。

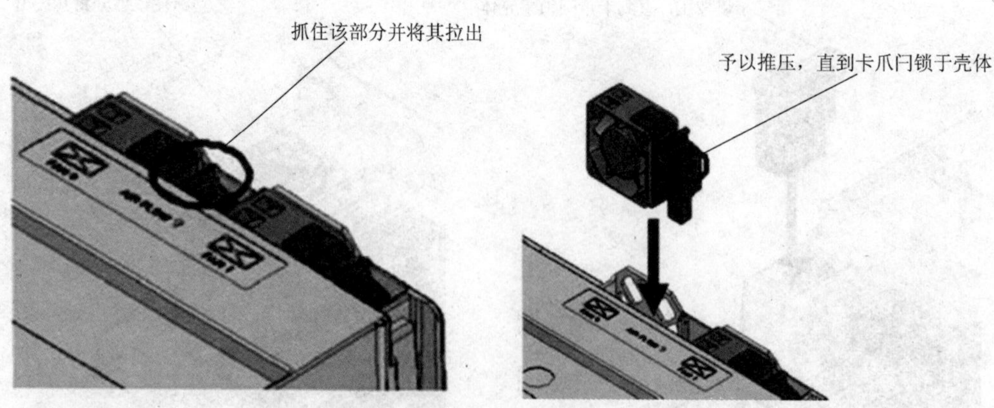

图 5－19　系统控制面板风扇的更换

3. 系统报警 401（外部总线地址非法）（图 5－20）

```
D4F1 - 1.0
SYS_ALM401 EXTERNAL BUS INVALID ADDRESS
MAIN BOARD
2008/04/21 20:34:16

PROGRAM COUNTER  : 1000B52CH
ACT TASK         : 01000010H
ACCESS ADDRESS   :      -
ACCESS DATA      :      -
ACCESS OPERATION :      -

BUS MASTER PCB   : MAIN BOARD
  +--+-----------+------------------------------------------------------+
   02 MAIN BOARD 03012003 22110000 80010000 00000000 00010000 00000000
                 FFFFFFFF FFFFFFFF 68C08216 70FE0000 00000000 00000000
                 00000000 00000000 00000000 00000000 00000000

BUS SLAVE PCB    : CPU CARD
  +--+-----------+------------------------------------------------------+
   00 CPU CARD   02071004 20100000 00000000 00000000 00000000 00000000
                 FFFFFFFF FFFFFFFF 10B0FC00 CFF90001 68C30061 82160010
                 000000F0 00000000 00010000 00000000 00000000

INFORMATION REGISTER
  +--+-----------+------------------------------------------------------+
   02 MAIN BOARD 00000000 00000000 00000000 00000000

                                          PAGE UP OR DOWN (PAGE  1/8)
```

图 5－20　系统报警 401

报警的说明：伺服准备信号报警，CNC 系统的总线发生问题。

原因：伺服放大器的准备信号（VRDY）没有接通，或者运行时信号关断，可能是由印刷电路板不良或外来噪声的影响所致。

处理办法：

（1）PSM 控制电源是否接通。

（2）急停是否解除。

（3）最后的放大器 JX1B 插头上是否有插头。

（4）MCC 是否接通。如果除了 PSM 连接的 MCC 外，还有外部 MCC 顺序电路，同样要检查。

（5）驱动 MCC 的电源是否接通。

（6）断路器是否接通。

（7）PSM 或 SPM 是否发生报警。

如果伺服放大器周围的强电电路没有问题，则更换伺服放大器；如果以上措施都不能解决问题，则更换主轴控制卡。

三、加工中心的常见系统报警说明

加工中心在使用过程中经常出现系统报警，表 5－4 所示为 FANUC 0*i* 系统常见报警代码。

表 5－4　FANUC 0*i* 系统常见系统报警

程序报警（P/S 报警）	
报警号	报警内容
000	修改后须断电才能生效的参数，即参数修改完毕后应该断电
007	小数点“.”使用错误
010	指令了一个不能用的 G 代码

续表

程序报警（P/S 报警）	
报警号	报警内容
014	程序中出现了同步进给指令（本机床没有该功能）
021	圆弧插补中，指令了不在圆弧插补平面内的轴的运动
029	H 指定的偏置号中的刀具补偿值太大
030	使用刀具长度补偿或半径补偿时，H 指定的刀具补偿号中的刀具补偿值太大
033	编程了一个刀具半径补偿中不能出现的交点
034	圆弧插补出现在刀具半径补偿的起始或取消的程序段
伺服报警	
400	伺服放大器或电动机过载
401	速度控制器准备号信号（VRDY）被关断
404	VRDY 信号没有被关断，但位置控制器准备号信号（PRDY）被关断。正常情况下，VRDY 和 PRDY 信号应同时存在
405	位置控制系统错误，由于 NC 或伺服系统的问题使返回参考点的操作失败，因此应重新进行返回参考点的操作
410	*X* 轴停止时，位置误差超出设定值
411	*X* 轴运动时，位置误差超出设定值
413	*X* 轴误差寄存器中的数据超出极限值，或 D/A 转换器接收的速度指令超出极限值（可能是参数设置的错误）
414	*X* 轴数字伺服系统错误，检查 720 号诊断参数并参考伺服系统手册
415	*X* 轴指令速度超出 511875 检测单位/秒，检查参数 CMR
416	*X* 轴编码器故障
417	*X* 轴电动机参数错误，检查 8120、8122、8123、8124 号参数
420	*Y* 轴停止时，位置误差超出设定值
421	*Y* 轴运动时，位置误差超出设定值
423	*Y* 轴误差寄存器中的数据超出极限值，或 D/A 转换器接收的速度指令超出极限值（可能是参数设置的错误）
424	*Y* 轴数字伺服系统错误，检查 721 号诊断参数并参考伺服系统手册
425	*Y* 轴指令速度超出 511875 检测单位/秒，检查参数 CMR
426	*Y* 轴编码器故障
427	*Y* 轴电动机参数错误，检查 8220、8222、8223、8224 号参数
430	*Z* 轴停止时，位置误差超出设定值
431	*Z* 轴运动时，位置误差超出设定值

续表

程序报警（P/S 报警）	
报警号	报警内容
433	Z 轴误差寄存器中的数据超出极限值，或 D/A 转换器接收的速度指令超出极限值（可能是参数设置的错误）
434	Z 轴数字伺服系统错误，检查 722 号诊断参数并参考伺服系统手册
435	Z 轴指令速度超出 511875 检测单位/秒，检查参数 CMR
436	Z 轴编码器故障
437	Z 轴电动机参数错误，检查 8320、8322、8323、8324 号参数
超程报警	
510	X 轴正向软极限超程
511	X 轴负向软极限超程
520	Y 轴正向软极限超程
521	Y 轴负向软极限超程
530	Z 轴正向软极限超程
531	Z 轴负向软极限超程
过热报警及系统报警	
700	NC 主印刷线路板过热报警
704	主轴过热报警

5.2.3　加工中心常见故障诊断与排除

加工中心在工业生产中的应用日益广泛，高自动化、高效率的优势设备给现代制造增添了强劲的动力，然而如何维护好这些设备、如何排除加工中心加工过程中的常见故障便显得尤为重要。

一、加工中心常见故障的类型

1. 主轴部件故障

由于使用的是调速电动机，加工中心主轴箱的结构比较简单，所以容易出现故障的部位是主轴内部的刀具自动夹紧机构、自动调速装置等。

2. 进给传动链故障

在加工中心进给传动系统中，普遍采用的是滚珠丝杠副、静压丝杠螺母副、滚动导轨、静压导轨和塑料导轨，所以进给传动链有故障主要反映的是运动质量下降，如机械部件未运动到规定位置、运行中断、定位精度下降、反向间隙增大、爬行、轴承噪声变大（撞车后）等。

3. 自动换刀装置故障

自动换刀装置故障主要表现在：刀库运动故障、定位误差过大、机械手臂夹持刀柄不稳

定、机械手臂运动误差较大等。故障严重时会造成换刀动作卡住、机床被迫停止工作等状况。

4. 各轴运动位置行程开关压合故障

在加工中心上，为保证自动化工作的可靠性，采用了大量检测运动位置的行程开关。经过长期运行，运动部件的运动特性发生变化，行程开关压合装置的可靠性及行程开关本身品质特性的改变，会对整机性能产生较大影响。

5. 配套辅助装置故障

配套辅助装置故障主要包括加工中心中液压系统、气压系统、润滑系统、冷却系统、排屑装置等。

加工中心刀库常见故障调整

二、加工中心常见故障的诊断与排除

加工中心是从数控铣床发展而来的，与数控铣床的最大区别在于加工中心具有自动交换加工刀具的能力，通过在刀库上安装不同用途的刀具，可在一次装夹中通过自动换刀装置改变主轴上的加工刀具，实现多种加工功能。自动换刀装置的精度也会直接影响加工中心的生产精度。加工中心自动换刀装置常见故障、原因分析及故障处理方法见表 5 – 5。

表 5 – 5　加工中心自动换刀装置常见故障、原因分析及故障处理方法

故障现象	原因分析	故障处理方法
1. 松刀故障	1. 松刀电磁阀损坏。 2. 主轴打刀缸损坏。 3. 主轴弹簧片损坏。 4. 主轴拉爪损坏。 5. 机床气源不足。 6. 松刀按钮接触不良。 7. 线路折断。 8. 打刀缸油杯缺油。 9. 机床刀柄拉丁不符合要求规格	1. 检测电磁阀动作情况。如损坏，则更换。 2. 检测打刀缸动作情况。如损坏，则更换。 3. 检测弹簧片损坏程度。有必要时更换弹簧片。 4. 检测主轴拉爪是否完好。如损坏或磨损，则更换。 5. 检测机床气压表和气路。 6. 检测按钮损坏程度。如损坏，则更换。 7. 检测线路是否折断。 8. 给打刀缸油杯注油。 9. 安装符合标准的拉丁
2. 换刀故障	1. 气压不足。 2. 松刀按钮接触不良或线路断路。 3. 松刀按钮 PMC 输入地址点烧坏或者无信号源（+24 V）。 4. 松刀继电器不动作。 5. 松刀电磁阀损坏。 6. 打刀量不足。 7. 打刀缸油杯缺油。 8. 打刀缸故障	1. 检查机床气压是否达到 6 ± 1 kg。 2. 更换开关或检查线路。 3. 更换 I/O 板上 PMC 输入口或检查 PMC 输入信号源，修改 PMC 程序。 4. 检查 PMC 输出信号有/无，PMC 输出口有无烧坏，修改 PMC 程序。 5. 如果电磁阀线圈烧坏，则更换；电磁阀阀体漏气、活塞不动作，则更换阀体。 6. 调整打刀量至松刀顺畅。 7. 添加打刀缸油杯中的液压油。 8. 打刀缸内部螺钉松动、漏气，则要将螺钉重新拧紧，更换缸体中的密封圈。若无法修复，则更换打刀缸

续表

故障现象	原因分析	故障处理方法
3. 刀库问题	1. 换刀过程中突然停止，不能继续换刀。 2. 斗笠式刀库无法到达主轴位置。 3. 换刀过程中不能松刀。 4. 刀盘不能旋转。 5. 刀盘突然反向旋转时差半个刀位。 6. 换刀时，出现松刀、紧刀错误报警。 7. 换刀过程中还刀时，主轴侧声音很响。 8. 换完后，主轴不能装刀（松刀异常）	1. 气压是否达到6 kg。 2. 检查刀库后退信号有无到位，刀库进出电磁阀线路及PMC有无输出。 3. 调整打刀量；检查打刀缸体中是否有积水。 4. 刀盘出来后旋转时，刀库电动机电源线有无断路，接触器、继电器有无损坏等现象。 5. 检查刀库电动机刹车机构是否可以正常刹车。 6. 检查气压、气缸有无完全动作（是否有积水），松刀到位开关是否被压到位，但不能压得太多（以刚好有信号输入为宜）。 7. 调整打刀量。 8. 修改换刀程序（宏程序O9999）

三、加工中心常见故障实例分析

例1. 刀库转动中突然停电的故障维修

故障现象：一台配套FANUC 0*i*－MD系统、型号为VMC600的加工中心的刀库在换刀过程中旋转时突遇停电，停在随机位置。

分析及处理过程：刀库停在随机位置，会影响开机刀库回零。故障发生后，应尽快用螺钉旋具打开刀库伸缩电磁阀手动钮，让刀库伸出，用扳手拧刀库齿轮箱上的方头轴，将刀库转到与主轴正对，同时手动取下当前刀爪上的刀具，再将刀库电磁阀手动钮关掉，让刀库退回。经以上处理，来电后，正常回零，一切恢复正常。

例2. 刀库不停转的故障维修

故障现象：一台配套FANUC 0*i*－MD系统、型号为VMC600的加工中心的刀库在换刀过程中不停转动。

分析及处理过程：拿螺钉旋具将刀库伸缩电磁阀手动钮拧到刀库伸出位置，保证刀库一直处于伸出状态，复位，手动将刀库当前刀取下，停机断电，用扳手拧刀库齿轮箱上的方头轴，让空刀爪转到主轴位置，对正后再用螺钉旋具将电磁阀手动钮关掉，让刀库回位。再查刀库回零开关和刀库电动机电缆正常，重新开机后回零正常，MDI方式下换刀正常。该故障可能是干扰所致，将接地线处理好后，故障就再未出现过。

例3. 刀库位置偏移的故障维修

故障现象：一台配套FANUC 0*i*－MD系统、型号为VMC600的加工中心的主轴在换刀过程中上移至刀爪时，刀库刀爪有错动，拔插刀时，有明显声响，似乎卡滞。

分析及处理过程：主轴上移至刀爪时，刀库刀爪有错动，说明刀库零点可能偏移，或者刀库传动存在间隙，或者刀库上刀具重量不平衡而偏向一边。因为插拔刀别劲，所以可能是刀库零点偏移；将刀库刀具全部卸下，将主轴手摇至Y轴第二参考点附近，用塞尺测量刀库

刀爪与主轴传动键之间的间隙，证实偏移；用手推拉刀库，也不能利用间隙使其回正；调试刀库偏差调整参数直至刀库刀爪与主轴传动键之间的间隙基本相等。开机后执行换刀，一切正常。

5.3 加工中心气压控制系统维护保养基础

气动（Pneumatic）是“气动技术”或“气压传动与控制”的简称。机床气动系统是以空气为动力源，通过气动元件及辅件来驱动和控制机械动作。气压装置的气源容易获得，且其结构简单，工作介质不污染环境，工作速度快，动作频率高，因此在数控机床上也得到广泛应用，通常用来完成频繁启动的辅助工作。比如加工中心的自动换刀装置很多采用气动换刀系统。

数控加工中心为了实现自动加工，必须配置自动换刀装置，它的换刀机构常用气压装置来完成。自动换刀的时间和可靠性直接影响整个加工中心的质量，从中可见加工中心气动换刀系统稳定性的重要性，而且刀库的维护与保养也是至关重要的。

一、加工中心气动换刀系统的工作原理

1. 加工中心气动换刀系统的换刀过程

气压传动系统在换刀过程中完成主轴的定位、松刀、拔刀、向主轴锥孔吹气、插刀、刀具夹紧和主轴复位 7 个动作。图 5－21 所示为加工中心气动换刀系统的动作过程。

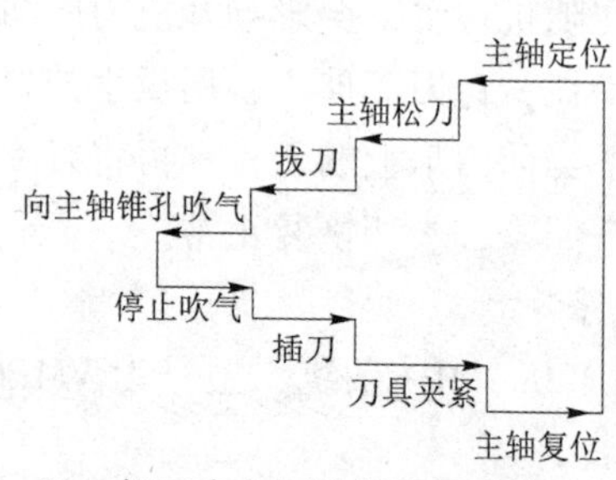

图 5－21　加工中心气动换刀系统的动作过程

2. 加工中心气动换刀系统的传动原理

在数控加工中心换刀部分气压传动系统中通过正确选用气源、气动三联件、二位二通双电磁铁换向阀、单向节流阀、二位三通双电磁铁换向阀、二位五通双电磁铁换向阀、快速排气阀、消声器、气缸等来实现加工中心的换刀动作。图 5－22 所示为加工中心换刀系统气压传动原理。换刀包括以下五个步骤。

（1）主轴定位：当加工中心 CNC 系统发出换刀指令时，主轴停止转动，同时 4YA 通电，压缩空气经气动三联件 1、换向阀 4、单向节流阀 5 进入主轴定位缸 *A* 的右腔，缸 *A* 活塞杆左移伸出，使主轴自动定位。

（2）主轴松刀：定位后压下无触点开关，使 6YA 得电，压缩空气经换向阀 6、快速排

气阀 8 进入气液增压缸 *B* 的上腔，增压腔的高压油使活塞杆伸出，实现主轴松刀。

（3）拔刀：主轴松刀的同时，8YA 得电，压缩空气经换向阀 9、单向节流阀 11 进入缸 *C* 的上腔，缸 *C* 下腔排气，活塞下移实现拔刀。

（4）吹气：由回转刀库交换刀具，同时 1YA 得电，压缩空气经换向阀 2、单向节流阀 3 向主轴锥孔吹气。

（5）插刀：1YA 失电、2YA 得电，吹气停止；8YA 失电，7YA 得电，压缩空气经换向阀 9、单向节流阀 10 进入缸 *C* 下腔，活塞上移实现插刀动作，同时活塞碰到行程限位阀，使 6YA 失电、5YA 得电，压缩空气经换向阀 6 进入气液增压缸 *B* 的下腔，使活塞退回，主轴的机械机构使刀具夹紧。气液增压缸 *B* 的活塞碰到行程限位阀后，使 4YA 失电、3YA 得电，缸 *A* 的活塞在弹簧力作用下复位，回复到初始状态，完成换刀动作。

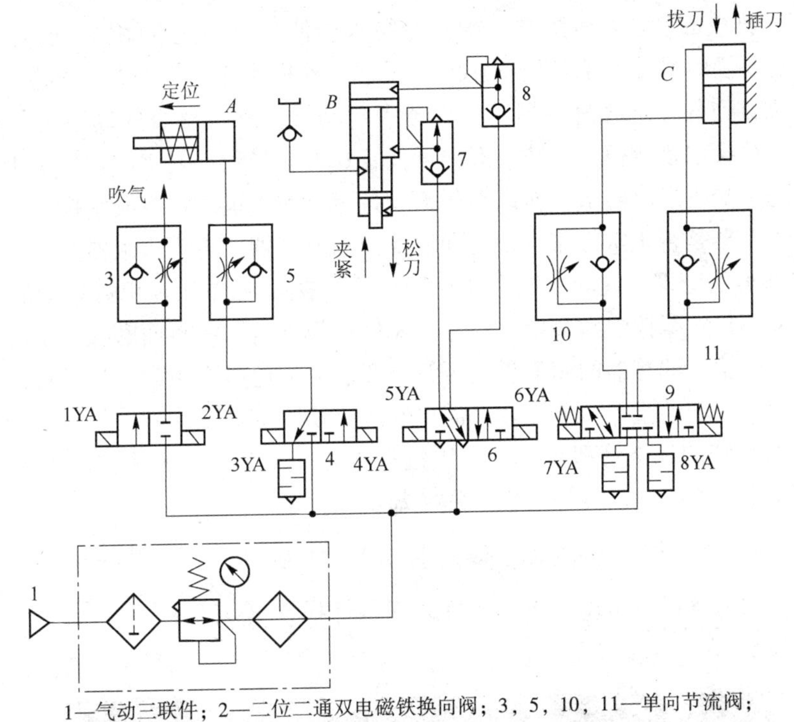

1—气动三联件；2—二位二通双电磁铁换向阀；3，5，10，11—单向节流阀；
4—二位三通双电磁铁换向阀；6，9—二位五通双电磁铁换向阀；7—消声器；8—快速排气阀。

图 5－22　加工中心换刀系统气压传动原理

根据换刀系统气压传动原理（图 5－22）进一步分析各个气压元件的功能和作用：

（1）气动三联件 1 的作用：压缩空气首先进入分水滤气器，经除水滤灰净化后进入减压阀，经减压后控制气体的压力满足气压传动系统的要求，输出的稳压气体最后进入油雾器，将润滑油雾化后混入压缩空气一起输往气动控制元件和执行元件。

（2）二位二通双电磁铁换向阀 2 的作用：通过两边电磁铁电的得失，可以控制是否向主轴锥孔吹气。

（3）单向节流阀 3、5、10、11 的作用：使进入气缸中的压缩空气进行单方向的流量调节，从而控制气缸的运动速度。

（4）二位三通双电磁铁换向阀 4 的作用：通过两边电磁铁电的得失，可以控制主轴的

自动定位或恢复到开始状态。

（5）二位五通双电磁铁换向阀6、9的作用：通过两边电磁铁电的得失，可以控制气缸*B*的夹紧、松刀动作或气缸*C*的拔刀、插刀动作。

（6）消声器7的作用：降低排出气体时的噪声。噪声使环境恶化，危害人身健康。

（7）气缸*A*、*B*、*C*的作用：是气压传动系统的执行元件，完成换刀过程中的定位、夹紧或松刀、拔刀或插刀动作。

二、加工中心气动系统的日常维护及保养

在气动系统设备的使用过程中，如果不注意日常维护保养工作，可能会频繁发生故障或元件过早损坏，装置的使用寿命就会大大降低，造成经济损失，因此必须给以足够的重视。加工中心气动系统日常性维护工作主要有以下三点。

（1）冷凝水排放的管理：压缩空气中的冷凝水会使管道和元件锈蚀。防止冷凝水侵入压缩空气的方法是及时排除系统各处积存的冷凝水。冷凝水排放涉及从空压机、后冷却器、气罐、管道系统直到各处空气过滤器、干燥器和自动排水器等整个气动系统。在工作结束时，应当将各处冷凝水排放掉，以防夜间温度低于0 ℃，导致冷凝水结冰。由于夜间管道内温度下降，会进一步析出冷凝水，所以在每天设备运转前，也应将冷凝水排出。要经常检查自动排水器、干燥器是否正常工作，要定期清洗分水滤气器、自动排水器。

（2）系统润滑的管理：气动系统中从控制元件到执行元件凡有相对运动的表面都需要润滑。如果润滑不足，摩擦阻力会增大，导致元件动作不良，密封面磨损会引起泄漏。在气动装置运转时，应检查油雾器的滴油量是否符合要求、油色是否正常。如发现油杯中油量没有减少，应及时调整滴油量；调节无效，需检修或更换油雾器。

（3）空压机系统的日常管理：检查空压机有否异常声音和异常发热、润滑油位是否正常、空压机系统中的水冷式后冷却器供给的冷却水是否足够。

三、加工中心气动系统常见故障及其处理方法

加工中心气动系统经常出现气压低或者无气压等报警（图5－23）。加工中心常见故障及排除方法见表5－6。

图5－23　加工中心气压报警显示

表5-6 加工中心常见故障及排除方法

故障现象	原因分析	排除方法
系统没有气压	1. 气动系统中开关阀、启动阀、流量控制阀等未打开。 2. 换向阀未换向。 3. 管路扭曲、压扁。 4. 滤芯堵塞或冻结。 5. 工作介质或环境温度太低，造成管路冻结	1. 打开未开启的阀。 2. 检修或更换换向阀。 3. 校正或更换扭曲、压扁的管道。 4. 更换滤芯。 5. 及时排除冷凝水，增设除水设备
供压不足	1. 耗气量太大，空压机输出流量不足。 2. 空压机活塞环等过度磨损。 3. 漏气严重。 4. 减压阀输出压力低。 5. 流量阀的开度太小。 6. 管路细长或管接头选用不当，压力损失过大	1. 选择输出流量合适的空压机或增设具有一定容积的气罐。 2. 更换活塞环等过度磨损的零件，并在适当部位装上单向阀，维持执行元件内的压力，以保证安全。 3. 更换损坏的密封件或软管，紧固管接头和螺钉。 4. 调节减压阀至规定压力，或更换减压阀。 5. 调节流量阀的开度至合适开度。 6. 重新设计管路，加粗管径，选用流通能力大的管接头和气阀
压缩空气中含水量高	1. 储气罐、过滤器冷凝水存积。 2. 后冷却器选型不当。 3. 空压机进气管进气口设计不当。 4. 空压机润滑油选择不当。 5. 季节影响	1. 定期打开排污阀排放冷凝水。 2. 更换后冷却器。 3. 重新安装防雨罩，避免雨水流入空压机。 4. 更换空压机润滑油。 5. 雨季要加快排放冷凝水频率
气缸不动作、动作卡滞、爬行	1. 压缩空气压力达不到设定值。 2. 气缸加工精度不够。 3. 气缸、电磁阀润滑不充分。 4. 空气中混入的灰尘卡住了阀。 5. 气缸负载过大、连接软管扭曲变形	1. 重新计算，验算系统压力。 2. 更换气缸。 3. 拆检气缸、电磁阀，疏通润滑油路。 4. 打开各接头，对管路重新吹扫，清洗阀。 5. 检查气缸负载及连接软管，使之满足设计要求

5.4 加工中心维护保养技术训练

项目1 加工中心机械精度检验

一、实训目标

(1) 了解加工中心几何精度检验、加工精度检验常用的工具及其使用方法。

（2）根据《立式加工中心精度检验标准》GB/T 20957.7—2007 规定，合理选择量具、检具，采用正确、规范的检验方法和步骤，对加工中心进行主要几何精度检验。

（3）掌握加工中心直线度、垂直度和主轴径向跳动的精度检验方法。

（4）掌握常用检验工具的维护保养。

二、实训准备

（1）阅读教材，参考资料，查阅网络。

（2）实验仪器与设备：南通 VMC600 型数控加工中心、百分表、抹布等。

三、相关知识

加工中心精度检验常用工具与数控车床精度检验常用工具相同，如水平仪、百分表等。在这里我们主要介绍加工中心常用的百分表、带锥柄的检验棒以及方尺、方箱等。

1. 百分表

百分表是利用精密齿条齿轮机构制成的表式通用长度测量工具。其通常由测量头、测量杆、防振弹簧、齿条、齿轮、游丝、圆表盘及指针等组成，如图 5－24 所示。其主要用于测量制件的尺寸和形状、位置误差等。其分度值为 0.01 mm，测量范围为 0～3 mm、0～5 mm、0～10 mm。

图 5－24　常用百分表

百分表的维护与保养：

（1）远离液体，不使冷却液、切削液、水或油与内径表接触。

（2）在不使用时，要摘下百分表，使表解除其所有负荷，让测量杆处于自由状态。

（3）成套保存于盒内，避免丢失与混用。

2. 带锥柄的检验棒

检验棒代表在规定范围内所要检查的轴线，用它检查轴线的实际径向跳动，或者检查轴线相对机床其他部件的位置。一般分为两类：莫氏检验棒（图 5－25），有 M0、M1、M2、M3、M4、M5、M6 号检验棒；7∶24 锥柄检验棒，有 ISO、BT30（图 5－26）、BT40、BT45、BT50 等。检验棒有一个插入被检机床锥孔的锥柄和一个作为测量基准的圆柱体，它们用淬火和经温定性处理的钢制成。对于比较小的莫氏圆锥和公制圆锥，如莫氏检验棒，检验棒在锥孔中是自锁的：带有一段螺纹，以供装上螺母后从孔内抽出检验棒；对于锥度较大的检验棒，如 ISO 检验棒，则设置了一个螺孔，以便使用拉杆来固定检验棒（具有自动换刀的机床使用拉钉）。

图 5－25　莫氏检验棒

图 5－26　BT30 检验棒

检验棒使用注意事项：

（1）将检验棒的锥柄和机床主轴的锥孔必须清洁干净以保证接触良好。

（2）测量径向跳动时，应将检验棒在相应90°的4个位置依次插入主轴，误差以4次结果的平均值计算。

（3）检查零部件侧向位置精度或平行度时，应将检验棒和主轴旋转180°，依次在检验棒圆柱表面两条相对的母线上进行检验。

（4）将检验棒插入主轴后，应稍等一段时间，以消除操作者手传来的热量，使温度稳定。

3. 方尺、方箱

方尺主要用于平行度、垂直度的检验。图5－27所示为花岗石方尺，它稳定性好、强度大、硬度高，能在重负荷下保持高精度。

方箱根据用途可分为划线方箱、检验方箱、磁性方箱、T型槽方箱、方箱等，是机械制造中用来做零部件检测划线等的基础设备。

方箱（图5－28）主要用于零部件平行度、垂直度的检验和划线，以及检验或划精密工件的任意角度线。目前，我国的方箱根据精度等级来分共有6级，即000、00、0、1、2、3级。

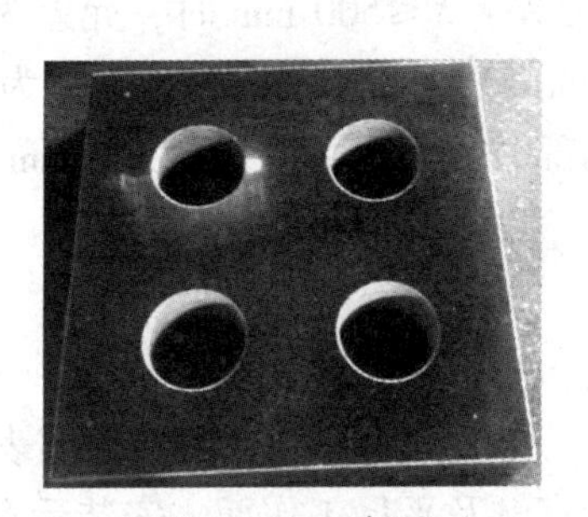

图5－27　方尺

图5－28　方箱

4. 平尺、直角尺

（1）平尺分为检验平尺、平行平尺、大理石平尺（图5－29）、桥型平尺、角度平尺、花岗石平尺、花岗岩平尺。平尺测量面的直线度是表征平尺质量的主要精度指标。根据平尺测量面直线度公差允许值的大小确定出平尺的准确级别。按平尺的准确度级别制造、选用平尺，有利于工艺装备精度的统一和测量仪器制造精度的系列化，有利于统一量具公差值，提高产品制造、使用精度。

（2）直角尺，是检验和划线工作中常用的量具，用于检验工件的垂直度及工件相对位置的垂直度，是一种专业量具，适用于机床、机械设备及零部件的垂直度检验、安装加工定位，划线等，是机械行业中的重要测量工具。直角尺简称为角尺，在有些场合还被称为靠尺。直角尺通常用钢、铸铁或花岗岩制成。按材质，它可分为铸铁直角尺（图5－30）、镁铝直角尺和花岗石直角尺。

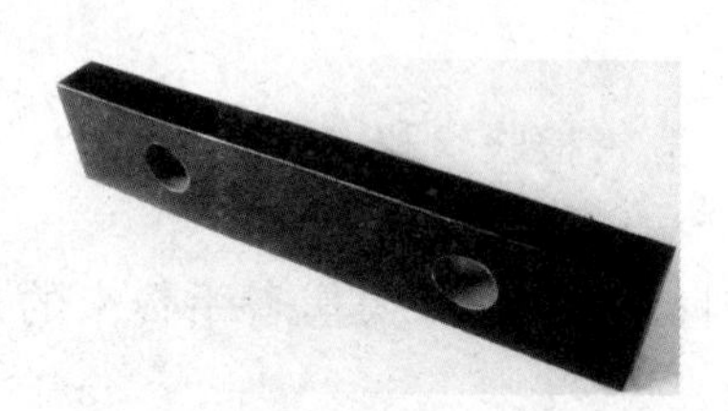

图5－29　大理石平尺

图5－30　铸铁直角尺

四、实训内容

（1）检验加工中心 X、Y、Z 三轴的运动直线度。

（2）检验加工中心三轴之间的垂直度。

（3）检验主轴锥孔的径向跳动。

五、实训步骤

1. X 轴轴线运动直线度检验

根据国家标准可知，X 轴轴线运动直线度检验允差：$X \leqslant 500$ mm 时，允差为0.010 mm；500 mm $< X \leqslant 800$ mm 时，允差为 0.015 mm；800 mm $< X \leqslant 1\,250$ mm 时，允差为 0.020 mm；1 250 mm $< X \leqslant 2\,000$ mm 时，允差为 0.025 mm。局部公差要求：在任意 300 mm 测量长度上为 0.007 mm。具体检验方法如下：

（1）将平尺和机床工作台表面擦拭干净。

（2）将平尺沿 X 轴放置在机床工作台中间位置，找正平尺，使平尺与 X 轴平行。

（3）将磁性表座组装好并吸附在机床主轴箱上，将千分表安装在磁性表座表架上。

（4）移动机床坐标轴 X 轴，使千分表测量头垂直触及平尺工作面。安装示意如图 5－31 所示。

（5）移动机床 X 轴并读取千分表的变化值，其读数最大差值即为机床 X 轴轴线运动直线度。

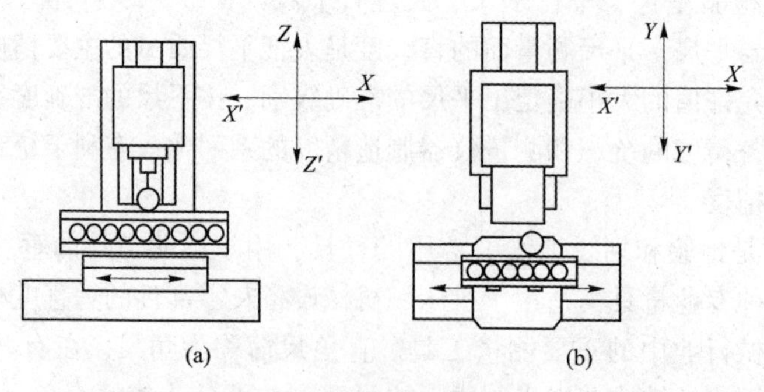

图5－31　X 轴轴线运动直线度检验安装示意

（a）在 Z－X 垂直平面内；（b）在 X－Y 水平平面内

2. Y 轴轴线运动直线度检验

Y 轴轴线运动直线度检验实施步骤可参照 X 轴轴线运动直线度检验步骤，检验允差与 X 轴相同，安装示意如图 5－32 所示。

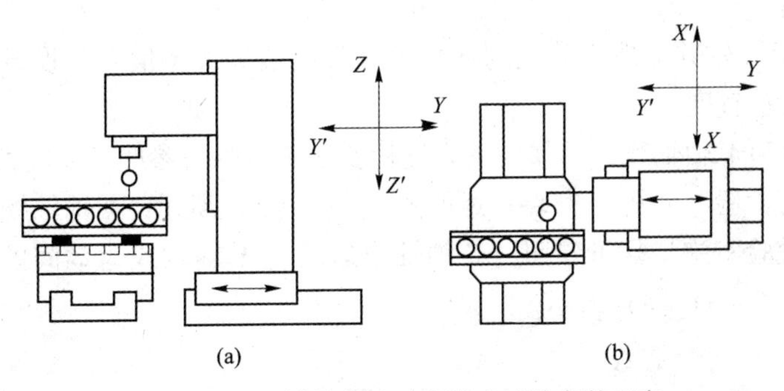

图 5－32 Y 轴轴线运动直线度检验安装示意

（a）在 Z－Y 垂直平面内；（b）在 X－Y 水平平面内

3. Z 轴轴线运动直线度检验

Z 轴轴线运动直线度检验实施步骤可参照 X 轴轴线运动直线度检验步骤，检验允差与 X 轴相同，安装示意如图 5－33 所示。

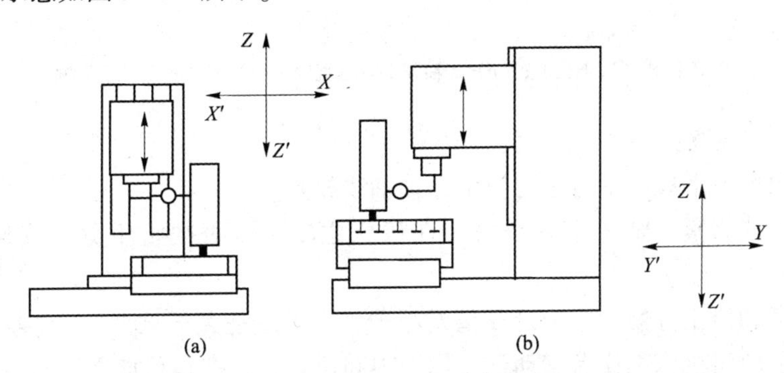

图 5－33 Z 轴轴线运动直线度检验安装示意

（a）在 Z－X 垂直平面内；（b）在 Z－Y 水平平面内

注意：对所有结构形式的机床，都应将平尺、钢丝、直线度反射器置于工作台上。如果主轴能锁紧，则可将指示器、显微镜、干涉仪装在主轴上，否则将检验工具装在机床的主轴箱上。测量位置应尽可能靠近工作台的中央。

4. Z 轴轴线运动与 X 轴轴线运动间的垂直度检验

根据国家标准可知，Z 轴轴线运动与 X 轴轴线运动间的垂直度检验允差为：0.020 mm/500 mm。具体检验方法如下：

（1）将机床工作台移动到各坐标轴中间位置。

（2）将矩形角尺和机床工作台表面擦拭干净。

（3）将矩形角尺（或平尺）沿 X 轴方向放置在机床工作台中间位置。

（4）将磁性表座组装好并吸附在机床主轴或主轴箱上。

（5）将千分表安装在磁性表座表架上，使千分表测量头触及矩形角尺（Y 轴方向）。

(6) 移动机床坐标轴 X 轴，调整矩形角尺或平尺位置，使矩形角尺（或平尺）一边与 X 轴平行。

(7) 将千分表测量头靠在矩形角尺（或直角尺）检验面上（X 轴方向），安装示意如图 5-34（a）所示。

(8) 移动机床 Z 轴并读取千分表的变化值，其读数最大差值则为设备 Z 轴轴线运动和 X 轴轴线运动间的垂直度。

Z 轴轴线运动和 Y 轴轴线运动间的垂直度检验实施步骤可参照“Z 轴轴线运动与 X 轴轴线运动间的垂直度检验”步骤，安装示意如图 5-34（b）所示。Y 轴轴线运动和 X 轴轴线运动间的垂直度检验实施步骤可参照“Z 轴轴线运动与 X 轴轴线运动间的垂直度检验”步骤，安装示意如图 5-34（c）所示。

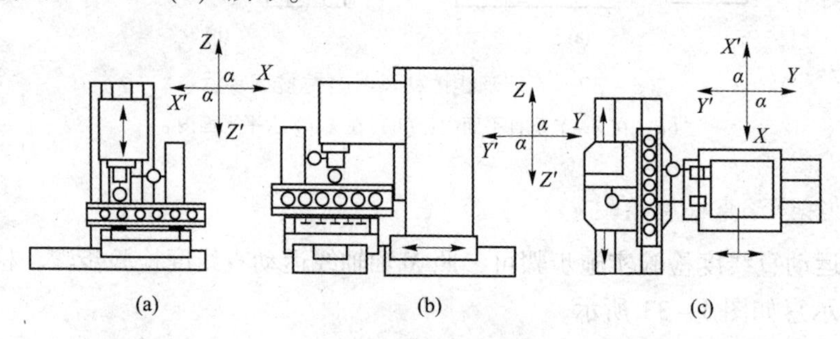

图 5-34 线性运动间的垂直度检验安装示意

（a）Z 轴和 X 轴垂直度；（b）Z 轴和 Y 轴垂直度；（c）Y 轴和 X 轴垂直度

在检验时，应注意：

(1) 矩形角尺或平尺应平行于对应坐标轴轴线放置。

(2) 如主轴能锁紧，则将千分表安装在机床主轴上，否则将千分表安装在机床主轴箱上。

(3) 为参考和修正方便，应记录 α 值是小于、等于还是大于 90°。

(4) 测量前应将机床工作台移动到坐标轴中间位置，并把角尺放在工作台的中间位置。

5. 主轴锥孔的径向跳动检验方法

加工中心主轴锥孔径向跳动量过大会导致刀杆和铣刀径向跳动及摆差增大，铣槽时会引起槽宽超差或产生锥度；同时可导致加工孔的尺寸、圆度和圆柱度超差（圆变成椭圆），在使用小直径刀具加工时甚至会损坏刀具。所以机床出厂前和设备验收时都要对主轴锥孔的径向跳动进行检验。根据国家标准可知，主轴的轴向窜动检验允差为：靠近主轴端部为 0.007 mm，距主轴端部 300 mm 处为 0.015 mm。具体检验方法如下：

(1) 将拉钉安装到检验棒尾部。

(2) 将检验棒和主轴锥孔擦拭干净。

(3) 将检验棒安装到加工中心主轴锥孔内。

(4) 将磁性表座组装好并吸附在机床工作台上。

(5) 将千分表安装在磁性表座表架上，移动机床坐标轴调整千分表与检验棒的相对位置，使千分表测量头触及检验棒靠近主轴端部侧面母线（图 5-35 中 a 的位置）。

(6) 启动机床主轴并读取千分表的变化值，其读数最大差值则为设备主轴锥孔近端径

向跳动量。

（7）移动机床坐标轴使千分表测量头触及检验棒距主轴端部300 mm处侧面（图5－35中b的位置），再读取千分表的变化值，其读数最大差值则为设备主轴锥孔远端径向跳动量。

注意：由于千分表测量头上受到侧面的推力，检验结果可能受影响。为了避免误差，测量头应严格对准旋转面的轴线。应在机床的所有工作主轴上进行检验，检验时主轴应至少旋转两整圈。

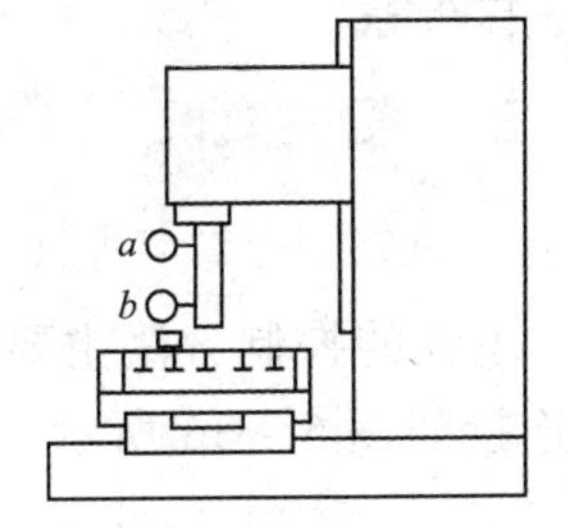

图5－35　主轴径向跳动检验安装示意

六、注意事项

（1）要注意人身及设备的安全。

（2）未经指导教师许可，不得擅自任意操作。

（3）实验完毕后，要注意清理现场，清洁机床，对机床及时保养。

七、学习评价

加工中心机械精度检验评价见表5－7。

表5－7　加工中心机械精度检验评价

指标＼评分	X轴轴线运动直线度检验	Y轴轴线运动直线度检验	Z轴轴线运动直线度检验	Z轴轴线运动与X轴轴线运动间的垂直度检验	主轴锥孔的径向跳动检验	参与态度	动作技能	合计
标准分	15	15	15	15	15	10	15	100
扣分								
得分								
评价意见								
评价人								

项目2　加工中心伺服系统的日常维护

一、实训目标

（1）了解数控机床主轴的控制方式和主轴系统硬件连接。

（2）掌握加工中心伺服电动机铭牌的含义以及对伺服电动机的日常维护方法。

（3）掌握加工中心伺服电动机的拆装方法。

（4）养成规范操作、严谨求实的工作态度。

二、实训准备

（1）阅读教材，参考资料，查阅网络。

（2）实验仪器与设备：VMC600 加工中心、CNC 系统综合实验台、内六角扳手、螺丝刀、抹布等。

三、相关知识

1. 主轴的控制与连接

主轴的控制方法主要有三种，见表 5-8。控制主轴的转速基本相同，主轴系统硬件连接如图 5-36 所示。

表 5-8 主轴的控制方法

名 称	功 能
串行接口	用于连接 FANUC 公司的主轴电动机/放大器，在主轴放大器和 CNC 系统之间进行串行通信，交换转速和控制信号
模拟接口	用模拟电压通过变频器控制主轴电动机的转速
12 位二进制	用 12 位二进制代码控制主轴电动机的转速

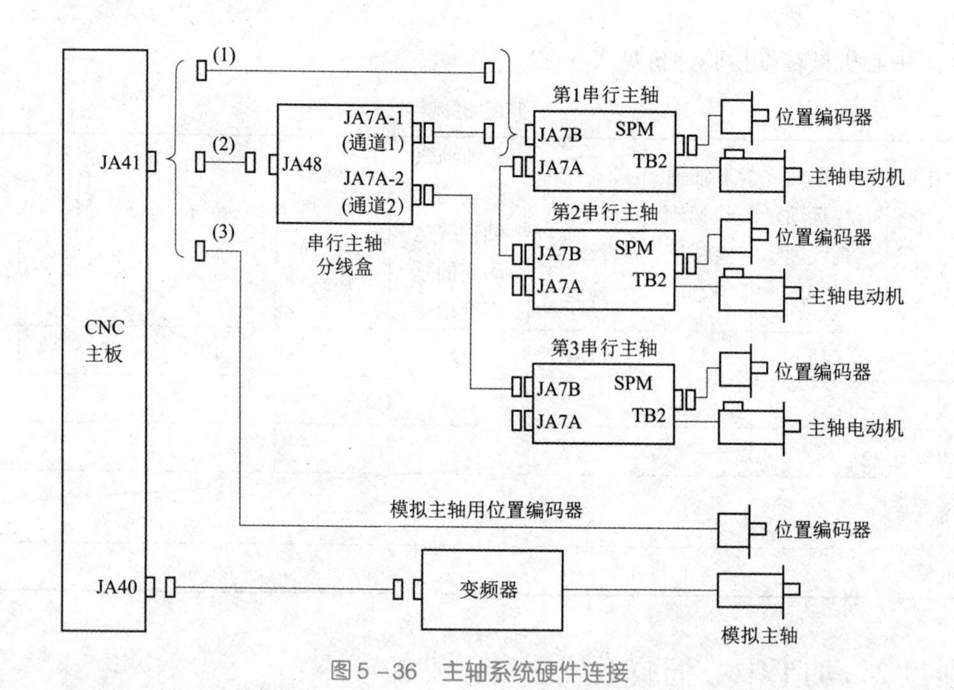

图 5-36 主轴系统硬件连接

2. βi 系列主轴电动机介绍

（1）βi 系列伺服电动机。

βiI 系列主轴电动机内装的速度传感器类型有两种：一种是不带电动机一转信号的速度传感器 Mi 系列；另一种是带电动机一转信号的速度传感器 MZi/Bz/CZi 系列。若需要实现主轴准停功能，就采用内装 Mi 系列速度传感器的电动机，外装一个主轴一转信号装置（接近开关）来实现；也可以采用内装 MZi 系列速度传感器的电动机实现。电动机冷却风扇的作用是为电动机散热，主轴电动机采用变频调速，当电动机速度改变时，要求电动机散热条

件不变，所以电动机的风扇是单独供电的。β*i*I 主轴电动机与编码器外形如图 5 －37 所示，β*i*I 主轴电动机接口功能如图 5 －38 所示。

图 5 －37 主轴电动机与编码器外形

β*i*I主轴电动机接口	说明
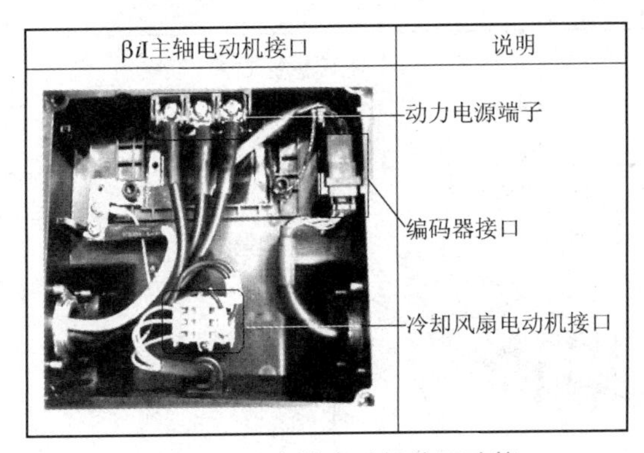	动力电源端子 编码器接口 冷却风扇电动机接口

图 5 －38 主轴电动机接口功能

选择主轴电动机时，需要在进行严密的计算后查找电动机参数表。主要考虑以下几个方面的内容：

①根据实际机床主轴的功能要求和切削力要求，选择电动机的型号及电动机的输出功率。

②根据主轴定向功能的情况选择电动机内装编码器的类型，即是否选择带电动机一转信号的内装速度传感器。

③根据电动机的冷却方式、输出轴的类型、安装方法进行选择。下面通过一个电动机铭牌来解读电动机型号的含义，如图 5 －39 所示。

（2）β*i*S 系列伺服电动机。

β*i*S 系列伺服电动机是 FANUC 公司推出的用于普通数控机床的高速小惯量伺服电动机，其外观及接口如图 5 －40 所示。β*i*S 系列伺服电动机的编码器需要作为绝对式编码器使用时，只需要在放大器上安装电池和设置系统参数就可以了。有一种用于重力轴上的伺服电动机会带有抱闸端口。

选择电动机时，需要在进行严密的计算后查找电动机参数表。主要考虑以下几个方面的内容：

①根据实际机床的进给速度、切削力、转矩要求选择。

②根据是否是重力轴伺服电动机选择是否需要带抱闸端口。

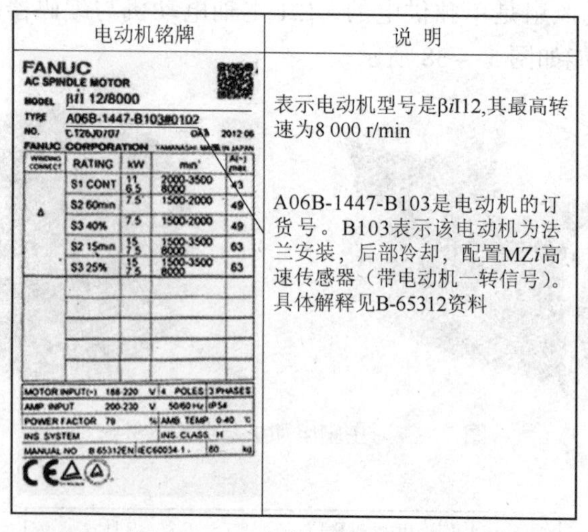

电动机铭牌	说 明
FANUC AC SPINDLE MOTOR MODEL βiI 12/8000 TYPE A06B-1447-B103#0102 NO. C126J0707 2012.06 FANUC CORPORATION YAMANASHI MADE IN JAPAN RATING kW min⁻¹ A(~) max S1 CONT 11 6.5 2000-3500 8000 43 S2 60min 7.5 1500-2000 49 S3 40% 7.5 1500-2000 49 S2 15min 15 7.5 1500-3500 8000 63 S3 25% 15 7.5 1500-3500 8000 63 MOTOR INPUT(~) 188-220 V 4 POLES 3 PHASES AMP INPUT 200-230 V 50/60 Hz IP54 POWER FACTOR 79 % AMB TEMP 0-40 ℃ INS SYSTEM INS CLASS H MANUAL NO B-65312EN IEC60034-1 80 kg	表示电动机型号是βiI12,其最高转速为8 000 r/min A06B-1447-B103是电动机的订货号。B103表示该电动机为法兰安装，后部冷却，配置MZi高速传感器（带电动机一转信号）。具体解释见B-65312资料

图5－39　电动机铭牌及说明

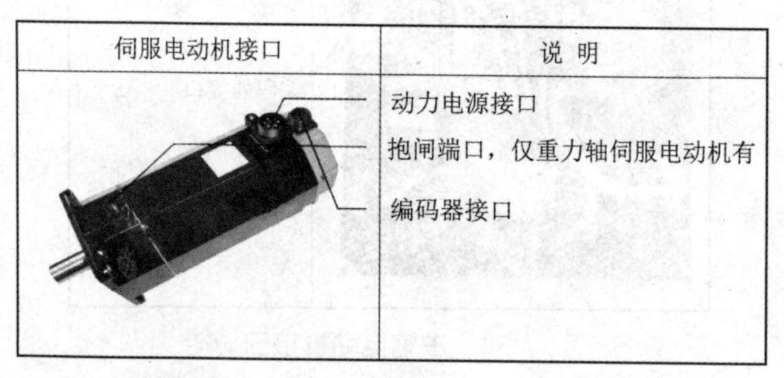

伺服电动机接口	说 明
	动力电源接口 抱闸端口，仅重力轴伺服电动机有 编码器接口

图5－40　βiS 系列伺服电动机外观及接口

③绝对式编码器需要配置编码器电池。

④根据安装要求，选择安装方式、电动机轴结构方式。

下面通过一个电动机铭牌来解读电动机型号的含义，如图5－41 所示。

电动机铭牌	说 明
FANUC AC SERVO MOTOR MODEL βiS 4/4000 TYPE A06B-0063-B103 NO. C11XF15F1 DATE 2011.10 FANUC CORPORATION YAMANASHI, MADE IN JAPAN STALL TRQ 3.5 Nm 4.7 A(~) OUTPUT 0.75 kW CONT 3.2 A(~) SPEED 3000 min⁻¹ FREQ. 200 Hz WIND.CON Y MOTOR INPUT(~) 143 V 8 POLES 3 PHASES POWER FACTOR 99 % AMB. TEMP. 0-40 AMP. INPUT 200-240 V 50/60 Hz IP65 INS. SYSTEM INS. CLASS F MANUAL NO B-65302 IEC60034-1 4.3 kg	表示电动机型号是βiS 4,其最高转速为4 000 r/min A06B-0063-B103是电动机的订货号。B103表示该电动机为法兰安装，不带抱闸。具体解释见B-65302资料 表示电动机堵转转矩是3.5N•M

图5－41　电动机铭牌及说明

四、实训内容

（1）观察实验台中主轴的控制与连接，查找主轴电动机的型号。

（2）查找实训车间加工中心伺服电动机的铭牌，结合参数说明书对铭牌进行解释。

（3）结合实训条件拆装数控机床伺服电动机。

（4）对伺服电动机进行维护保养。

五、实训步骤

加工中心伺服电动机的拆装

熟悉伺服电动机铭牌解释，对实训车间的伺服电动机和主轴电动机进行拆装以及简单维护保养。

（1）根据实际实训设备，查找伺服电动机铭牌，如图5－42所示；判断伺服电动机类型，通过查询CNC系统说明书，解释铭牌含义。

图5－42　交流伺服电动机铭牌

（2）拆卸伺服电动机，根据反馈线连接标志进行正确拆卸，如图5－43所示。

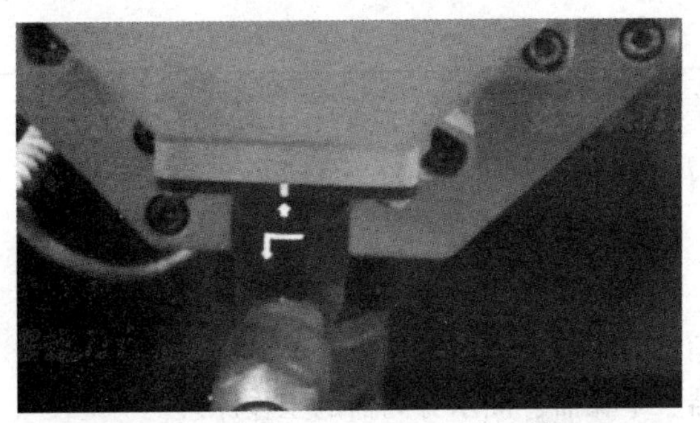

图5－43　交流伺服电动机反馈线连接标志

（3）安装伺服电动机时，注意伺服电动机的固定螺栓（图5－44）以及伺服电动机与联轴器的连接（图5－45）是否牢固。

图5－44　交流伺服电动机的固定螺栓

图5－45　交流伺服电动机与联轴器的连接

（4）利用吸尘设备对伺服电动机散热风扇进行除尘，进行简单保养。

六、注意事项

（1）要注意人身及设备的安全。
（2）未经指导教师许可，不得擅自任意操作。
（3）电动机被拆装后，由教师进行检查是否安装到位。
（4）实验完毕后，要注意清理现场，清洁机床，对机床及时保养。

七、学习评价

伺服电动机的认知与基础维护评价见表 5－9。

表 5－9　伺服电动机的认知与基础维护评价

指标 评分	串行主轴参数设置	伺服电动机铭牌查找与解释	伺服电动机拆卸与安装	伺服电动机的维护保养	参与态度	动作技能	合计
标准分	20	20	20	20	10	10	100
扣分							
得分							
评价意见							
评价人							

项目 3　加工中心气压传动系统的日常维护

一、实训目标

（1）了解空气压缩机的工作特点和选用方法。
（2）理解后冷却器、干燥器、油水分离器的工作原理。
（3）掌握 VMC600 型立式加工中心刀库气压传动系统常见故障及其处理方法。

二、实训准备

（1）阅读教材，参考资料，查阅网络。
（2）实验仪器与设备：VMC600 型立式加工中心、扳手、刷子、柴油等。

三、相关知识

VMC600 型立式加工中心采用斗笠式刀库，具有 16 个刀位，如图 5－46 所示。在加工中心进行自动换刀时，由气缸驱动刀盘前后移动，与主轴的上下左右方向的运动进行配合来实现刀具的装卸，并要求在运行过程中稳定、无冲击。结合加工中心气动换刀系统原理图，了解加工中心换刀过程中的主轴定位、主轴松刀、拔刀、吹气、插刀五个步骤。

图5-46　斗笠式刀库

1. 气源装置

气源装置是加工中心气压传动系统的动力部分，这部分元件性能的好坏直接关系到气压传动系统能否正常工作；气动辅助元件更是气压传动系统正常工作必不可少的组成部分。

气源装置主要由气压发生装置，净化、储存压缩空气的装置和设备，管道系统，气动三联件这四个部分组成。

(1) 气压发生装置。

空压机是气压发生装置，利用空压机将电动机机械能转化为气体压力能，然后在控制元件的控制和辅助元件的配合下，通过执行元件把空气的压力能转变为机械能，从而完成直线或回转运动并对外做功。

空压机的选用原则：主要根据气压传动系统需要的两个主要参数来选择，即工作压力 p 和流量 q 。根据表5-10所示进行选用。具体选用方法可以查询相关手册。

表5-10　空压机的选用

选择方法	基本类型	说　明
按输出压力选择/MPa	低压空压机	0.2~1.0
	中压空压机	1.0~10
	高压空压机	10~100
	超高压空压机	>100
按输出流量选择/($m^3\cdot min^{-1}$)	微型	<1
	小型	1.0~10
	中型	10~100
	大型	>100

(2) 气源净化装置。

气源净化装置包括后冷却器、油水分离器、储气罐、干燥器、分水滤气器。

①后冷却器（图5-47）。

作用：冷却压缩空气，使其中的水蒸气和油雾冷凝成水滴和油滴，以便进行下一步处理。

分类：水冷和风冷两种形式。其中水冷式要强迫冷却水沿着空气流动的反方向流动来进行冷却。

②油水分离器（图5-48）。

作用：将压缩空气中的冷凝水和油污等杂质分离出来，初步净化压缩空气。

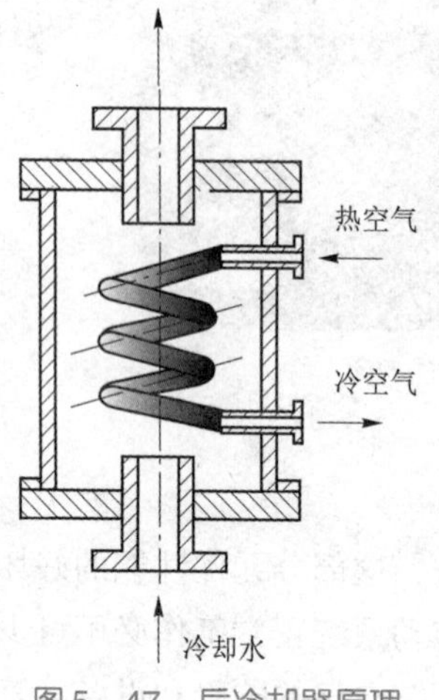

图5-47　后冷却器原理

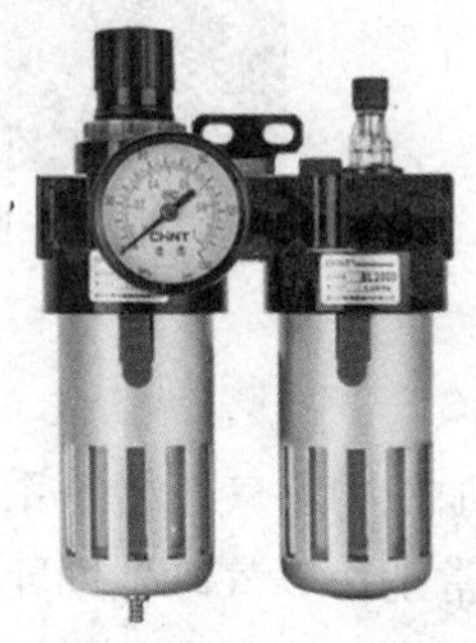

图5-48　油水分离器

③储气罐（图5-49）。

作用：储存一定数量的压缩空气，减少输出气流脉动，保证气流的连续性，减弱管道振动，进一步分离压缩空气中的水分和油分。

选择容积时，可参考经验公式。

④干燥器（图5-50）。

作用：进一步除去压缩空气中含有的水分、油分、颗粒杂质等，使其干燥，用于对气源质量要求较高的气动装置、气动仪表等。

图5-49　储气罐

图5-50　冷冻式干燥器

⑤分水滤气器。

作用：二次过滤，进一步分离水分、过滤杂质。

在气动系统中，根据进气方向把分水滤气器、减压阀、油雾器称为气动三联件。三联件是气动元件和气动系统使用压缩空气质量的最后保证，应装在用气设备附近。

2. 加工中心刀库气压传动系统

加工中心刀库气压传动系统可能会出现的故障及其处理方法如下：

（1）气动执行元件（气缸）故障。

由于气缸装配不当和长期使用，气动执行元件（气缸）易发生内、外泄漏，输出力不足和动作不平稳，缓冲效果不良，活塞杆和缸盖损坏等故障现象。

①气缸出现内、外泄漏，一般是由活塞杆安装偏心、润滑油供应不足、密封圈和密封环磨损或损坏、气缸内有杂质及活塞杆有伤痕等造成的。所以，当气缸出现内、外泄漏时，应重新调整活塞杆的中心，以保证活塞杆与缸筒的同轴度；须经常检查油雾器工作是否可靠，以保证执行元件润滑良好；当密封圈和密封环出现磨损或损坏时，须及时更换；若气缸内存在杂质，应及时清除；活塞杆上有伤痕时，应更换新的活塞杆。

②气缸的输出力不足和动作不平稳，一般是由活塞或活塞杆被卡住、润滑不良、供气量不足，或缸内有冷凝水和杂质等造成的。对此，应调整活塞杆的中心；检查油雾器的工作是否可靠；供气管路是否被堵塞。当气缸内存有冷凝水和杂质时，应及时清除。

③气缸的缓冲效果不良，一般是由缓冲密封圈磨损或调节螺钉损坏导致的。此时，应更换密封圈和调节螺钉。

④气缸的活塞杆和缸盖损坏，一般是由活塞杆安装偏心或缓冲机构不起作用造成的。对此，应调整活塞杆的中心位置；更换缓冲密封圈或调节螺钉。

（2）气动辅助元件故障。

气动辅助元件的故障主要有油雾器故障、自动排污器故障、消声器故障等。

①油雾器的故障有：调节针的调节量太小、油路堵塞、管路漏气等都会使液态油滴不能雾化。对此，应及时处理堵塞和漏气的地方，调整滴油量，使其达到5滴/min左右。正常使用时，油杯内的油面要保持在上、下限范围之内。对油杯底部沉积的水分，应及时排除。

②油水分离器内的油污和水分有时不能自动排除，特别是在冬季温度较低的情况下尤为严重。此时，应将其拆下并进行检查和清洗。

③当换向阀上装的消声器太脏或被堵塞时，也会影响换向阀的灵敏度和换向时间，故要经常清洗消声器。

四、实训内容

（1）通过观察生产车间气压传动系统配套设备绘制气压传动系统电路连接简图。

（2）分小组对实训车间加工中心的气压传动系统的执行元件进行故障检查及维护。

（3）分小组对实训车间加工中心的气压传动系统的气动辅助元件进行故障检查及维护。

五、实训步骤

（1）分组对实训车间气压传动系统配套设备（图5－51），学生自己绘制气压传动系统电路连接简图。

（2）查看气压传动系统元件有无明显变形损坏。

（3）气动执行元件故障检查及处理。

①气缸是否出现内、外泄漏。当气缸出现内、外泄漏时，应重新调整活塞杆的中心，以保证活塞杆与缸筒的同轴度；须经常检查油雾器工作是否可靠，以保证执行元件润滑良好；当密封圈和密封环出现磨损或损坏时，须及时更换；若气缸内存在杂质，应及时清除；活塞杆上有伤痕时，应更新。

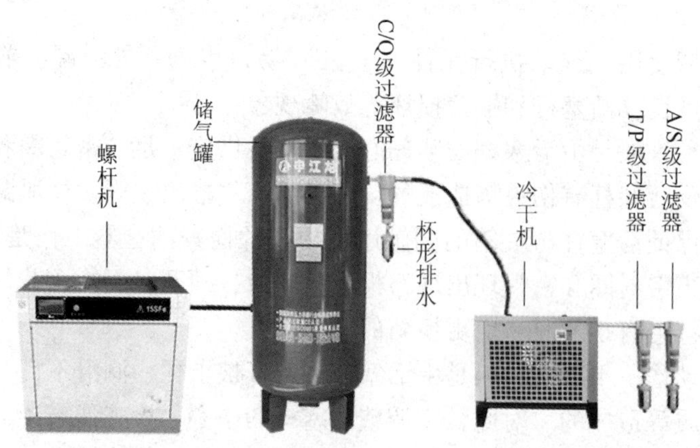

加工中心气压控制系统

图5-51　气压传动系统配件连接示意

②观察气缸动作是否平稳，若不平稳，应调整活塞杆的中心；检查油雾器工作是否可靠；供气管路是否被堵塞。当气缸内有冷凝水和杂质时，应及时清除。

（4）气动辅助元件故障的检查及处理。

①油雾器的故障。应及时处理堵塞和漏气的地方，调整滴油量，使其达到5滴/min左右。正常使用时，油杯内的油面要保持在上、下限范围之内。对油杯底部沉积的水分，应及时排除，如图5-52所示。

②对气动辅助元件进行清洗。

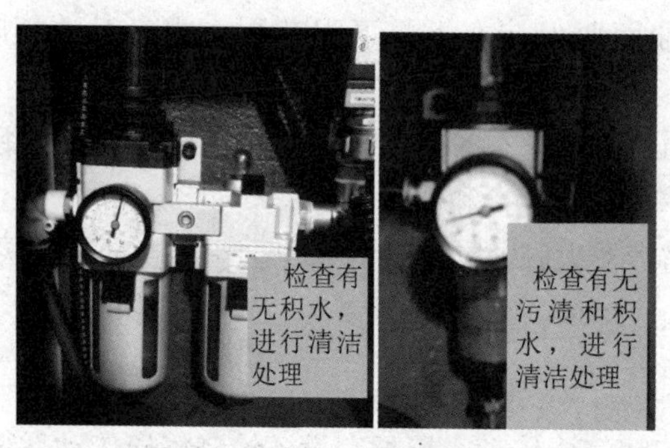

图5-52　油水分离器的维护

六、注意事项

（1）要注意人身及设备的安全。关闭电源后，方可观察、拆卸机床气压传动系统。

（2）未经指导教师许可，不得擅自任意操作。

（3）对刀库气压传动系统故障的检查处理要按规定时间完成，使一切动作符合基本操作规范，并注意安全。

（4）实验完毕后，要注意清理现场。

七、学习评价

加工中心气压传动系统的日常维护评价见表5-11。

表5-11　加工中心气压传动系统的日常维护评价

评分＼指标	绘制气压传动系统电路连接简图	执行元件故障检查及处理	气动辅助元件故障的检查及处理	参与态度	动作技能	合计
标准分	25	20	25	15	15	100
扣分						
得分						
评价意见						
评价人						

本章小结

本章主要介绍了加工中心机械精度的检验方法，加工中心刀库的机械结构、电气回路连接、系统连接以及气压的控制；详细讲解了加工中心气压传动系统的维护保养方法和加工中心系统常见故障的诊断与排除；重点讲解了刀库常见故障的诊断与排除，并通过三个项目训练，进一步巩固和加强了对本章知识的掌握程度。

练习

1. 加工中心机械精度检验常用工量具有哪些？
2. 加工中心常见的几何精度检验项目主要有哪些？
3. 加工中心刀库的工作要求有哪些？
4. 加工中心常见的故障有哪两种？
5. 加工中心常见的故障类型有哪几种？
6. 加工中心气动换刀系统的换刀过程有哪几步？
7. 加工中心气压传动系统的日常维护及保养内容有哪些？

参考文献

[1] 许忠美，朱仁盛. 数控设备管理与维护技术基础 [M]. 北京：高等教育出版社，2008.

[2] 朱晓春. 数控技术 [M]. 北京：机械工业出版社，2010.

[3] 易红. 数控技术 [M]. 北京：机械工业出版社，2010.

[4] 赵玉刚. 数控技术 [M]. 北京：机械工业出版社，2010.

[5] 邵泽波. 机电设备管理技术 [M]. 北京：化学工业出版社，2004.

[6] 杜栋. 管理控制学 [M]. 北京：清华大学出版社，2006.

[7] 张钢. 企业组织网络化发展 [M]. 杭州：浙江大学出版社，2005.

[8] 高新华. 如何进行企业组织设计 [M]. 北京：北京大学出版社，2004.

[9] 任浩. 现代企业组织设计 [M]. 北京：清华大学出版社，2005.

[10] 徐衡. 数控机床故障维修 [M]. 北京：化学工业出版社，2005.

[11] 张光跃. 数控设备故障诊断与维修实用教程 [M]. 北京：电子工业出版社，2005.

[12] 韩鸿鸾. 数控机床维修实例 [M]. 北京：中国电力出版社，2006.

[13] 邵泽强. 机床数控系统技能实训 [M]. 北京：北京理工大学出版社，2006.

[14] 陈子银. 数控机床电气控制 [M]. 北京：北京理工大学出版社，2006.

[15] 朱仁盛. 气动与液压控制技术 [M]. 北京：中国铁道出版社，2011.

[16] 罗永顺，张宁. 数控机床故障诊断与维修 [M]. 北京：机械工业出版社，2018.

[17] 胡瑞琳，李详文，等. 精密加工中心检验条件（GB/T 20957. 2—2007） [S]. 中国国家标准化管理委员会，2017.

[18] 邵泽强，李坤. 数控机床电气线路装调 [M]. 2 版. 北京：机械工业出版社，2015.

[19] 黄文广，郡泽强，韩亚兰. FANUC 数控系统连接与调试 [M]. 北京：高等教育出版社，2011.

[20] 李宏胜，朱强，曹锦江. FANUC 数控系统连接与调试 [M]. 北京：高等教育出版社，2011.

[21] 王春，杨志良. 典型机床电气故障诊断与维修 [M]. 北京：高等教育出版社，2015.

[22] 张恒. 数控机床维修——机床电气安装 [M]. 苏州：苏州大学出版社，2014.

[23] 梅荣娣，葛金印. 液压与气压传动控制技术 [M]. 北京：北京理工大学出版社，2012.

[24] 朱仁盛. 数控设备管理与维护技术基础 [M]. 北京：电子工业出版社，2013.